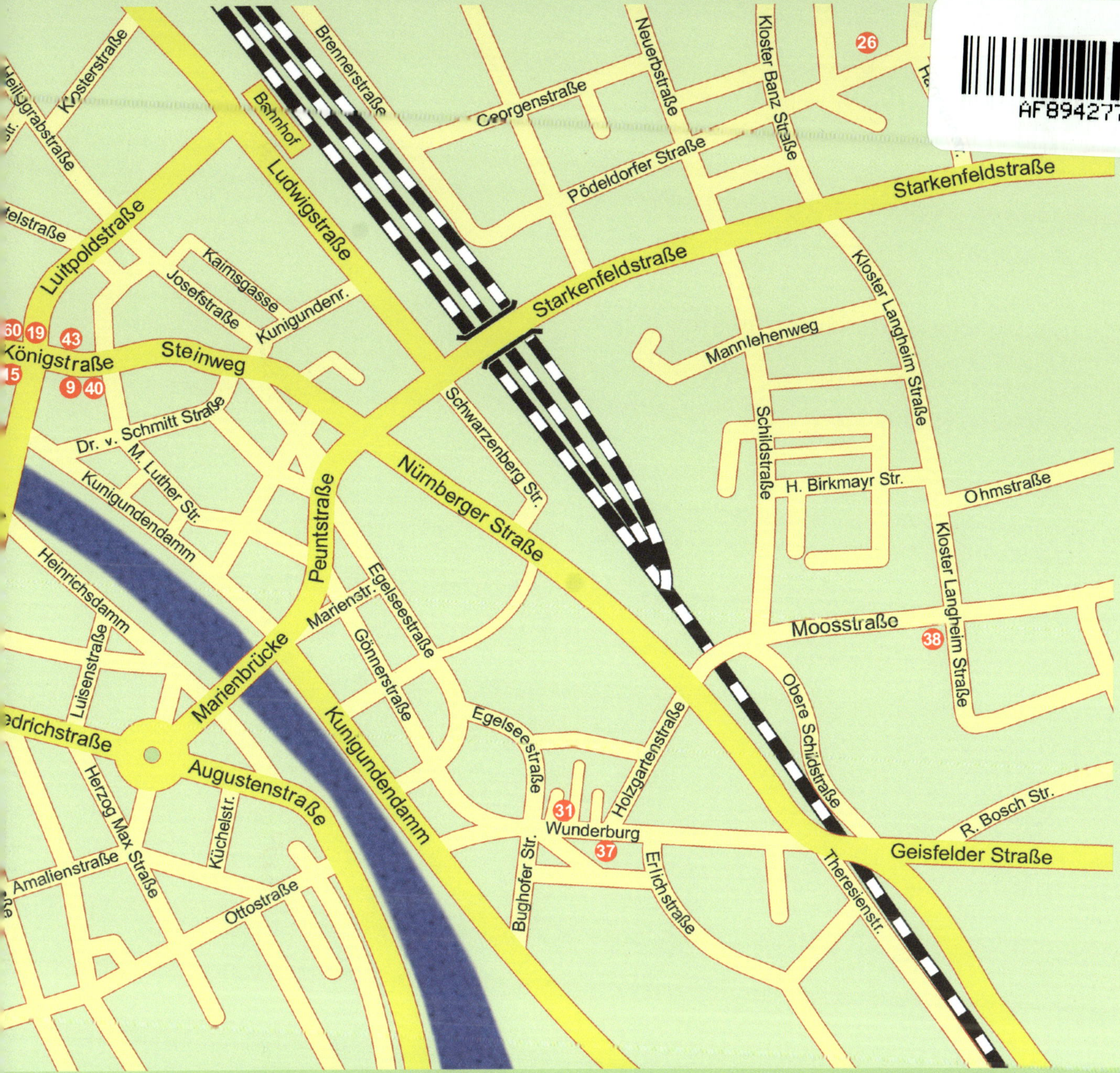

Lage aller gewerblichen Braustätten in Bamberg seit 1817

darstellungsbedingt fehlen die Brauereien in den Stadtteilen Bug und Gaustadt

Christian Fiedler

BAMBERG

Die wahre Hauptstadt des Bieres

Heinrichs-Verlag Bamberg

Impressum

5. komplett überarbeitete und erweiterte Auflage

Erstauflage 2004 im Selbstverlag von Christian Fiedler erschienen.

Umschlaggestaltung: Martin Purrer
Herstellung: ProduktionsAtelier, Bamberg
Druck und Bindung: Aktiv Druck & Verlag GmbH, Ebelsbach
ISBN 978-3-89889-256-8
Printed in Germany

Vorwort

So wie die Regnitz den historischen Siedlungskern Bambergs durchfließt, so zieht sich die Spur des Brauwesens wie ein roter Faden durch die Geschichte dieser schönen Stadt. Dabei ist die wirtschaftliche und gesellschaftliche Entwicklung Bambergs eng verbunden mit einem der wichtigsten Gewerbe der Stadt: der Bierbrauerei.

Seit der Gründung Bambergs sicherte die Herstellung von Bier die Lebensgrundlage vieler Handwerker mit ihren Familien: Brauer setzten Bier an, Büttner stellten Fässer her, Kupferschmiede produzierten Sudkessel, Müller mahlten das Malz, Landwirte erzeugten die natürlichen Rohstoffe. Die Abgaben auf das zum Brauen benötigte Malz bildeten das Rückgrat des kommunalen Finanzwesens, und viele öffentliche Bauvorhaben konnten nur dadurch realisiert werden, dass der Bierkonsum mit Steuern belegt war.

Die Braustätten mit ihren Gastwirtschaften waren Treffpunkte des Bürgertums und des kommunikativen Austauschs – es wurde geredet, gestritten und manchmal auch gekämpft. Zahlreiche Vereine formierten sich in den Brauereien und fanden hier eine Heimstatt für ihre Versammlungen. Selbst zur Gründung der Feuerwehr im Jahr 1860 leisteten die Braubetriebe, von denen immer eine Feuergefahr ausging, einen wesentlichen – wenngleich nicht freiwilligen – Beitrag.

Das Brauwesen ist für Bamberg bis in die Gegenwart weit mehr als nur ein Gewerbe – es ist Tourismusbotschafter für Gäste aus aller Welt, Symbol für die regionale Kultur und Träger sozialer Identität. Es prägt das Bild und die Lebensweise der Stadt bis heute, was Bamberg zu einem besonderen Ort mit lebendiger Biertradition macht.

Mit diesem Buch möchte ich dazu beitragen, die Entwicklung des Brauwesens in Bamberg zu dokumentieren und die Geschichte der ansässigen Braustätten so gut wie möglich abzubilden. Als Grundlage der beschriebenen Braubetriebe dient das im Jahr 1818 von Johann Albert Joseph Seifert herausgegebene „Verzeichniß der Bierbrauer zu Bamberg". Diese Auflistung wurde um diejenigen Brauhäuser ergänzt, die erst in der Folgezeit entstanden sind oder seit der kommunalen Gebietsreform zum Stadtgebiet gehören.

Somit werden in diesem Buch 81 Braustätten beschrieben, die es in Bamberg in den vergangenen zwei Jahrhunderten gegeben hat. Unberücksichtigt bleiben hingegen diejenigen Brauhäuser, die den Betrieb bereits vor 1817 einstellten.

Der anhaltende Strukturwandel in der Branche hat die Zahl der betriebenen Traditionsbrauhäuser erheblich reduziert. Dafür sind in den letzten beiden Jahrzehnten einige Neugründungen hinzugekommen. Somit wird heute in 14 Braustätten Bier hergestellt. Zu erwähnen sind zudem zwei große Handelsmälzereien, eine Brauereimaschinenfabrik und eine Firma für Brauereibedarf, die das Spektrum des Bamberger Braugewerbes symbiotisch ergänzen. Es gibt sicher nur wenige Orte, in denen ein derart reiches Erbe in Bezug auf die Bierherstellung erhalten geblieben ist.

Auch wenn sich andere Orte mit dem Titel „heimliche Hauptstadt des Bieres" schmücken mögen – die wahre Hauptstadt ist Bamberg.

Dr. Christian Fiedler
Bamberg, September 2025

Der eigentümliche Charakter des Bamberger Bieres ist seine Nahrhaftigkeit, seine Geschmacks-Milde, seine Klarheit, seine Stärke und berauschende Kraft.

Johann Albert Joseph Seifert, 1818

Bambergs Bier- und Braugeschichte – Vermächtnis eines Jahrtausends

Anfänge des Brauhandwerks in Bamberg

Der wohl früheste Nachweis von Bier in Bamberg findet sich in einer testamentarischen Verfügung des Domkapitulars Odalricus vom 6. Mai 1093. Seinem Wunsch entsprechend sollte den Armen einmal jährlich am 29. Juni aus den Erträgnissen seines Gutes neben Brot und Fleisch auch drei Eimer Bier gereicht werden. Ein weiterer früher Beleg für das Bierbrauen in der Region stammt wiederum aus dem Kloster St. Michael und von keinem geringeren als Otto dem Heiligen, der als Bamberger Bischof im Jahr 1122 dem Vogt von Gestungshausen das Braurecht („dimidiam carratam cerevisiae") zugesteht.

Wie bei der Weinherstellung, so dürfte auch das Brauhandwerk in der alten Bischofsstadt durch die Klöster wesentliche Prägung erfahren haben. Der Ordensregel folgend, wonach alles zum Leben Benötigte aus eigener Kraft herzustellen war, wurden innerhalb der Klostermauern stets auch Brauereien betrieben. Die Klöster verfügten nicht nur über das nötige Wissen, also das „biochemische Knowhow" der Bierbereitung, sondern auch über ausreichend Grundbesitz für Feuerholz oder Ackerflächen, um Getreide und Hopfen selbst zu kultivieren. So setzten die Benediktiner auf dem Michaelsberg, die Karmeliter auf dem Kaulberg oder die Franziskaner an der Schranne ebenso Bier an wie die Nonnen im Klarissenkloster, um nur einige Beispiele zu nennen.

Die Brauerei im Kloster Michaelsberg dürfte zu den frühesten Braustätten der Stadt zählen

Dass die Klosterbrauereien dabei auch auf das Fachwissen und die Arbeitskraft bürgerlicher Brauer zurückgriffen, wird in den Unterlagen häufig erwähnt.

Erst im Zuge der Säkularisation 1803 und der damit verbundenen Aufhebung des Fürstbistums Bamberg wurden alle klösterlichen Brauereien stillgelegt und das Zubehör sowie die jeweiligen Felsenkeller verkauft oder verpachtet. Auch die beiden fürstbischöflichen Brauhäuser, das ➜ Weißbierhaus und das Braunbierhaus (➜ Klosterbräu), gingen an bürgerliche Eigentümer über.

Entwicklung des Gast- und Schankrechts

Lässt sich das Bierbrauen im Kern auf die Klöster zurückführen, so ist gerade für Bamberg und Umgebung das Brauhandwerk ein typisch bürgerliches Gewerbe – und zwar ohne die Tradition des Kommunbrauwesens, wie sie in Franken stark verbreitet war. In Bamberg malzte und braute tatsächlich jeder Bierbrauer selbst. Bis zur Einführung der vollständigen Gewerbefreiheit in Bayern 1868 war Bürgerlichen das Brauen nur mittels einer besonderen Genehmigung, des Braurechts, gestattet. Der Landesherr übertrug dieses Privileg jedoch nicht auf bestimmte Personen, vielmehr blieb es als sogenanntes „Realrecht" am jeweiligen Grundstück haften. Der Haus- oder Grundstücksbesitzer konnte das Braurecht entweder selbst oder durch einen angestellten Brauer wahrnehmen. Diese Regelung hatte mehrere pragmatische Gründe: Zum einen ging von den Braustätten eine erhöhte Brandgefahr aus, die es durch bauliche Maßnahmen zu minimieren galt. Zum anderen benötigte man für den Herstellungsprozess von Bier Utensilien, die dauerhaft installiert und fest mit dem jeweiligen Anwesen verbunden waren, so etwa das Sudhaus mit eingemauerter Braupfanne aus Kupfer oder eine Darre zum Trocknen des Malzes. Unabhängig von den Besitzverhältnissen wurde über Jahrhunderte hinweg die Brautradition in den Gebäuden fortgeführt.

Das Brauen von Bier war zunächst vielfach reines Nebengewerbe und mitunter auf den Eigenbedarf beschränkt. Wer jedoch das Braurecht besaß, konnte das Schankrecht beantragen und Bier öffentlich verkaufen. Dadurch entwickelten sich die Anfänge der gewerbsmäßigen Bierherstellung. Um auf den öffentlichen Ausschank hinzuweisen, brachten die Wirte an der Hauswand ein Zeichen des Gastfriedens an: Ein hölzerner Bottich vor der Türe signalisierte dem Fremden, dass der Betreiber dieser „Kübelwirtschaft" selbst gebraute Bier ausschenkte, ebenso wie der sechszackige Brauerstern. Aus beidem entwickelte sich später die sogenannte Schildgerechtigkeit, also das Anbringen eines Schildes an der Hausfassade, das auf den Verkauf hinwies.

Verknüpfung mit dem Büttnerhandwerk

Die Tradition der gewerbsmäßigen Bierbrauerei steht in der Region Bamberg in engem Zusammenhang mit dem Büttnerhandwerk. Büttner, oftmals auch als Böttcher, Fassmacher, Kübler oder Schäffler bezeichnet, stellten Gefäße aus Holz her. Da sich die häufigste Verwendung für Fässer in der Lagerung von Wein und Bier fand, betätigten sich Büttner schon recht früh als Gast- und Schankwirte. Um 1410 verpflichteten sich die Bamberger Büttnermeister in einem Eid, der Gastlichkeit zu dienen und zum Zeichen des Ausschanks eine Tafel auszuhängen.

Nach einer Verordnung des letzten Bamberger Fürstbischofs, Christoph Franz von Buseck, vom 30. Juni 1798 mussten Büttner, die einen Meisterbrief als Brauer erwerben wollten, lediglich eine zusätzliche Prüfung in der „Fertigung eines Gebraues Bier" ablegen. Diese Meisterprobe konnte im eigenen oder in einem fremden Brauhaus stattfinden und wurde von Braumeistern, die das Handwerksamt dazu bestimmt hatte, abgenommen. Daher wird verständlich, weshalb Büttner und Brauer in einer Zunft organisiert waren. In den Namen zweier bekannter heimischer Braustätten, dem ➜ Fässla und dem ➜ Eckenbüttner, kommt die enge Verbindung zwischen beiden Gewerken zum Ausdruck.

Bis in die Mitte des 19. Jahrhunderts hinein entwickelte sich die Bamberger Brautradition parallel mit dem Büttner-

Der kunstvoll gearbeitete Ausleger der Brauerei Spezial mit dem Brauerstern

Noch im 20. Jahrhundert beschäftigte die Büttnerei viele Handwerker. Das Bild zeigt den Büttnermeister Heinrich Klug (Vierter von links) mit seiner Belegschaft

handwerk, erst die zunehmende Industrialisierung trennte beide Tätigkeiten. Das Büttnergewerbe erfuhr Konkurrenz durch neue Herstellungsverfahren und Materialien, denn Gefäße aus Kunststoff oder Metall ließen sich schneller, präziser und günstiger herstellen. Schließlich wurde der traditionelle Handwerksberuf des Büttners zur Historie – mit Max Saam aus der Sutte verstarb am 1. Oktober 1993 der letzte Büttnermeister Bambergs.

Die Entwicklung Bambergs zum „Bierland"

Lange Zeit war das Stadtbild von Bamberg vom Weinanbau geprägt. Als Kaiser Heinrich II. im Jahr 1007 die Errichtung des Bistums Bamberg durchsetzte, gehörten zur Neugründung ausdrücklich alle Weinberge und -gärten. Einen frühen urkundlichen Beleg für den Rebenanbau im näheren Umkreis Bambergs gibt es aus dem Jahr 1065, als der Domkanoniker Mazelin nach seinem Tod mehrere Weingärten hinterließ. Um 1139 befahl Abt Hermann die Anlage von Weinkulturen am Südhang des Kreuzbergs bei Dörfleins sowie am Hang des klostereigenen Gartens auf dem Michaelsberg. Später wurde auf nahezu allen sonnenexponierten Hängen der Bamberger Bergstadt Wein angebaut. Auch auf dem Zweidler-Plan von 1602 sind zwischen Stephans- und Kaulberg ausgedehnte Weinanbauflächen zu erkennen.

Außerhalb des Einflusses der Klöster übernahmen Bürgerliche den Anbau der Stöcke und verkauften den gepressten Traubenmost. Unterlag der Eigenbau zuerst keiner steuerlichen Abgabe, so wurde ab dem 14. Jahrhundert auf Weinerzeugnisse eine Steuer, das sogenannte „Ungeld", erhoben. Diese Abgabe stellte im damaligen Steuersystem eine wichtige Säule dar. Der aus den Trauben gewonnene Most wurde manchmal direkt in den Weinbergen ausgeschenkt. So beantragte im Jahr 1733 der Bamberger Bürger Gerhard Lunz für sein Grundstück am Stephansberg die Erteilung einer Schankerlaubnis. Er verwies auf den Heckenwirt Heinrich Vielmuth, der am Oberen Stephansberg bereits seit zehn Jahren eine derartige Konzession besitze. Der Antrag wurde jedoch abgelehnt, da eine Bewilligung lediglich „den jungen Leuten Anlass zu vielem Trinken und liederlichem Leben geben" würde.

Im ausgehenden 19. Jahrhundert war der Weinbau bis auf kleine Reste aus dem Bamberger Stadtgebiet verschwunden. Stattdessen bauten die Häcker auf den Flächen Hopfen an – Bamberg hatte sich vom Wein- zum Bierland entwickelt.

Hopfen als Nachfolgekultur des Weins

Dem Hopfen kommt bei der Bierherstellung eine entscheidende Bedeutung zu: Er verleiht dem Bier mit seinen Bitterstoffen nicht nur die entsprechende Geschmacksnote, er macht den Gerstensaft aufgrund seiner antibakteriellen Wirkung auch länger haltbar. Im Fürstbistum Bamberg gibt es zunächst nur sehr spärliche Hinweise auf seine Kultivierung. Ab dem 14. Jahrhundert finden sich dann vermehrt Belege für den Anbau, zum Beispiel ein „Hopffgarten" bei Oberleiterbach oder ein „Hopfengrunt" bei Weichendorf. Trotz zunehmender Anbaubemühungen blieb die heimische Erntemenge lange Zeit weitgehend unbedeutend. Dies lag vor allem an der Vorliebe der Bamberger Braumeister, zur Herstellung von Lagerbieren ausschließlich böhmischen Hopfen zu verwenden. Da fränkischer Hopfen als qualitativ minderwertig angesehen wurde, war es also zu einem beträchtlichen Teil ein Imageproblem, das den Anbau von Hopfen im Bistum Bamberg lange Zeit hemmte.

In Anbetracht einer ständig steigenden Bierproduktion strebten die Landesherren die Vergrößerung der heimischen Hopfenanbauflächen an. Dies hatte in erster Linie wirtschaftliche Gründe, denn die Fürstbischöfe wollten den Geldabfluss für Importware aus Böhmen stoppen. Adam Friedrich Graf von Seinsheim, zwischen 1757 und 1779 Fürstbischof von Bamberg und Würzburg, erließ deshalb am 28. April 1767 eine Verordnung, wonach kultivierte Ackerflächen, wenn sie fortan mit Hopfen bebaut würden, für fünf Jahre von der Steuer befreit werden sollten. Brach liegende Felder sollten bei gleicher Nutzung sogar eine Zehnt- und Steuerfreiheit von zehn Jahren genießen. Als zusätzlichen Anreiz wollte der Landesfürst jedem Bauern eine Belohnung von 30 Reichstalern zahlen, wenn seine Ernte einen Ertrag von zwölf Zentnern Hopfen überstieg. Trotz dieser ambitionierten Subventionspolitik dauerte es relativ lange, bis der heimische Hopfenanbau eine spürbare Belebung erfahren sollte. Das hing sicherlich auch damit zusammen, dass viele Bauern noch keine Erfahrung mit der arbeitsaufwändigen Kultivierung der Hopfenpflanze hatten und der Ertrag deshalb anfangs gering blieb. Es dauerte bis zum Jahr 1779, ehe dem Herzogenauracher Bürger Johann Franz Eiment

Auf den Feldern zwischen Stephans- und Kaulberg wurde Hopfen an langen Stangen gezogen (vor 1900)

Das Pflücken der Hopfendolden war eine generationenübergreifende Aufgabe

Bamberg entwickelte sich zu einem führenden Zentrum des deutschen Hopfenhandels. Im Bild zu sehen ist der Lieferwagen des Hopfenhändlers Gustav Buxbaum

für seine Hopfenernte von zwölf Zentnern und 75 Pfund erstmals die Belohnung von 30 Reichstalern ausgezahlt werden konnte.

Um die Wende zum 19. Jahrhundert breiteten sich die Anbaugebiete auch in Bamberg in stärkerem Umfang aus und konzentrierten sich auf die westlichen Höhenlagen der Stadt zwischen Regnitz und Altenburg. Hier waren es vor allem die Häcker auf dem Kaul- und Stephansberg, die den Hopfenanbau als Nachfolgekultur für den Wein betrieben. Im Umland entstanden größere Anbauflächen im Maintal von Gaustadt über Bischberg bis Viereth und auf der anderen Seite zwischen Oberhaid und Kemmern sowie weiter nach Norden bis nach Baunach. Mitte des 19. Jahrhunderts erreichte der heimische Hopfenanbau seine größte Verbreitung: So ist für das Jahr 1865 in der Gemarkung der Landgerichte Bamberg I und II – in etwa identisch mit dem heutigen Landkreis – eine Anbaufläche von über 500 Hektar belegt. Die rund 2,7 Millionen Hopfenpflanzen brachten einen Ertrag von 8.000 Zentnern und einen Erlös von 450.000 Gulden ein.

Hand in Hand mit der steigenden Anbaumenge entwickelte sich Bamberg zu einem bedeutenden Zentrum des Hopfenhandels. Ein neues Darrverfahren, das den Hopfen – geschwefelt, getrocknet und luftdicht verpackt – noch länger haltbar machte, förderte ab 1862 den weiteren Aufschwung. Zwischen 1850 und 1880 wurden mehr als 50 Hopfenlager mit Darren in Bamberg errichtet, und für das Jahr 1878 listet das Bamberger Adressbuch 77 Hopfenhandelsfirmen auf, die zumeist von jüdischen Bürgern betrieben wurden. In Einzelfällen erwarben ansässige Hopfenhändler alteingesessene Braustätten (➜ Steinernes Haus), errichteten in industriellem Maßstab produzierende Großbrauereien (➜ Hofbräu AG) oder spezialisierten sich auf die Herstellung von Malz (➜ Bamberger Mälzerei).

Der Boom im Hopfenanbau ebbte danach rasch ab. In einer Stadtbeschreibung Bambergs von 1912 heißt es: „Jahrzehntelang waren die Stangen und die nickenden Dolden charakteristisch für die Hügel der Stadt, bis auch der Hopfenanbau gegen Ende des 19. Jahrhunderts immer mehr zurückging und schon heute fast auf den kümmerlichen Stand des Weinbaus angelangt ist." Verbunden mit dem Niedergang im Anbau war auch der Bedeutungsverlust des Hopfenhandels, der sich zunehmend auf den internationalen Markt in Nürnberg konzentrierte.

Das Bamberger Reinheitsgebot von 1489

Hinsichtlich der für das Bierbrauen verwendeten Zutaten hatte bereits Bischof Wülfing von Stubenberg (1304-1318) einen Erlass veröffentlicht, wonach Bier, das innerhalb des Stadtgebiets gegen Entgelt verzapft oder ausgeliefert wurde, nur noch mit Gerste oder Dinkel vermälzt werden durfte. Diese Regelung galt zwar nicht für den Hausgebrauch, aber immerhin hatte der Bischof ein erstes Qualitätsmerkmal für die Herstellung von Bier gesetzt.

Einen starken Impuls erhielt das heimische Brauhandwerk durch eine Verordnung vom 12. Oktober 1489: In einer seiner ersten Amtshandlungen verfügte Fürstbischof Heinrich III. Groß von Trockau (1487-1501) für die Bierherstellung im Fürstbistum Bamberg, „nichts mere dann maltz, hopffen und wasser" zu verwenden. Dieser Erlass ist in vielerlei Hinsicht bemerkenswert: Zum einen ist das Bamberger „Reinheitsgebot" älter als das bayerische von 1516, das für Bamberg ja erst ab der Säkularisation Gültigkeit besaß. Zum anderen wird in der Verordnung explizit von „Malz" gesprochen – ein Hinweis darauf, dass man damals außer Gerste wohl noch andere Getreidesorten zu Malz verarbeitete. Der Erlass des Bischofs war aber mehr als eine Lebensmittelverordnung: Er regelte zugleich die Besteuerung des Gerstensafts durch das sogenannte Ungeld neu. Gemäß der neuen Ungeldordnung blieb nur „einfaches" Bier von der Steuer befreit, während das bessere Bier mit einem kräftigen Steueraufschlag versehen wurde. Dies ging einher mit einer Verkleinerung der bislang gängigen Maßeinheit.

Die Gesetzesvorgabe von 1489 darf rückblickend als wichtiger Meilenstein in der Entwicklung Bambergs zur Bierstadt gesehen werden: Sie reformierte die Qualitätssicherung des Bieres ebenso wie die Besteuerung für den Staat. Es ist davon auszugehen, dass die Verordnung zu einem Zeitpunkt erlassen wurde, als Bier immer beliebter wurde und begonnen hatte, den Wein als wichtigstes Getränk abzulösen. Die in der Folgezeit großzügige Vergabe von Braurechten, die uns die hohe Brauereidichte in der Region bis zum heutigen Tag beschert hat, war deshalb vor allem auch eine wichtige steuerpolitische Entscheidung des Fürstbischofs.

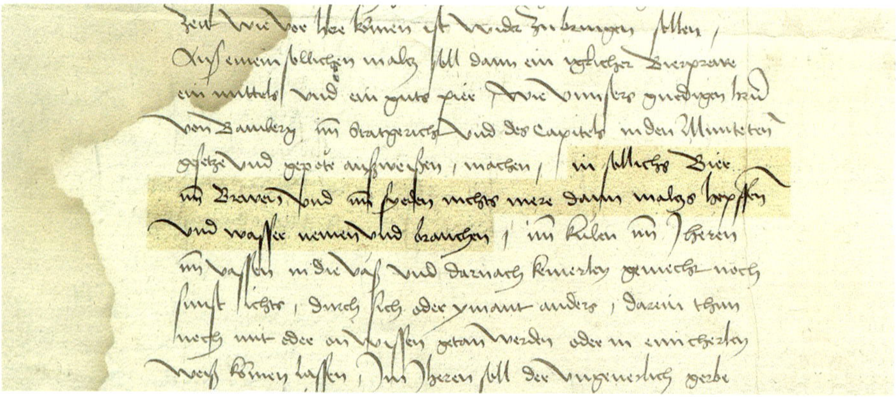

In der Verordnung vom 12. Oktober 1489 wird unter anderem festgelegt, „in sollichem Biere in Breven und Syeden nichts mere den maltz, hopffen und wasser nehmen und brauchen"

Die Felsenkeller der Bamberger Bergstadt

Die heute dem Sommervergnügen der Bamberger und seiner Besucher dienenden Bierkeller spielen in der Brauereigeschichte der Stadt eine wichtige Rolle. Der in der Bamberger Bergstadt anstehende Sandstein ließ sich leicht bearbeiten, sodass hier schon sehr früh mächtige Felsenkeller angelegt wurden, die über hervorragende Kühleigenschaften verfügten. Dieser Kühleffekt mit ganzjährigen Temperaturen zwischen 8 und 10 Grad Celsius war im Brauprozess notwendig, um Biere untergäriger Brauart herstellen zu können. Zudem war die niedrige Temperatur ideal für die anschließende Lagerung des Bieres in Fässern. Zwischen Michaeli (29. September) und Georgi (23. April) – nur dann durfte in Bayern früher gebraut werden – wurde das in den Braustätten frisch angesetzte Bier in großen Zulassfässern auf Fuhrwerken zu den Kellern gefahren und mittels langer Schläuche aus Leder oder Leinen in die Keller geleitet, wo die Lagerfässer befüllt wurden. Der Bamberger Bierprüfer Johann Albert Joseph Seifert bemerkte über diese Vorgehensweise: „Mancher Bierbrauer dürfte bei der Reinhaltung dieser Schläuche sorgfältiger seyn. Er würde sich den oft sehr sonderbaren Geschmack seines Bieres leicht enträthseln können."

Um die Temperatur in den Felsenkellern bis in den Sommer hinein kühl zu halten, sorgte ein großer Baumbestand für zusätzliche Beschattung. Außerdem schafften die Brauer in den Wintermonaten zusätzlich Eis in die Kellergewölbe. Einige Brauereien verfügten über spezielle Eisgerüste, die bei Temperaturen unter dem Gefrierpunkt mit Wasser bespritzt wurden. Andere Braustätten wiederum bezogen Natureis aus den Teichen oder Flüssen der näheren Umgebung. Dafür ließen sich die

Brauereibesitzer sogenannte „Zugrechte" zusichern. Das mit Stangen an Land „gezogene" Eis wurde mit großen Fuhrwerken zu den Felsenkellern gebracht. Für die Bamberger Bürger war dieses jährliche Ritual ein großes Spektakel, das dem Bamberger Tagblatt in der Ausgabe vom 14. Januar 1885 folgende Meldung wert war: „Durch die Eiszufuhr zu den Kellern mehrerer größerer Brauereien herrscht seit einigen Tagen auf dem Jakobsberg und dem Stephansberg ein äußerst reges Treiben, insbesondere auf dem letzten, denn zu demselben fahren von früh bis spät in die Nacht hinein täglich hunderte theils mit Pferden, theils mit Ochsen und Kühen bespannte Fuhrwerke mit Eis, sodass man glauben wollte, es müsste das Eis von der gesamten Umgebung dort aufgestapelt werden. Welch kolossale Quantitäten von Eis diese Keller übrigens verschlingen, das wird einem klar, wenn man bedenkt, dass

Im Felsenkeller kam das frisch angesetzte Bier in großen Holzbottichen zur Gärung

Im Winter wurde aus den Teichen und Flüssen der Umgebung Eis „gezogen" (links), das dann mit Pferdefuhrwerken zu den Felsenkellern der Bergstadt gebracht werden musste (rechts). Nur so blieb das frisch gebraute Bier bis in den Sommer hinein kühl und haltbar

z. B. der von dem Brauereibesitzer zum Steinernen Haus vor kurzem erst erbaute große Eiskeller bei einem Raume von 3.200 Kubikmeter allein schon 2.200 Fuhren Eis in sich aufnimmt."

Beinahe die gesamte Bamberger Bergstadt mit den Anhöhen am Michaelsberg, Kaulberg, Jakobsberg und Stephansberg ist von einem großen Felsenkellersystem durchzogen. Der früheste Hinweis auf die Nutzung zur Bierlagerung findet sich im Jahr 1697, als der ➜ Großkopf-Wirt Paul Hack auf dem Kaulberg einen Stollen graben ließ. Unklar ist, ob das gelagerte Felsenbier zu dieser Zeit bereits öffentlich verzapft wurde. Dies wird 1739 erstmals schriftlich belegt: In diesem Jahr musste der ➜ Schmäußer-Wirt Hans Kauer 16 Pfennige Brunnengeld an die Verwaltung der Immunität von St. Stephan zahlen, weil er seinen „Felsen offen gehalten" und Bier ausgeschenkt hatte. In der Folgezeit verdrängten die Sommerwirtschaften der Bamberger Brauereien die bislang für den Weinbau genutzten Kalterhäuser und Heckenwirtschaften auf den Hügeln der Domstadt. Die Idee, im Sommer das kühle Bier in einem Garten direkt über den Felsenkellern auszuschenken, entstand also nahezu zwangsläufig. Zur Unterhaltung ihrer Gäste schufen die Wirte dem Zeitgeschmack entsprechend Pavillons, Kegelbahnen, Schießstände und Musikhallen. „Auf den Keller zu gehen", wie die Einheimischen sagen, ist bis heute ein beliebtes Freizeitvergnügen im Sommer.

Ihre jahrhundertealte Funktion verloren die Felsenkeller erst, als der aus Berndorf bei Thurnau (Landkreis Kulmbach) stammende Pfarrerssohn Carl von Linde die „Kälteerzeugungsmaschine" entwickelte. Auch wenn viele kleine Bamberger Braustätten noch bis in die 1960er-Jahre an der herkömmlichen Kühlmethode mit Natureis festhielten, so machten moder-

Einige Brauereien verwendeten sogenannte „Eisgalgen" zur Herstellung von Eis. Das Bild zeigt Braumeister Michael Graser von der Brauerei ➜ Schlenkerla mit seiner Frau Margaretha (ca. 1920). Das geerntete Eis wurde über eine Rutsche in den Felsenkeller transportiert ne Kühlaggregate die Eiskeller zunehmend überflüssig. Fortan war der Herstellungsprozess des Bieres nicht mehr an ortsfeste Lagerräume oder bestimmte Jahreszeiten gebunden. So verloren die Felsenkeller an Bedeutung, und auch die Zahl der darüber liegenden Sommerwirtschaften nahm ständig ab. Wurden zu Beginn des 20. Jahrhunderts auf dem Stephansberg noch etwa zwei Dutzend Felsenkeller bewirtschaftet, so sank ihre Zahl mit dem Brauereischwund zwischen 1910 und 1925 erheblich. Mit dem Ausbruch des Zweiten Weltkriegs folgte eine weitere Schließungswelle. Während im Jahr 1945 der ➜ Polarbären-Keller infolge der alliierten Luftangriffe total zerstört wurde, überstand lediglich der ➜ Spezial-Keller die Folgen des Zweiten Weltkriegs unbeschadet. Erst in den 1970er- bzw. 1980er-Jahren wurden die traditionellen Sommerwirtschaften der ➜ Wilde-Rose und der ➜ Mahrs-Bräu wieder eröffnet.

Brauereien und Gasthäuser waren immer schon beliebte Treffpunkte des Bürgertums

Braustätten als Treffpunkte des Bürgertums

Die Brauereien mit ihren Gaststätten und Bierkellern waren stets ein öffentlicher Treffpunkt der Bamberger Bürgerschaft. Die Häcker auf dem Kaulberg gastierten über Generationen in den Brauereien ➜ Kaiserwirt oder ➜ Greifenklau, während die Gärtner bei der Brauerei ➜ Mohrenpeter oder im ➜ Grünen Baum verkehrten. Die neu gegründete Turnerschaft traf sich in der Brauerei ➜ Wilde Rose, und die Bamberger Bäckerinnung konstituierte sich 1887 in der Brauerei ➜ Specht. Selbst ein vornehmerer Kreis wie die Gesellschaft „Concordia", deren Namen das Wasserschloss an der Regnitz bis heute trägt, entstammt ursprünglich als „Wintergesellschaft zum Grünwald" der gleichnamigen Brauerei in der Sandstraße.
Sogar zur Gründung der Freiwilligen Feuerwehr leisteten die Bamberger Braustätten einen erheblichen, wenngleich gänzlich unfreiwilligen Beitrag: Eine am 10. Mai 1784 angeordnete Verfügung, wonach die Kamine der Bäckereien und Brauereien alle vier Wochen gereinigt werden sollten, verringerte die Brandgefahr nur unwesentlich. Aufgrund des Herstellungsprozesses beim Darren, Fasspichen und Biersieden brachen in den Brauereien immer wieder verheerende Brände aus. Als im Januar 1860 die Brauerei ➜ Jäck am Maxplatz in Flammen aufging und unkoordinierte Hilfsbemühungen ein großes Durcheinander auslösten, wurde innerhalb einer Woche die Freiwillige Feuerwehr gegründet, an deren Spitze der Weinhändler Johann Baptist Messerschmitt stand.

Der Bamberger Bierkrieg

Wie wichtig den Bambergern „ihr Seidla Bier" ist und war, zeigte sich im Jahr 1907: Übereinstimmend hatten die ansässigen Brauereien beschlossen, vom 1. Oktober an den Preis für den Liter Bier von 22 auf 24 Pfennige anzuheben und das Nachbier („Heinslein") nicht mehr auszuschenken. Angesichts derart drastischer Maßnahmen war die ansässige Bevölkerung geschockt: Die sonst eher schwerfällige Bamberger Bürgerschaft formierte sich rasch zu einer Einheit und boykottierte das Bier der lokalen Braustätten – der bekannte „Bamberger Bierkrieg" brach aus. Unter der strategischen Führung von „Feldmarschall" Karl Panzer schenkten die beiden Gaststätten ➜ Mondschein und Weierich (➜ Taucher) Bier aus Forchheim zum alten Preis aus und umgingen so den empfundenen Wucherpreis der ansässigen Brauereien. Zuerst wollten die Brauereibesitzer die Krise aussitzen, als aber immer mehr Pferdegespanne mit Bierfässern aus Forchheim nach Bamberg rollten, gaben sie ihren Widerstand auf. Am 7. Oktober nahmen sie die Erhöhung des Bierpreises zurück und beendeten damit den Boykott der Bürger. Konsequenzen hatte der Bierkrieg dennoch: Ludwig Rübsam, der Vorstandsvorsitzende der ➜ Bären- und Eckenbüttnerbräu AG, legte sein Amt als Vorsitzender des Bamberger Brauereivereins nieder. Vereinsmitglieder hatten ihm vorgeworfen, verantwortlicher Befürworter der gemeinsamen Preiserhöhung gewesen zu sein.

Gesellige Runde mit dunklem Bier auf dem Michaelsberg, etwa um 1910

Rauchbier – die regionale Spezialität

Seit Jahrhunderten wird in Bamberg eine Bierspezialität gebraut und ausgeschenkt, die in anderen Regionen weitgehend unbekannt ist: das Rauchbier. Sein besonderes Aroma erhält es durch das Trocknen (Darren) des feuchten Grünmalzes über einem Rauchofen mit Holzbefeuerung, wofür ausschließlich Holzscheite, meist Buchenholz, verwendet werden. Da das Malz anders als heute nicht indirekt gedarrt werden konnte, sondern in direkten Kontakt mit dem Rauch kam, ist davon auszugehen, dass früher alle Biere mehr oder weniger stark rauchig geschmeckt haben müssen. In Bamberg existieren mit den Brauereien ➜ Schlenkerla und ➜ Spezial noch zwei Braustätten, die das Rauchmalz nach traditioneller Weise selbst herstellen. Bis in das 20. Jahrhundert hinein produzierten auch die Brauereien ➜ Polarbär und ➜ Greifenklau ausschließlich Rauchbiere.

Traditionelle Besitzverhältnisse

Anders als in vielen anderen Städten ist in Bamberg die gemeinschaftliche Nutzung von Kommunbrauhäusern weitgehend unbekannt – tatsächlich braute und malzte jeder Braumeister für sich selbst. Die Brauer und ihre Familien bewohnten die oberen Stockwerke ihres Anwesens, während im Erdgeschoss die Gastwirtschaft eingerichtet war. Das Sudhaus befand sich meist im Hinterhaus, das aus Feuerschutzgründen räumlich abgetrennt war.

Hier waren auch die weiteren Einrichtungen für den Herstellungsprozess (Kühlschiff, Mälzerei, Darre, Fasslager etc.) untergebracht. Für den Transport von Bierfässern und Eisblöcken waren Fuhrwerke und Zugtiere notwendig, für die eine Stallung vorgehalten wurde. Darüber hinaus besaßen die Brauer einen oder auch mehrere Felsenkeller auf den Anhöhen der Stadt. Aus dieser Aufzählung wird ersichtlich, dass der Erwerb einer Braustätte mit allen Zugehörigkeiten einen erheblichen finanziellen Besitzstand voraussetzte, den sich nur wenige Büttner leisten konnten.

Der häufigste Weg zum eigenen Braubetrieb führte deshalb über den Traualtar. Verstarb ein Brauereibesitzer, blieb die Brauerwitwe nur selten lange alleine – schließlich musste der Betrieb fortgeführt werden, und die Zahl der Heiratswilligen war groß. Wie Johann Albert Joseph Seifert berichtet, haben „die Brauerswittwen jedesmal ihre rüstigen Braugesellen geheurathet, welche größtentheils vom Lande hereingekommen sind".

Das führte dazu, dass nur wenige Brauereien über mehrere Generationen hinweg eine direkte Ahnenlinie aufweisen. In diesem Zusammenhang lohnt sich ein Blick auf die verwandtschaftlichen Beziehungen der Brauereibesitzer: Nicht selten wurden die Kinder von Brauern miteinander verheiratet, um den Besitzstand für die nachfolgende Generation zu wahren bzw. zu vergrößern. In manchen Fällen etablierten sich regelrechte Brauer-Dynastien in Bamberg, die sich für kurze Zeit erheblichen Einfluss sicherten. Als die bekanntesten gelten die Familien Jäck, Kauer, Schuberth oder Leicht. Das Beispiel der Familie Leicht (siehe Abbildung unten) zeigt sehr anschaulich, wie stark sich ihre Mitglieder in den Bamberger Brauereien verbreiteten, ehe ihr Name nach vier Generationen aber auch wieder verschwand.

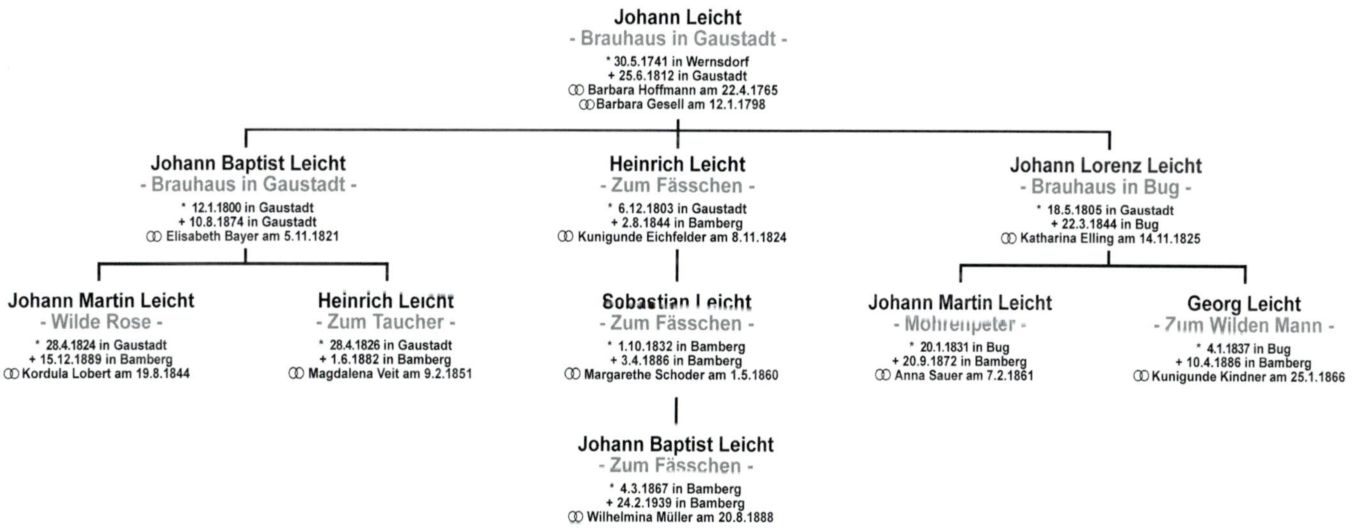

Am Beispiel der Brauerfamilie Leicht wird die verwandtschaftliche Verflechtung innerhalb des Bamberger Brauereigewerbes deutlich

Verzeichniß

der Bierbrauer zu Bamberg, mit Angabe ihrer Wohnung, des Brauquantums eines mittelmäßigen Jahres.

Laufende Nro.	Der Herren Bierbrauer: Namen	Schild oder Beinamen	Distrikt.	Haus-Nro.	Braut aus: Schäffel	Metzen	Viertel	Eimer: Bier.	Nachbier.
1	Ament, Johann	zum Schmäuser	I.	241	245	5	2	632	316
2	Ament, Michel	zum goldnen Löwen	II.	431	241	5	1	621	310
3	Bähr, Mathes	zum Eichhorn	I.	162	400	4	1	1030	515
4	Bartelmes, Michel	zum Eckenbüttner	I.	233	302	1	-	777	388
5	Behr, Franz	zum Riegelhof	III.	1573	286	1	-	736	368
6	Brunn, Thomas	zum Schwarzmann	I.	167	246	1	2	633	316
7	Brust, Peter	zum Spezial	II.	593	306	5	-	789	394
8	Diller, Georg	zum grünen Baum	II.	1105	64	1	-	165	83
9	Diller, Jacob	zu den drei Kronen	I.	127	-	-	-	-	-
10	Diller, Johann	zum Bauern	I.	396	269	1	-	692	346
11	Dorsch, Friedrich	zum Blümlein	III.	1617	234	2	2	607	303
12	Dotterweich, Johann	zum Stern	I.	126	302	-	1	776	388
13	Dotterweich, Sebast.	zum Kaiser	III.	1406	262	-	2	673	334
14	Dütsch, Michel	zum Mohrenpeter	II.	609	235	3	-	605	302
15	Eberlein, Joh. Kaspar	zum Brenner	II.	702	93	4	2	240	120
16	Eberlein, Johann	zum Bären	II.	592	149	4	-	385	192
17	Emmert, Johann	zum Storch	I.	499	254	5	3	655	327
18	Förtsch, Felix	zum steinernen Haus	I.	125	17	5	2	46	23
19	Frießner, Wilhelm	zum Kronprinz	I.	157	109	4	2	282	141
20	Gabler, Pankraz	zum schwarzen Bauer	I.	160	217	5	3	558	279
21	Göller, Johann	zum Lukas	II.	1147	349	-	2	899	449
22	Götz, Andreas	zur Rose	II.	988	294	2	2	756	378
23	Götz, Martin	zum Engel	II.	599	389	2	3	1002	501
24	Heller, Joseph	zum Heller	III.	1170	272	-	-	699	349
25	Helldorfers Erben	zum Baltsenwirth	III.	1621	259	2	-	668	334
26	Hummel, Mich. ält.	zum Specht	I.	498	474	1	2	1219	609
27	Hummel, Mich. jüng.	zum Bolobären	III.	1619	270	3	2	695	347
28	Jäck, Conrad	zum Streble	I.	239	427	3	2	1098	549
29	Jäck, Johann	zum Prinz Karl	II.	1148	261	3	2	672	336
30	Jäck, Johann sen.	zum Jäck	I.	238	240	2	-	618	309
31	Jäck, Johann Baptist	zum Schlüssel	IV.	1654	278	3	2	716	358
32	Kauer, Johann	zur Rose	I.	213	216	3	3	556	278
33	Kauer, Kaspar	zum Ringlein	III.	1174	232	3	-	598	299
34	Kauer, Thomas	zum blauen Löwen	III.	1470	249	5	-	643	321
35	Kleindienst, Thomas	zum Träublein	II.	587	190	5	1	491	245
36	Kößnersche Erben	zum weißen Lamm	II.	1028	-	-	-	-	-
37	Kramer, Johann	zum Letterlein	III.	1474	275	5	-	709	354
38	Kröner, Anton	zum Fäßlein	III.	1004	141	2	2	364	182
39	Lang, Andreas	zum weißen Ochsen	II.	1019	424	5	3	1093	546
40	May, Franz	zum Rößlein	II.	1018	395	5	2	1018	509
41	Müller, Johann	zum Greifenklau	III.	1333	325	-	1	835	417
42	Püls, Johann	z. schwarzen Ochsen	II.	596	152	4	2	381	190
43	Rebhans Wittwe	zum Taucher	III.	1202	128	3	1	330	165
44	Reges, Johann	z. Karmelitenbräuer	III.	1242	438	3	2	1127	563
45	Reichert, Michel	zum Grünwald	IV.	1653	328	2	2	842	421
46	Rittmayer, Georg	zur weißen Taube	I.	99	536	1	-	1379	689
47	Röder, Johann	zum Michelsberg	IV.	1781	294	4	1	757	378
48	Röckelein, Johann	zum Röckelein	III.	1238	395	5	2	1018	509
49	Rudolph, Adam	zum schwarzen Adler	II.	1015	23	5	-	59	29
50	Rosenzweig, Paul	zum Albertgäßner	II.	992	214	3	-	551	275
51	Räckel, Martin	z. Einhorn im Sand	IV.	1656	347	3	3	894	447
52	Sauer, Kaspar	z. Braunbierbrauer	III.	1593	409	5	-	1007	503
53	Scharnagel, Johann	zum Weisbierbrauer	III.	1620	50	-	-	128	64
54	Schirlings Wittwe	zum Mohrmann	IV.	1863	292	2	2	752	376
55	Schmidt, Andreas	zum Kleebaum	III.	1418	403	5	1	1037	518
56	Seminet, Balthaser	z. Einhorn im Stwz.	II.	590	13	1	-	33	16
57	Schönlein, Paul	zum Großkopf	II.	1012	298	2	1	767	383
58	Sperber, Adam	zum Pfau	II.	985	321	5	-	825	412
59	Stichelschmidt, Joh.	zum Mondschein	IV.	1713	483	2	-	1252	626
60	Süß, Sabine	zum Brehm	II.	608	307	1	-	788	394
61	Wagner, Friedrich	zum rothen Ochsen	II.	1144	158	2	-	396	198
62	Wagner, Michel	zum Bären	I.	158	285	4	2	735	367
63	Warmuth, Paul	zur Sonne	II.	989	294	2	-	756	378
64	Wich, Lorenz	zum wilden Mann	IV.	1769	217	1	2	558	279
65	Wirth, Conrad	zum Storchspeter	I.	524	489	5	1	1242	621

Das von Johann Albert Joseph Seifert erstellte Verzeichnis der Bamberger Braustätten

Übergang zur industriellen Produktion

Ab 1850 änderte sich der weitgehend handwerkliche, seit Generationen überlieferte Arbeitsablauf in den Sudhäusern gravierend. Die zunehmende Industrialisierung setzte jahrhundertealte Regeln im Brauhandwerk außer Kraft: Dampfmaschinen, elektrischer Strom und die Entwicklung von Kühlgeräten ermöglichten fortan die industrielle Bierproduktion und den Transport über große Entfernungen. Diese Entwicklung ging einher mit einer zunehmenden Verwissenschaftlichung des Brauwesens. Viele technische Neuerungen führten dazu, dass die Produktion immer kapitalintensiver betrieben wurde. Brauereien galten als renditestarke Investments und veranlassten viele Industrielle, in die Bierherstellung einzusteigen. Dazu wurden moderne Großbrauereien gebaut, die über riesige Produktionsflächen am Stadtrand und einen eigenen Eisenbahnanschluss verfügten. Die wirtschaftliche Leitung oblag nicht mehr dem Brauer, sondern dem Fabrikdirektor. Die Gründung der Ersten Bamberger Exportbierbrauerei Frankenbräu AG, aus der später die ➜ Hofbräu AG hervorging, kann sicherlich als Paradebeispiel für diese Zeit gelten. Mit der Industrialisierung erreichte auch die Bierproduktion eine neue Dimension. Großbrauereien konnten innerhalb einer Woche so viel Bier produzieren wie traditionelle Braustätten in einem ganzen Jahr. Ein Großteil des Gerstensaftes wurde deshalb in andere Regionen geliefert, teilweise sogar ins Ausland bis nach Nordamerika oder Asien exportiert. Ihre wirtschaftliche Macht setzten die Großbrauereien aber auch vor Ort ein: Sie forcierten die Flaschenabfüllung und erwarben in Bamberg und Umgebung zahlreiche Gaststätten, um ihr Bier abzusetzen. Die veränderten Vertriebsstrukturen setzten den kleinen

Braustätten schwer zu – ihnen blieb nur der Ausschank in der eigenen Gaststätte, auf dem Bierkeller oder „über die Gasse". Die veränderten Rahmenbedingungen der Industriegesellschaft brachten auch eine weitgehende Spezialisierung und Arbeitsteilung mit sich. Es entstanden große Handelsmälzereien wie die Malzfabriken ➜ Weyermann und Dessauer (➜ Bamberger Mälzerei), welche die Brauer fortan mit Malz belieferten.

Zahl und Verbreitung der Brauereien in Bamberg

Verlässliche Angaben über die Zahl der Bamberger Braustätten finden sich erst in den letzten zwei Jahrhunderten. Als besonders hilfreich erweist sich dabei das ausführliche Brauereiverzeichnis von Johann Albert Joseph Seifert, das er 1818 im Anhang seines Buches „Das Bamberger Bier" veröffentlichte (siehe Abbildung links). Darin führt er 65 Braustätten mit den dazugehörigen Braumeistern und der durchschnittlichen Ausstoßmenge an. Da Seifert auch die Hausnummern und Distrikte der jeweiligen Brauereien notiert hat, können wir uns heute ein gutes Bild über die Standortverteilung der Brauereien im frühen 19. Jahrhundert machen. Die Bamberger Braustätten orientierten sich an günstigen Standortbedingungen, auffallend ist dabei die räumliche Ballung in bestimmten Straßenzügen. Besonders hervorzuheben sind die Lange Straße, der Kaulberg, die Judenstraße und die Sandstraße. Die höchste Brauereidichte jedoch wies der Bereich der heutigen Königstraße auf. Auf einer Länge von etwa 700 Metern reihten sich zu Beginn des 19. Jahrhunderts nicht weniger als 23 Braustätten. Begünstigt wurde dieser Brauereistandort in erster Linie vom Verlauf der alten Handelsstraße, dem frühe-

Mitte des 19. Jahrhunderts hielt die Wissenschaft Einzug ins Brauwesen. Moderne Betriebe wie die ➜ Bamberger Hofbräu unterhielten ein gut ausgestattetes Labor

Mit Dampf und später mit Strom betriebene Maschinen machten Brauereien zu leistungsfähigen Bierfabriken (Hofbräu Bamberg um 1925)

Motorbetriebene Fahrzeuge erleichterten den Transport. 1924 liefert die Brauereimaschinenfabrik ➜ Kaspar Schulz einen Sudkessel mit einem Büssing-Lkw aus

ren „Steinweg", dessen Bedeutung schon an der Namensgebung als gepflasterter Fahrweg zu ermessen ist. Kaufleute, Händler und Reisende wollten gut versorgt sein und bescherten den Brauern, die ihren Gästen in der Regel auch Übernachtungsmöglichkeiten und Stallungen für die Pferde anboten, gute Geschäfte.

Rückläufige Betriebszahlen und ihre Ursachen

Wie bereits erwähnt, hatte die beginnende Industrialisierung erhebliche Auswirkungen auf die Brauereistruktur. Das jahrhundertealte Handwerk sah sich innerhalb weniger Jahre mit gänzlich anderen Produktionsverfahren konfrontiert. Braustätten, die nicht rechtzeitig in neue Maschinen investierten, fanden keinen unternehmerischen Nachfolger und wurden stillgelegt. Auch der Ausbau moderner Massentransportsysteme forcierte diese Entwicklung: Mit der Vollendung des Ludwig-Donau-Main-Kanals und dem Anschluss Bambergs an das Eisenbahnnetz büßten traditionelle Fernhandelsstraßen wie der Steinweg stark an Bedeutung ein. Von diesem Bedeutungsverlust waren die Brauereien mit ihren Gasthöfen stark betroffen. Von den vormals 23 Braustätten im Steinweg existierten um 1900 nur noch fünf.

Der größte Verlust an Braustätten ist zwischen 1915 und 1920 zu beobachten, also der Zeit des Ersten Weltkriegs und der nachfolgenden wirtschaftlichen Depression. In diesen fünf Jahren mussten alleine in Bamberg elf Braustätten schließen – jede dritte Brauerei wurde stillgelegt. Besonders dramatische Auswirkungen hatte der Mangel an Braugerste. Staatliche Stellen kontingentierten das Malz und regelten die Verteilung von Braugerste über die „Reichs-Gerstengesellschaft mbH". Viele Brauereibesitzer versuchten sich auf dem Schwarzmarkt mit

Gerste zu versorgen und wurden dafür wegen Verstoßes gegen das Kriegsgesetz angeklagt. Um den Konsum von Bier zu reduzieren, wurden ab dem 14. Mai 1916 verkürzte Ausschankzeiten festgesetzt. Demnach durfte Bier an Werktagen nur noch zwischen 11 und 14 Uhr sowie ab 18:30 Uhr ausgeschenkt werden. Für Arbeiter unter besonders schwerer körperlicher Belastung galten Ausnahmeregelungen, denn man befürchtete Beeinträchtigungen in der Arbeitsleistung. Wie die Bayerische Staatszeitung in ihrer Ausgabe vom 10. August 1915 schrieb, seien „Schwierigkeiten bei der Einbringung der Ernte entstanden, weil den Erntearbeitern mit dem Bier das gewohnte Erfrischungsgetränk in ausreichendem Maße fehlte". Nach dem Krieg nahmen viele kleine Brauhäuser die Bierherstellung nicht mehr auf – sie wurden stillgelegt oder von anderen Konkurrenzbetrieben aufgekauft. Später litten die Braubetriebe ebenso wie die Bevölkerung unter der Geldentwertung. Die Inflation trieb die Preise für Konsumgüter in ungeahnte Höhen; so kletterte der Preis für eine Maß Bier im November 1923 auf unglaubliche 260 Milliarden Mark.

Entwicklung nach dem Zweiten Weltkrieg

Vor dem Ausbruch des Zweiten Weltkriegs existierten in Bamberg noch 20 Braustätten. In den Kriegsjahren sahen sie sich mit einer erneuten Kontingentierung von Rohstoffen konfrontiert. So wurde zum Jahresbeginn 1940 ein Gesetz erlassen, wonach der Stammwürzegehalt des Bieres nicht über 10,3 Prozent liegen dürfe. Ziel dieser Maßnahme war die Einsparung von jährlich 500.000 Tonnen Gerste, die für andere Lebensmittel (z. B. als Kaffee-Ersatz) und als Futtergrundlage benötigt wurden. In den Folgejah-

Entwicklung der Anzahl an Braustätten in Bamberg seit 1815

Viele Bamberger verbinden schöne Kindheitserinnerungen mit den Brauereien, wie Wilhelm Müller mit einem Freund am Löschweiher der ➜ Hofbräu AG (um 1930)

ren führte der Mangel an Rohstoffen und Energieträgern zur völligen Stilllegung vieler Braustätten. Ein bitterer Verlust für die Bamberger Brautradition war außerdem die kriegsbedingte Zerstörung der Brauereigaststätten ➜ Kleebaum und ➜ Kaiserwirt auf dem Kaulberg durch Luftbombardements und Artilleriebeschuss.
Im Oktober 1945 erließ die amerikanische Militärregierung aus dem Frankfurter Hauptquartier ein Sudverbot für die bayerischen Braustätten. Kurze Zeit später erreichte der Bayerische Brauerbund eine Änderung dieses Erlasses, wonach vorhandene Vorräte für die Bierherstellung verbraucht werden durften. Am 24. April 1948 durften die Brauereien offiziell ein Bierersatzgetränk herstellen, das gegen Brotmarken verkauft wurde. Erst im Dezember 1949 wurde die Erlaubnis wieder erteilt, ein Vollbier mit 11- bis 14-prozentiger Stammwürze zu brauen. Die Währungs- und Wirtschaftsreform beendete dann die Marktreglementierung endgültig, die Bierproduktion konnte in vollem Umfang wieder aufgenommen werden.
In den 1950er-, 1960er- und 1970er-Jahren schlossen weitere neun Braustätten. Meistens waren ausbleibende Investitionen oder fehlende Nachfolger Gründe, weshalb eine Betriebsfortführung unterblieb, in anderen Fällen wurden sie von auswärtigen Großbrauereien aufgekauft und stillgelegt. Die größte Bamberger Brauerei, die ➜ Hofbräu AG, wurde 1977 geschlossen, weil der Brauereienverbund, zu dem sie gehörte, aufgrund von Überkapazitäten die Bierherstellung drosseln musste. Und dann gab es noch die Auflassungen der Brauereien ➜ Löwenbräu und ➜ Maisel – in beiden Fällen waren die letzten Eigentümer nicht an einer Fortführung des Braubetriebs interessiert, sondern an einer Verwertung der Immobilien.
Im neuen Jahrtausend begann sich auch in Bamberg ein internationaler Trend bemerkbar zu machen, in dessen Folge kleine Gasthausbrauereien für den lokalen Markt entstanden. Den Anfang machte 2004 das ➜ Ambräusianum in der Sandstraße, weitere wie der ➜ Kronprinz, das ➜ Sternla oder das ➜ Ahörnla folgten. Im Jahr 2025 setzen in Bamberg 13 gewerbliche Braustätten Bier an, zudem betreibt auch die ➜ Mälzerei Weyermann ein eigenes Brauhaus.

„Auf den Keller gehen" – heute wie vor 150 Jahren eines der schönsten Sommervergnügen in Bamberg

Die Braustätten entlang der Königstraße

Brauerei Spezial

Eingangsportal und Ausleger der Brauerei Spezial in der Oberen Königstraße

Anschrift: Obere Königstraße 10

Gründung: 1536

Felsenkeller: Um 1830 erwirbt Georg Ott das Anwesen auf dem Oberen Stephansberg 47 für seinen Braubetrieb. Ursprünglich war das Kellergrundstück nur über den Stephansberg erreichbar, erst um 1927 wird der heute noch bestehende Zugang über die Sternwartstraße geschaffen.

Die Brauerei Spezial zählt nicht nur zu den schönsten, sondern auch zu den traditionsreichsten Braustätten Bambergs. Von einigen technischen Einrichtungen abgesehen, gilt das Anwesen in der Oberen Königstraße 10 als idealtypisches Beispiel für einen Braubetrieb aus dem 18. Jahrhundert: Das Vorderhaus beherbergt im Erdgeschoss die Gaststätte, über der Fremdenzimmer und die Wohnräume der Besitzerfamilie angeordnet sind. Eine breite Hofdurchfahrt bildet den Zugang zu den Gasträumen, zur Gassenschänke und zum rückwärtigen Teil des Anwesens. Dort befindet sich, getrennt von einem kleinen Innenhof, das Brauhaus. Dieses ist nach einer Inschrift 1742 erbaut worden. Wie vor Jahrhunderten wird hier auch heute noch die Braugerste auf einer traditionellen Rauchdarre vermälzt, die dem Spezial-Bier den typischen Rauchgeschmack verleiht.

Bereits 1357 wird das Anwesen im Besitz des Pfisters Fritz Bischof erwähnt. Das denkmalgeschützte Haus mit seiner herrlichen Fachwerkfassade stammt jedoch aus dem 15. Jahrhundert und dürfte sein heutiges Aussehen schon gehabt haben, als darin erstmals Bier angesetzt wird. Als Begründer der Brauerei gilt der Büttner Linhard Großkopf, dessen Familie um 1536 weitere Brauhäuser im früheren Steinweg besitzt (1541 → Großkopf, 1544 → Weißer

Der Spezial-Keller auf dem Stephansberg im Jahr 1885

Werbeplakat von etwa 1910

Ochse). Wie die Braustätte zu ihrem Namen gekommen ist, bleibt ungewiss. Er taucht erstmals in Verbindung mit Niklas Delscher auf, der „Spicial genannt, eyn Bräuer und auch Büttner gewesten ist". Dieser betreibt die Braustätte von 1631 bis zu seinem Tod am 5. April 1664.

Seit dem Ableben von Niklas Delscher lässt sich die Besitzerreihe der Braustätte lückenlos nachvollziehen: Zuerst folgt ihm Johann Reum nach, der wohl mit der Witwe Dorothea Delscher, genannt „Spezialin", verheiratet ist. Seine zweite Ehefrau Barbara wiederum ehelicht 1685 den aus Strullendorf stammenden Büttner Johann Eberlein. Als dieser 1693 verstirbt, geht der Besitz an Johann Georg Reum, den Sohn des Vorbesitzers, über. Er bleibt für die nächsten 35 Jahre Eigentümer und Braumeister im „Spezial", bis der Oberhaider Büttner Thomas Stretz über die Tochter Maria Ursula Reum in den Betrieb einheiratet. Unter der Leitung von Thomas Stretz entsteht auch der Neubau des Brauhauses (1742). Thomas Stretz verstirbt am 5. Januar 1755, sodass der Besitz an seine Töchter übergeht. Das Erbe umfasst ein Brau- und Wirtshaus mit zwei Zimmern und zwei Kammern sowie ein kleines Feld, das mit Süßholz bebaut ist. Später bieten es die Erben für 4.500 Gulden und zwölf Dukaten zum Verkauf an.

Um 1776 übernimmt Michael Rothlauf aus Godeldorf die Brauerei. Seine Witwe Barbara heiratet 1809 den aus Tütschengereuth stammenden Peter Brust und 1823 den Brauer Georg Ott. Unter Zuzahlung von 6.000 Gulden wird er neuer Betriebsinhaber. Zu seinen ersten Investitionen zählt der Erwerb eines Felsenkellers. Er kauft das früher zur Brauerei ➜ Drei Kronen gehörende Grundstück am Oberen Stephansberg 47, das bis heute als Spezial-Keller bekannt ist. Als Georg Ott 1845 verstirbt, stehen für einige Jahre die Sudkessel still. Erst als sich Anna Brust, Tochter des Vorbesitzers Peter Brust, mit Georg Eberlein aus der benachbarten Braustätte ➜ Schwarzer Bär vermählt, wird wieder Bier angesetzt. Georg Eberlein verstirbt im Alter von 44 Jahren an den Folgen eines Lungenleidens, weshalb seine Witwe 1858 den Brauer Stefan Lunz heiratet. Doch auch dieser Ehe ist nur eine kurze Dauer beschieden; nach nicht einmal sieben Jahren ist Anna Lunz zum zweiten Mal Witwe geworden. In den folgenden zwei Jahrzehnten führt sie den Betrieb alleine weiter.

Nach dem Tod von Anna Lunz erwirbt Baptist Eberlein das Anwesen für 30.000 Mark und lässt umfangreichere Veränderungen auf dem Keller vornehmen. Im Mai 1898 beantragt Barbara Stöcklein, die Schwester des inzwischen verstorbenen Baptist Eberlein, die Konzession zur Weiterführung von Brauerei und Gaststätte. Doch nach wenigen Monaten gibt sie auf und entscheidet sich für einen Verkauf des Betriebs.

Die für das Unternehmen notwendige Kontinuität kehrt ein, als Christian Merz im November 1898 die Brauerei Spezial übernimmt. Für die folgenden 40 Jahre leitet er das Brauhaus und mit seiner Frau Maria die Gaststätte in der Königstraße. Zur Jahrhundertwende erreicht er einen Ausstoß von rund 2.000 Hektolitern Bier. Auch wenn die Braustätte damit zu den kleineren in Bamberg gehört, so zählt der Felsenkeller auf dem Stephansberg doch zu den schönsten Sommerwirtschaften der Stadt. Christian Merz weiß um dieses Kleinod, dem er zuerst eine Schankhalle (1900), dann neue Abortanlagen (1903) hinzufügt. Als die bekannte Großbrauerei ➜ Prinz Karl aufgelassen wird, erwirbt er deren Felsenkellergrundstück (Oberer Stephansberg 37). Zu dieser Zeit erreichen die Gäste den Spezial-Keller über einen Treppenaufgang vom Stephansberg aus, hier steht auch seit 1916 das über sieben Meter hohe Eisgerüst, mit dem im Winter Eis gewonnen wird. Eine besondere Zierde des Kelleranwesens sind übrigens neun Rokokobüsten, die von Ferdinand Tietz ursprünglich für Schloss Seehof geschaffen worden waren.

Während des Zweiten Weltkriegs ruhen Sudhaus und Kellerwirtschaft. Erst nach den überstandenen Krisenzeiten kehrt die Geschäftsroutine in den Betrieb zurück. Maria Merz, mit dem Tod ihres Mannes 1940 zur Witwe geworden, übergibt die Brauerei an die nächste Generation. Christian Merz jun. verschönert die Brauereigaststätte in der Oberen Königstraße und lässt das herrliche Fachwerk freilegen. Zunehmend halten auch neue Techniken wie moderne Kühlmaschinen Einzug in das Brauhaus, sodass Mitte der 1960er-Jahre der Eisgalgen auf dem Felsenkeller überflüssig ist und abgerissen wird.

Im Jahr 1980 hält die dritte Familiengeneration Einzug in das Unternehmen, als Christian Merz seine Meisterprüfung

Bis 1927 ist der Keller über diesen Zugang am Oberen Stephansberg zu erreichen

Brauereibesitzer Christian Merz am Eisgerüst auf dem Felsenkeller (um 1960)

Christian Merz befeuert die Malzdarre

Im Brauhaus selbst ist hingegen vieles beim Altbewährten geblieben: Die Schrotmühle aus dem Jahr 1902 verrichtet weiterhin zuverlässig ihren Dienst, und auch das Herzstück der Mälzerei – die Rauchdarre – funktioniert nach dem traditionellen Prinzip. Überhaupt: Was die Brauerei Spezial von allen anderen Braustätten unterscheidet, ist die eigene Malzherstellung in der mit Buchenholz befeuerten Darre. Das ist der Grund für das leicht rauchige und unverwechselbare Aroma ihrer Biere. Während Malz heute fast ausschließlich in riesigen Mälzereien hergestellt und von den Brauereien zugekauft wird, haben nur die Familien Merz (Spezial) und Trum (➜ Schlenkerla) die Herstellung des Malzes im eigenen Betrieb beibehalten.
In der Brauereigaststätte werden heute fünf verschiedene Biersorten ausgeschenkt: ein Lager-, ein Märzen- und ein Weizenbier sowie ein Ungespundetes und – ab Oktober immer für kurze Zeit – ein Bock. Für die ausgezeichnete Qualität der Biere sind mittlerweile die Brüder Florian und Sebastian Merz am Sudkessel und an der Darre verantwortlich. Somit steht die vierte Familiengeneration am Start, den Betrieb knapp 500 Jahre nach seiner Gründung fortzuführen.

Sebastian, Florian und Christian Merz

im Brauer- und Mälzerhandwerk ablegt. Später bekommt er vom Vater die Brauerei übertragen, während die Sommerwirtschaft auf dem Stephansberg an seine Schwester Maria geht. Christian Merz setzt in den folgenden Jahren verstärkt auf eine nachhaltige Produktionsweise: Das im Haus hergestellte Rauchmalz wird aus Biogerste von Landwirten aus dem fränkischen Jura bezogen, und auch bei der Energie- und Wärmeerzeugung geht er konsequent ökologische Wege. Mehrfach wird der Betrieb mit dem Umweltpreis des Bayerischen Staatsministeriums für Ernährung, Landwirtschaft, Forsten und Tourismus ausgezeichnet. Zur Erweiterung seines Betriebs erwirbt Christian Merz im Jahr 2011 das Nachbaranwesen Obere Königstraße 8, die frühere Braustätte ➜ Schwarzer Bär. Nach einer aufwändigen Sanierung dient das Erdgeschoss als Frühstücksraum für die Übernachtungsgäste.

Ein echtes Stück Bamberg: Die Brauerei Spezial steht wie keine andere für die Brautradition dieser Stadt

Brauerei Goldenes Einhorn

Anschrift: Obere Königstraße 4

Gründung: um 1588

Betriebsaufgabe: 1817

Heutige Nutzung: Nach dem Brand wird das Areal 1829 mit dem „Deutschen Haus" neu bebaut und als Hotel genutzt. Das Gebäude erfährt 2002 eine Komplettsanierung und eine bauliche Erweiterung für die Stadtbibliothek.

Felsenkeller: 1804 ersteigert Balthasar Seminet das Grundstück Oberer Stephansberg 28 für 1.350 Gulden. Es handelt sich dabei um ein zweistöckiges Wohnhaus aus Holz mit einem Felsenkeller, das vorher zum Besitz des Klosters St. Claren im Zinkenwörth gehört. Balthasar Seminet bleibt bis 1832 im Besitz des Grundstücks.

Ansicht des Hotels „Deutsches Haus" auf einer Postkarte von 1917

An der Stelle der heutigen Stadtbücherei in der Oberen Königstraße steht bis zum Oktober 1817 das Gasthaus „Zum Einhorn". Als Abgrenzung zur gleichnamigen Braustätte in der Sandstraße wird in vielen Quellen auch vom „Goldenen Einhorn" oder vom „Einhorn im Steinweg" gesprochen. Bereits 1553 wird der Besitzer Wolf Neudecker als „Wirt zum Einhorn" genannt. Einen weiteren Hinweis auf die gastronomische Nutzung gibt es vom 11. August 1587, als die Witwe Ursula Koch ihre Behausung mit dem „Wirtshaus Zum Einhorn" für 3.200 Gulden veräußert.

Im Dreißigjährigen Krieg wird das Gebäude von kaiserlichen Truppen belagert und später eingeäschert. Als Wirt in dieser entbehrungsreichen Zeit wird Georg Stauth genannt. Die weiteren Besitzer sind Johann Sengel (1663-1676), Cäsar Eremit (1676-1695), Johann Karl Süß (1700-1713) sowie der aus Sterzing in Südtirol stammende Zitronenhändler Jakob Stolz (1714-1727). Die Tochter von Jakob Stolz heiratet später den Wirt Sebastian Stadelmayer und versucht nach dessen Tod wiederholt, das Anwesen zu veräußern. Ihre Verkaufsbeschreibung aus dem Jahr 1754 gibt einen anschaulichen Eindruck über die stattliche Größe des Besitzes: „Gasthof zum goldenen Einhorn, enthaltend zwölf Gastzimmer, elf Kammern, vier Boden zu Früchten, vier Keller, eine große helle Küche, Waschhaus, zwei große und drei geringe Stallungen auf 60 bis 62 Pferde, Heu- und Strohböden, zwei große Höfe worin ein sechsspanniger Wagen füglich umkehren kann, Garten an der Regnitz." Ein Brauhaus wird in dieser Aufzählung übrigens nicht erwähnt – das deutet darauf hin, dass der Schwerpunkt der Geschäftstätigkeit nicht beim Brauen, sondern auf der Gastwirtschaft liegt.

In der Besitzerreihe folgen die Gastwirte Johann Papst und Wilhelm Sauer. Von 1779 an ist Balthasar Seminet, der die Witwe von Wilhelm Sauer heiratet, Gastwirt im „Goldenen Einhorn". Der Getreidehändler gilt bei seinen Mitbürgern als „Kornwucherer" und ist deshalb nicht sonderlich beliebt. Dies wird ihm am 31. Oktober 1817 zum Verhängnis, als gegen zwei Uhr morgens in der Darre der benachbarten Brauerei ➜ Träublein ein Feuer ausbricht. Der Brand greift auf das Anwesen von Balthasar Seminet über und vernichtet große Teile seines Besitzes. Zeitgenössischen Berichten zufolge hilft die vor dem brennenden Haus zusam-

mengelaufene Menschenmenge beim Löschen des Feuers nur zögerlich.
Der unbeliebte Gastwirt hat nicht nur die Schadenfreude der Mitbürger zu ertragen, sondern steht auch finanziell vor dem Ende. Trotz mehrfacher Versuche dauert es zehn Jahre, bis er das abgebrannte Anwesen verkaufen kann. Neuer Eigentümer ist der Poststallmeister Paul Röhring, der auf der „Seminet'schen Brandstatt“ am 17. Mai 1829 das Hotel „Deutsches Haus“ eröffnet. Es avanciert zur besten Adresse in Bamberg und beherbergt zahlreiche prominente Gäste, darunter Herzog Max von Bayern (1833 und 1835), das preußische Königspaar (1858) sowie Kaiser Franz von Österreich mit seiner Gemahlin „Sisi“ (1860).

Kaiserin Elisabeth von Österreich nach einem Gemälde von Franz Xaver Winterhalter (ca. 1865)

Kaiserin „Sisi“ in Bamberg

Im Herbst 1860 beherbergt das „Deutsche Haus“ seine wohl prominentesten Gäste: Am 18. November gegen 19 Uhr steigen Franz Joseph I., Kaiser von Österreich-Ungarn, und seine Gemahlin Elisabeth in dem Hotel ab. Die österreichische Kaiserin, deren Vater Herzog Max in Bamberg geboren wurde, wird von einem Gefolge aus 27 Personen begleitet. Der Bamberger Liederkranz will es sich nicht nehmen lassen, dem hohen Besuch eine Serenade darzubringen, was die Kaiserin jedoch „mit anerkennendem Danke“ ablehnt. Am nächsten Morgen gegen 10 Uhr verlassen die Hoheiten Bamberg wieder.

Brauerei Lukas

Anschrift: Untere Königstraße 17

Gründung: um 1599

Betriebsaufgabe: 1854

Heutige Nutzung: Das Anwesen wird heute überwiegend für Wohnzwecke genutzt.

Felsenkeller: Um 1750 gehört zur Brauerei ein Felsenkeller auf dem Stephansberg, dessen genaue Adresse aber unbekannt ist.

Die Braustätte „Zum Lukas“ ist vermutlich nach dem Büttner Lukas Brehm benannt, dessen Elternhaus ursprünglich in der Brauerei ➜ Albertgäßner zu finden ist. Zwischen 1740 und 1770 ist er als Eigentümer des Brauhauses in der Unteren Königstraße 17 überliefert. Dass in dem Anwesen aber schon sehr viel früher Bier gebraut wird, lässt die Besitzerreihe vermuten: Bereits 1599 befindet sich das Haus im Besitz des Kübelmachers Linhard Wipfelt und bleibt in den folgenden Jahrhunderten durchgehend in der Hand von Büttnern. Dies legt eine gastronomische Mitnutzung des Hauses nahe.
Zur Mitte des 18. Jahrhunderts wird das Haus als zweistöckig mit drei Zimmern und zwei Kammern beschrieben. Als Lukas Brehm am 9. April 1770 verstirbt, führt seine Witwe Maria den Braubetrieb fort. Wie der königliche Bibliothekar Joachim Heinrich Jäck vermerkt, werden bei dem verheerenden Hochwasser am 27. Februar 1784 auch die Gebäude von „Lukas Brehms Wittib“ beschädigt. Zu dieser Zeit tritt erstmals der Hausname „Zur Weißen Rose“ auf. In den folgenden Jahren betreibt der aus Drosendorf stammende Büttner Johann Göller das Gasthaus. Unter seiner Regie gehört die Braustätte zu den größeren Bierbrauereien der Stadt. Nach seinem Tod 1820 übernimmt sein Sohn Thomas den Betrieb.
Der Büttner Michael Rothlauf aus Godeldorf, der das Anwesen im Jahr 1844 betreibt, ist der letzte Braumeister im „Lukas“. Zehn Jahre später gerät er in Zahlungsschwierigkeiten und unterwirft sich einem Konkursverfahren. Die dabei angefertigten Akten geben einen anschaulichen Überblick über die bauliche Situation: Demnach gehören zu dem Anwesen das Gast- und Wirtschaftsgebäude, zwei Seitengebäude sowie ein Hinterhaus, in dem sich die Brauerei mit Kellern, Böden und Stallungen befindet. Der Wert der Gebäude wird auf 10.000 Gulden geschätzt, während die Gastgerechtigkeit mit 500 Gulden und die „Braugerechtsame“ (also das Braurecht) mit 2.000 Gulden angesetzt werden. Erst 1859 findet sich ein Käufer für das Anwesen.

Brauerei Träublein

Anschrift: Kettenbrückstraße 6

Gründung: ab 1754

Betriebsaufgabe: 1817

Heutige Nutzung: Das Haus geht 1945 durch Kriegseinwirkung verloren und wird durch einen Notbau ersetzt. Dieser wird im Jahr 2004 abgerissen und als Freischankfläche für die benachbarte Eisdiele benutzt. 2025 schließt ein Neubau die Häuserreihe.

Felsenkeller: Thomas Kleindienst hatte zur Lagerung des Bieres einen Felsenkeller am Oberen Stephansberg gepachtet (vermutlich Oberer Stephansberg 37).

Blick von der Königstraße Richtung Kettenbrücke mit dem ehemaligen Brauhaus „Zum Träublein" (zweites Haus von links)

Das Haus, in dem sich einst die Brauerei Träublein befand, ist nicht mehr erhalten. Gegen Ende des Zweiten Weltkriegs wird das Anwesen durch Artilleriebeschuss schwer beschädigt und schließlich abgetragen. An seiner Stelle entsteht ein eingeschossiger Notbau, der im Jahr 2004 abgerissen wird. Erst 2024 wird die Baulücke wieder geschlossen.

Einen ersten urkundlichen Beleg für das ehemals dort stehende Gebäude gibt es aus dem Jahr 1576; zu dieser Zeit gehört das Anwesen dem Hyronymus Köfferlein. Er verkauft seine leere Hofstatt samt steinerner Kemenate „Zum Weinträubel" an Hans Koch, den Wirt des benachbarten Gasthauses ➜ Zum Goldenen Einhorn. In der Folgezeit ist das Haus nahezu durchgehend im Besitz von Büttnern, sodass der Betrieb einer Weinschänke angenommen werden kann, worauf die Hausbezeichnung hindeutet. Eine nicht mehr erhaltene Markierung an dem abgegangenen Haus datiert den erfolgten Neubau des ehemaligen Träubleinwirtshauses auf das Jahr 1597.

Zur Mitte des 18. Jahrhunderts ist das zweigeschossige Wohnhaus mit drei Zim-

mern und vier Kammern sowie das Brauhaus mit Zubehör und Obstgarten im Besitz des Büttners Friedrich Gunreben. Zur Lagerung seines Bieres ist ein Felsenkeller auf dem Kaulberg belegt. Anschließend ist Johann Vollmayer Braumeister im „Träublein". In der Nacht zum 27. Februar 1784 entgeht die Brauerei nur knapp einer Katastrophe: Die Hochwasser und Eisschollen führende Regnitz reißt nicht nur die prächtige Seesbrücke ein, sondern beschädigt auch große Teile der angrenzenden Bebauung. Dabei werden die Rückgebäude des Brauereianwesens stark in Mitleidenschaft gezogen.
1792 erwirbt der aus Reundorf stammende Bierbrauergeselle Johann Martin Dotterweich das mit Braugerechtigkeit versehene Anwesen für 5.800 Gulden und baut die beschädigten Gebäude wieder auf. Er betreibt die Brauerei vermutlich bis 1810 und überträgt sie dann seinem Stiefsohn Thomas Kleindienst. Als dieser am 2. April 1817 im Alter von nur 30 Jahren verstirbt, endet die Brautätigkeit im Träublein. Wie den amtlichen Mitteilungen zu entnehmen ist, werden kurz darauf die im Felsenkeller auf dem Stephansberg gelagerten Vorräte an Sommerbier und Heinslein öffentlich versteigert. Wenig später kommen auch Gegenstände aus dem Brauhaus wie Krüge, Fässer oder eiserne Fassreifen zum Verkauf. Nach dem Tod der Eheleute Johann Martin Dotterweich (+1822) und Margarethe (+1824) wird in dem Haus ein Ladengeschäft eingerichtet.

Brauerei Goldener Löwe

Das Anwesen in seinem ursprünglichen Zustand im Jahr 1930. Zu sehen ist auch der Ausleger in der Mitte der Fassade

Anschrift: Siechenstraße 7

Gründung: um 1632

Betriebsaufgabe: 1891

Heutige Nutzung: 1937 wird das Gasthaus, mittlerweile im Besitz der Gaustadter Bürgerbräu (➜ Kaiserdom), umgebaut. Während dieser Baumaßnahmen wird dem Haus ein Arkadengang angefügt. Bis zum Jahresende 2003 beherbergt es das Nachtlokal „Intermezzo" (vormals „Mustafa"), 2008 erfolgt der Umbau zu Wohnzwecken.

Felsenkeller: 1750 gehört zum Besitz des Brauers Valentin Bürger ein Keller auf dem Jakobsberg. Zwischen 1869 und 1891 pachtet Braumeister Georg Oppelt einen Teil des Felsenkellers unter dem heutigen Anwesen Sternwartstraße 3 für einen jährlichen Pachtzins von 400 Gulden.

Am Übergang der Siechenstraße in die Untere Königstraße steht das Gast- und Brauhaus „Zum Goldenen Löwen". Bereits um 1380 wird das landwirtschaftlich genutzte Grundstück erstmals urkundlich erwähnt und verbleibt bis zum Beginn des 17. Jahrhunderts durchgängig im Besitz von Gärtnern. Daraus erklärt sich der beachtliche Grundbesitz von 60 Tagewerk Land, der dem Anwesen zu dieser Zeit zugeschrieben wird.
Erster Braumeister dürfte der aus Trunstadt stammende Büttner Ägyd Stumpf gewesen sein. Im Jahr seiner Verehelichung 1632 eröffnet er das Gast- und

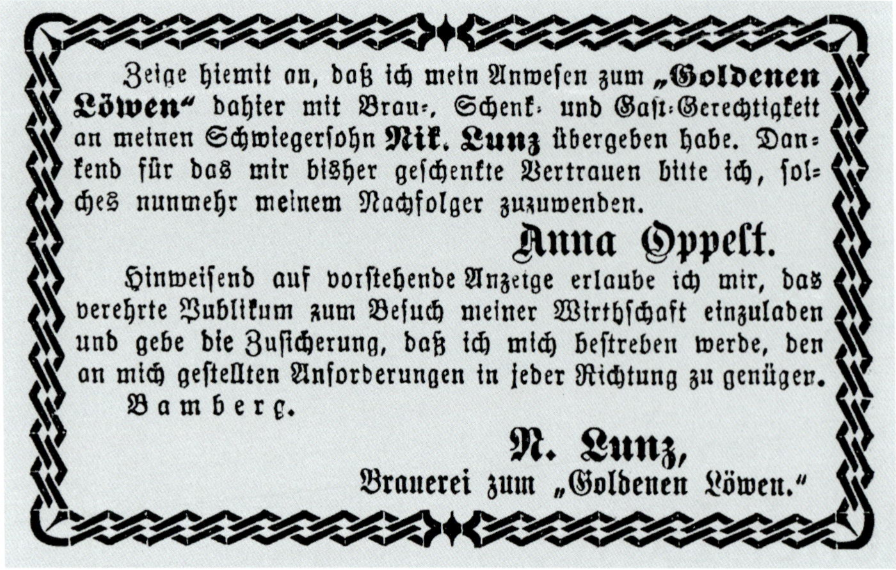

Zeige hiemit an, daß ich mein Anwesen zum „**Goldenen Löwen**“ dahier mit Brau-, Schenk- und Gast-Gerechtigkeit an meinen Schwiegersohn **Nik. Lunz** übergeben habe. Dankend für das mir bisher geschenkte Vertrauen bitte ich, solches nunmehr meinem Nachfolger zuzuwenden.

Anna Oppelt.

Hinweisend auf vorstehende Anzeige erlaube ich mir, das verehrte Publikum zum Besuch meiner Wirthschaft einzuladen und gebe die Zusicherung, daß ich mich bestreben werde, den an mich gestellten Anforderungen in jeder Richtung zu genügen.

Bamberg.

N. Lunz,
Brauerei zum „Goldenen Löwen.“

1887 übernimmt mit Nikolaus Lunz der letzte Bierbrauer den „Goldenen Löwen“

Brauhaus, in dem er Reisenden Fremdenzimmer und Stallungen anbietet. Später übernimmt sein Sohn Johann Stumpf den Betrieb, der sich mit Barbara Usselmann, Tochter des ➜ Bauernwirtes, verheiratet. In der Folgezeit werden das Gast- und Brauhaus von den Büttnern Michael Bleyer (1691-1723), Heinrich Gönner (1723-1745) und Valentin Bürger (1745-1764) bewirtschaftet. Als der letzte Besitzer verstirbt, heiratet seine Witwe Margareth den aus Dorgendorf bei Baunach stammenden Büttner Georg Ament. Dadurch kommt dieser in den Besitz des Hauses mit drei Zimmern und vier Kammern. In der Erbteilung überträgt er für das Anwesen die Summe von 10.000 Gulden seinem Sohn Michael. In Aufzeichnungen aus dem Jahr 1809 ist der Besitzstand genau festgelegt: Er umfasst neben dem Gasthaus „Zum Goldenen Löwen“ mit Brau- und Schankrecht auch Ausstattungsgegenstände wie zehn Betten, zwölf Sessel, Tische, Stühle, Spiegel, Vorhänge und einen Zentner Zinn. Zum Vermögen gehören außerdem drei „Gebräue Fass“ im Hauskeller sowie drei im Felsenkeller.
1837 übernimmt Georg Bauer den „Goldenen Löwen“. Mit einem Verbrauch von 376 Scheffeln Malz gehört seine Brauerei 1845 zu den zehn größten Betrieben der Stadt. Von schwerer Krankheit geplagt, schreibt er 1859 das Anwesen zum Verkauf aus. Sein Nachfolger wird der Büttner Georg Oppelt. Dieser pachtet zur Kühlung und Lagerung des Bieres einen Felsenkeller am Stephansberg und ersetzt 1881 das bestehende Brauhaus durch ein neues. Als Georg Oppelt wenige Jahre später mit 52 Jahren verstirbt, überträgt die Witwe Anna Oppelt den Betrieb mit Brau-, Schenk- und Gast-Gerechtigkeit ihrem Schwiegersohn Nikolaus Lunz. Doch das Ende der Brautätigkeit steht kurz bevor: Nach nur drei Jahren legt er den Sudkessel still und baut die Pferdeställe zu einer Werkstatt um. Der Brauereibesitzer Ludwig Rübsam (➜ Bärenbräu) beantragt beim Stadtmagistrat den Betrieb einer Schankwirtschaft im „Goldenen Löwen“, was ihm zunächst verwehrt wird. Die Erlaubnis erhalte er nur, wenn darin auch Bier gebraut werde, so die Begründung. Kurz darauf vermeldet Ludwig Rübsam, dass er bereits fünf Mal gebraut habe, weshalb ihm kurz darauf doch die Konzession erteilt wird.
Am 1. Mai 1891 erfolgt dann die endgültige Schließung der Brauerei. In den folgenden Jahrzehnten bleibt der „Goldene Löwe“ an der Ecke Siechenstraße/Löwenbrückenstraße als Gasthaus erhalten. 1907 wird es von Henriette Maex, der Besitzerin der Brauerei ➜ Blauer Löwe, erworben. Nach dem Konkurs der Blaulöwenbräu geht das Gasthaus an den Brauereibesitzer Georg Wörner (➜ Kaiserdom) über. Durch einen gravierenden Umbau im Jahr 1937 erhält das Anwesen sein heutiges Aussehen. Dabei wird das Haus dem damaligen Geschmack entsprechend modernisiert und erhält als erste Gaststätte Bambergs eine mit Gas befeuerte Küche. Auch der auffällige Arkadengang stammt aus dieser Zeit. Noch heute zeugt die Fassadenaufschrift von der jahrhundertealten Gastlichkeit des Hauses.

Der „Goldene Löwe“ im Ausleger, der seit vielen Jahren verschwunden ist

Brauerei Brehm

Die markante Ecke in der Häuserflucht der Oberen Königstraße verleiht dem Anwesen mit der Nummer 38 schon recht früh den Hausnamen „Zur Ecke“, weshalb die später eingerichtete Braustätte manchmal auch als „Eckenbräu“ bezeichnet wird. Bier wird in dem Anwesen wohl erstmals im frühen 17. Jahrhundert unter dem Büttner und Namensgeber Thomas Brehm angesetzt. Spätestens für 1666 ist belegt, dass der nachfolgende Büttner Hans Leeb die Stiftsherren von St. Gangolf mit Selbstgebrautem versorgt.

Einen erheblichen Aufschwung erlebt die kleine Braustätte ab dem Jahr 1763 unter ihrem Eigentümer Josef Süß. Der Büttnermeister „in der Ecke am Steinweg“ erwirbt das Felsenkellergrundstück am Oberen Stephansberg 40 für 1.700 Gulden und weitet den gewerblichen Ausschank von Bier aus. Nach seinem Tod führt seine Frau Maria das Gasthaus fort und reicht am 10. Februar 1791 eine Bittschrift zur Verleihung der Schild- und Gastgerechtigkeit ein. In der Folgezeit leiten ihr Sohn Philipp und ab 1812 dessen Tochter Sabina das Unternehmen. Im Jahr 1820 kauft der aus Litzendorf stammende Braumeister Johann Röder das Anwesen samt Brauhaus und Stadel für die Summe von 14.000 Gulden auf. Er betreibt die Braustätte über 15 Jahre hinweg und verstirbt im Alter von 66 Jahren. Seine Witwe Margarethe heiratet noch im selben Jahr mit Sebastian Dütsch den Sohn des Braumeisters von der benachbarten Brauerei ➜ Mohrenpeter: Im Volksmund wird der neue Besitzer deshalb auch als „Mohrenbastel“ bezeichnet.

Der nächste Eigentümer ist der Braumeister Adam Sperber. Er stammt aus der gegenüberliegenden Brauerei ➜ Pfau und übernimmt die Braustätte, indem er die Tochter von Sebastian Dütsch heiratet. Adam Sperber betreibt die Braustätte ab 1876 für die nächsten 18 Jahre. Mit einem jährlichen Ausstoß von etwa 4.000 Hektoliter Bier macht er die Braustätte bis 1885 zur siebtgrößten in Bamberg.

Nach seinem Tod im Januar 1894 wird das Anwesen zum Verkauf ausgeschrieben. Als Interessent erscheint der Gastwirt Eberhard Maisel aus Kasendorf, der die Brauerei für seine Söhne kaufen möchte. Er macht den Kauf jedoch davon abhängig, dass er ein angrenzendes Grundstück im Bereich der heutigen Dr.-von-Schmitt-Straße für den Bau eines Eiskellers erwerben kann. Im Oktober 1894 ist der Verkauf an Eberhard Maisel vollzogen. Als letzte nennenswerte Investitionen werden 1896 eine größere Sudpfanne installiert und ein neuer Kamin errichtet. Mit dem späteren Neubau der Brauerei durch Rudolf Maisel wird der Braubetrieb 1908 an den Standort in der Moosstraße verlagert.

Anschrift: Obere Königstraße 38

Gründung: um 1635

Betriebsaufgabe: 1894

Heutige Nutzung: Das Brauereigebäude mit Gaststätte wird 1894 von den Gebrüdern Maisel aufgekauft. Nach der Fertigstellung des Sudhauses an der Moosstraße im Jahr 1908 wird in dem Gebäude eine Gaststätte betrieben – lange Zeit als „Braustüb'l“, nach 1996 als „Weißbierhaus“.

Felsenkeller: 1766 erwirbt Josef Süß das Grundstück Oberer Stephansberg 40 für 1.700 Gulden. Es ist mit einem zweistöckigen Wohnhaus sowie einer Scheuer bebaut. Dazu gehört auch ein Felsenkeller. Das Grundstück befindet sich mindestens bis 1868 in Familienbesitz und wird später von der ➜ Blaulöwenbräu für den Neubau einer Großbrauerei aufgekauft. Des Weiteren nutzt Adam Sperber einen Felsenkeller am Oberen Stephansberg 33, der einst zum ➜ Pfau gehörte. Diesen Keller erwirbt 1898 Andreas Graser vom ➜ Schlenkerla.

Die weitere Unternehmensgeschichte der Brauerei ➜ Maisel wird an anderer Stelle in diesem Buch fortgeführt.

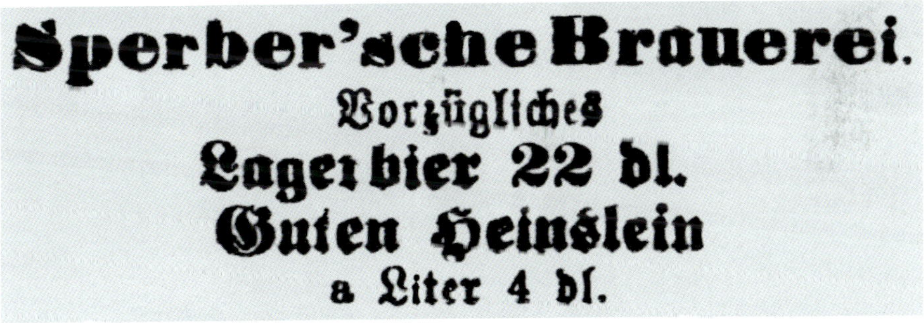

Unter dem letzten Eigentümer wird die Braustätte auch als Sperber'sche Brauerei geführt. In einer Annonce von 1886 bewirbt Adam Sperber sein Lagerbier für 22, sein Nachbier „Heinslein“ für 4 Pfennige

Brauerei Sonne

Anschrift: Obere Königstraße 41

Gründung: um 1609

Betriebsaufgabe: 1869

Heutige Nutzung: 1904 wird das Anwesen abgerissen und an seiner Stelle die Luitpoldsäle errichtet.

Felsenkeller: Um 1750 gehört zum Braubetrieb ein nicht näher bezeichneter Felsenkeller auf dem Stephansberg.

Eine der zahlreichen Brauereigaststätten entlang des früheren Steinwegs ist das Brauhaus „Zur Sonne" (nicht zu verwechseln mit der Gaststätte „Sonne" im heutigen Steinweg). Das Haus wird erstmals im Jahr 1403 erwähnt und spätestens 1609 als Gastwirtschaft genutzt. Anders als die benachbarte Brauerei ➜ Goldene Rose bleibt das Anwesen vom Straßendurchbruch der Eisenbahnstraße in die Königstraße im Jahr 1872 verschont. Nur wenige Jahrzehnte später fällt aber auch die „Sonne" neuen Planungsvorhaben zum Opfer: Das altehrwürdige Gebäude muss dem Bau der Luitpoldsäle weichen und wird 1904 abgetragen.

Die „Goldene Sonne" kurz vor dem Abriss: Auf den Fensterläden wird auf die bevorstehende „Versteigerung" des Inventars hingewiesen

Das Gasthaus mit dem Standbild des hl. Laurentius an der Ecke zur Luitpoldstraße

Die Brauereigeschichte des Hauses setzt ab 1609 ein, als Bastel Hoffner den „Gasthof zur Sonne" bewirtschaftet. Zur Mitte des 17. Jahrhunderts gelangt das Anwesen in den Besitz der Bamberger Brauerfamilie Kauer, und ab 1719 ist Pankraz Popp als Eigentümer und Wirt des Brauhauses überliefert, der aus der benachbarten Brauerei ➜ Albertgäßner stammt. Nach seinem frühen Tod heiratet die Witwe erneut; ihr zweiter Ehemann ist der Büttner Johann Schmitt, der die Gastwirtschaft über 33 Jahre hinweg betreibt. Nach dessen Ableben wiederum verheiratet sich seine Tochter mit dem aus Herlheim stammenden Büttner Michael Hauck (1762). Zu dieser Zeit umfasst das Anwesen das zweistöckige Vorderhaus am Steinweg, das rückseitige Brauhaus, einen Stadel und Stallungen sowie ein Achtel Tagwerk Küchengarten mit einem halben Morgen Feld.

Von 1804 bis 1840 ist Paul Warmuth Braumeister in der „Goldenen Sonne". Mit einem Verbrauch von knapp 300 Scheffel Malz (etwa 1.000 Hektoliter Bier) gehört die Braustätte zu den mittelgroßen Betrieben Bambergs. Die weitere Besitzerfolge wird von Peter Engert (1841-1859), seinem Sohn Jakob Engert (1859-1865) und dem mit dessen Witwe verheirateten Johann Meixner (1865-1869) fortgeführt. Als Johann Meixner im Dezember 1869 in Zahlungsschwierigkeiten gerät, steht die Braustätte vor dem Ende. Um die Gläubiger zu bedienen, werden aus dem „Sonnenwirtshaus" zunächst 50 Eimer (ungefähr 3.400 Liter) Bier versteigert, kurz danach der im Keller befindliche Vorrat an Steinkohlen. Wenige Wochen später gerät das gesamte Anwesen unter den Hammer, darunter das Gasthaus mit dem anschließenden Brauhaus, Stallungen mit Heuboden, Keller, Waschhaus, Holzlege, Hofraum mit Brunnen, ein Gemüse- und Blumengarten mit darauf befindlicher Schenkhalle sowie einer Kegelbahn. Aus der Brauerei selbst werden ein Kühlschiff, eine Dorles, ein Braukessel, eine Malzdarre sowie verschiedene Kufen, Fässer und Zulässe versteigert.

Es ist der Hopfenhändler Josef Kronacher, der das Anwesen übernimmt und dort später eine Schwefeldarre für seinen Hopfen errichtet. Die im Erdgeschoss befindliche Gastwirtschaft verpachtet er. 1904 erwirbt der Katholische Arbeiterverein die Gebäude und lässt sie abreißen. An ihrer Stelle entsteht der prachtvolle Neubau der Luitpoldsale.

Nach dem Abriss der früheren Brauerei entstehen 1904 die Luitpoldsäle

Brauerei Grüner Baum

Anschrift: Siechenstraße 47

Gründung: um 1690

Betriebsaufgabe: 1864

Heutige Nutzung: Nach der Schließung der Brauerei bewirtschaftet die Familie Schuberth das Gasthaus bis 1967 weiter, ehe das Anwesen an die Stadt Bamberg verkauft wird. 1978 erfolgen der Abriss der Gebäude und der spätere Wiederaufbau. Heute sind darin u. a. die Lindenapotheke und das griechische Restaurant Delphi untergebracht.

Das traditionsreiche Gast- und Brauhaus „Zum Grünen Baum" ist dem Stadtbild leider nicht erhalten geblieben. Es steht bis 1978 an der Einmündung der Gasfabrikstraße in die Siechenstraße. Obwohl die Bausubstanz gut erhalten ist und die Proteste der Denkmalschützer laut sind, wird das Gebäude zur Aufweitung der Siechenstraße abgerissen. Heute befindet sich an gleicher Stelle ein Neubau aus dieser Zeit (Siechenstraße 47) – eine Bereicherung für das Stadtbild ist die gefundene Lösung sicherlich nicht.

Das Gasthaus an der Ecke zwischen Gasfabrikstraße (links) und Siechenstraße um 1900

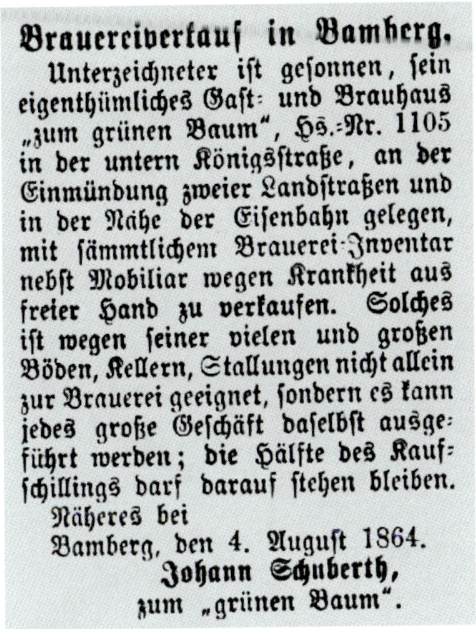

Brauereiverkauf in Bamberg.

Unterzeichneter ist gesonnen, sein eigenthümliches Gast- und Brauhaus „zum grünen Baum", Hs.-Nr. 1105 in der untern Königsstraße, an der Einmündung zweier Landstraßen und in der Nähe der Eisenbahn gelegen, mit sämmtlichem Brauerei-Inventar nebst Mobiliar wegen Krankheit aus freier Hand zu verkaufen. Solches ist wegen seiner vielen und großen Böden, Kellern, Stallungen nicht allein zur Brauerei geeignet, sondern es kann jedes große Geschäft daselbst ausgeführt werden; die Hälfte des Kaufschillings darf darauf stehen bleiben.

Näheres bei

Bamberg, den 4. August 1864.

Johann Schuberth,
zum „grünen Baum".

Per Zeitungsinserat sucht Brauereibesitzer Johann Schuberth kurz vor seinem Tod einen Käufer für sein Anwesen

Bis in das 14. Jahrhundert reichen die Anfänge des Anwesens zurück, das in den Lehens- und Zinsbüchern des Nonnenklosters zum Heiligen Grab erstmals erwähnt wird. Um 1547 gehört das „Eckhaws beym prunnen" Hans Plencklein. Auf dem Zweidler-Plan von 1602 ist das Haus mit dem besagten Brunnen gut zu erkennen. In den folgenden Jahren wird das Anwesen von verschiedenen Gärtnerfamilien bewohnt, ehe um 1685 mit Antonius Ulzhöfer erstmals ein Gastwirt als Eigentümer überliefert ist. Bereits vier Jahre später taucht Valentin Zirkelbach als Besitzer „von Grünenbaums Gasthof" auf. Der neue Eigentümer, auch als „Wirt zur Linde" bezeichnet, stammt ursprünglich aus Volkach. Sein Beruf wird mit „Bierbrauermeister und Essigfabrikant" angegeben.

In den folgenden Jahrzehnten bleibt das Gasthaus erhalten und wird vorwiegend von Metzgern betrieben. 1764 taucht erstmals eine genauere Beschreibung des Anwesens auf: Es handelt sich um ein zweistöckiges Wohnhaus mit einem Gast- und Brauhaus sowie Stallungen. Zu dieser Zeit ist Adam Weiskopf Eigentümer. Später umgibt er sein Grundstück mit einer Hofmauer. In den Schlussstein des heute nicht mehr erhaltenen Eingangsportals lässt er neben verschiedene Brauereigerätschaften auch sein Monogramm „AWK 1785" eingravieren.

Weitere Besitzerwechsel folgen, bis die Witwe Barbara Schönlein 1804 den Grünen Baum für 2.900 Gulden erwirbt und diesen ihrem Sohn Paul vermacht, der kurz zuvor die Prüfung als Büttnermeister abgelegt hat. Am 24. Mai 1815 tauscht dieser sein Anwesen gegen das Gasthaus ➜ Zum Großkopf, sodass Georg Diller neuer Eigentümer wird. Mit einem Malzverbrauch von lediglich 64 Scheffeln gehört seine Braustätte zu den kleinsten der Stadt.

Maßgeblich geprägt wird die weitere Entwicklung des Brau- und Gasthauses durch die Familie Schuberth, die ab 1820 den Grünen Baum führt. Georg Schuberth aus Frickendorf ersteht das Anwesen für die Summe von 5.500 Gulden. Bei der großen Landwirtschafts- und Gewerbeschau, die 1835 im Rahmen des dritten Theresienvolksfests abgehalten wird, erzielt er in der Kategorie „Hopfenbau" den ersten Platz und bekommt dafür zwei bayerische Thaler Preisgeld. Nach seinem Ableben führt seine Witwe Magdalena das Gasthaus weiter, das sie 1856 ihrem Sohn Josef überträgt. Doch der Jungbrauer erkrankt schwer und sieht sich nicht mehr imstande, den Betrieb fortzuführen. Mit Inseraten in überregionalen Tageszeitungen sucht er nach einem Käufer für das Anwesen – ohne Erfolg. Wenige Wochen später, am 29. August 1864, erliegt Josef Schuberth seiner Krankheit im Alter von nur 40 Jahren, und keine sechs Monate später stirbt auch seine Frau Elisabeth. In der Folgezeit werden das Anwesen und sämtliche Brauereigerätschaften, darunter ein Bierwagen, ein großer Bierschlitten, Büttnereigeschirr, altes und neues Daubholz für die Herstellung von Fässern sowie einige Scheffel Malz öffentlich versteigert.

Die Immobilie geht zunächst in den Besitz von Josefs Bruder Matthes Schuberth über, der zuvor für einige Jahre die Brauerei ➜ Storchspeter in der Austraße betrieben hatte. Somit bleibt die Gastwirtschaft im „Grüna Baam", wie sie bei den Gärtnern genannt wurde, im Besitz der Familie Schuberth. Und sie bleibt es bis zum Kauf durch die Stadt Bamberg im Jahr 1967.

Zinndeckel eines Bierkrugs, als der „Grüne Baum" bereits keine eigene Braustätte mehr unterhält

Brauerei Fässla

Anschrift: Obere Königstraße 21

Gründung: 1649

Felsenkeller: Johann Baptist Leicht erwirbt 1895 den früheren Felsenkeller der Brauerei ➜ Baltsenwirt am Oberen Stephansberg 43.

Die Fassade der Brauerei Fässla in der Oberen Königstraße

Das kleine Fass im Ausleger verdeutlicht die enge Verbindung zwischen dem Büttner- und Brauhandwerk

Der Name der Brauerei „Fässla“ in der Oberen Königstraße 21 ist ein anschaulicher Beleg für die jahrhundertelange Verbindung zwischen dem Braugewerbe und dem Büttnerhandwerk. Das Anwesen selbst ist ursprünglich ein Lehen des Stiftes St. Gangolf und wird als solches schon 1398 erwähnt. Ein Brauhaus erhält es jedoch erst zweieinhalb Jahrhunderte später: 1643 fasst der Büttner Johann Kauer zwei benachbarte Grundstücke zu einem zusammen und richtet kurz darauf eine Braustätte ein. 1761 erwirbt der Wachsfabrikant Johann Joseph Mang das „Wohn- und Brauhaus im Steinweg eingangs des Nonnengässleins gelegen“. Jetzt taucht erstmals die Bezeichnung „Fäßleinswirtshaus“ auf, unter dem nachfolgenden Brauer Philipp Steinfelder auch der Name „Zum goldenen Fass“.

Ab 1810 ist der gebürtige Lohndorfer Nikolaus Knoblach, der davor die Brauerei auf dem ➜ Michaelsberg pachtweise führte, als Eigentümer belegt. Er lässt 1812 einen Neubau aus Stein errichten, was zu dieser Zeit für die Dauer von zehn Jahren steuerlich gefördert wird. Nach dessen frühem Tod (1814) verheiratet sich die Witwe mit dem Büttnergesellen Anton Kröner aus Bischberg. Mit einem Verbrauch von 141 Scheffeln Malz gehört die Braustätte zu den kleinen in Bamberg. Zahlungsschwierigkeiten führen dazu, dass Anton Kröner 1822 Konkurs anmelden muss und das Anwesen in die Versteigerung gerät.

So kommt zunächst Kaspar Basel, Gastwirt vom „Goldenen Hirsch“ (Kaulberg), in den Besitz der Immobilie, die er im Mai 1824 an den Brauergesellen Heinrich Leicht verkauft. Dieser entstammt der Familie Leicht aus Gaustadt, die zu dieser

Postkarte aus der Zeit um 1900

Zeit zahlreiche Gast- und Brauhäuser in und um Bamberg unterhält. Er ergänzt das Anwesen um ein zweigeschossiges Rückgebäude, in dem Kühlschiff und Bierkammer untergebracht sind. Heinrich Leicht verstirbt 1844, sodass seine Witwe die Brauerei an Moritz Eck verpachtet, ehe 1854 ihr Sohn Sebastian die Braustätte übernehmen kann. Der „Fässlesbastel", wie er im Volksmund genannt wird, heiratet 1860 Margarete Schoder und führt für die folgenden 26 Jahre die Geschicke der Brauerei. In diese Zeit fällt auch das Großfeuer, das in der Nacht vom 13. auf den 14. November 1872 ausbricht. Das Brauhaus in der Letzengasse wird völlig verwüstet, die angrenzenden Gebäude erheblich beschädigt. Trotz dieses verheerenden Unglücks macht sich Sebastian Leicht zielstrebig an den Wiederaufbau seines Anwesens. Im Jahr 1885 erwirbt er zudem die zum Verkauf stehende Brauerei ➜ Riegelhof, die nach seinem Tod aber von der Witwe Margarethe Leicht schnell wieder veräußert wird.

Mit Johann Baptist Leicht geht 1888 die dritte Familiengeneration an den Sudkessel. Er lässt eine Dampfmaschine einrichten und forciert den Flaschenbierverkauf. Eine städtische Kontrolle mahnt 1895 das Fehlen einer hygienischen Abfülleinrichtung an und bemerkt: „Hier ist [...] noch keine Ordnung getroffen." Wenig später schafft Johann Baptist Leicht einen entsprechenden Flaschenfüllapparat an. Kurz bevor er sein Brauereianwesen für die Summe von 96.000 Mark verkauft, erwirbt Johann Baptist Leicht den Gasthof „Drei Linden" an der Memmelsdorfer Straße, in dem er später auch eine Mineralwasserfabrik betreibt.

Der Getreidehändler Paul Lutz wird 1898 zum neuen Besitzer im „Fässchen". Wenig später erhält die Brauerei einen Anschluss an das städtische Stromnetz. Eine wichtige Investition ist die Vertiefung des Eiskellers auf seinem Grundstück am Oberen Stephansberg, wo er im Sommer mit seiner Frau Anna einen Biergarten bewirtschaftet. Mit einem Ausstoß von etwa 3.000 Hektolitern zählt die Brauerei zu den mittelgroßen Betrieben der Stadt. Als Paul Lutz 1924 verstirbt, wird das Anwesen zunächst seiner Witwe zugeschrieben, die den Braubetrieb dann an ihre Tochter Marie und deren Ehemann Friedrich Zehendner übergibt. Zusammen bringen sie das Brau- und Gasthaus durch den Zweiten Weltkrieg. Nach dem frühen Tod von Friedrich Zehendner führt die 50-jährige Witwe Marie mit ihrer Schwägerin Gretel das Unternehmen fort.

Ab dem 1. April 1978 verpachtet sie die Braustätte an den Brau- und Malzmeister Sebastian Kalb, dessen Frau aus der Brauerei Scheubel in Possenfelden bei Schlüsselfeld stammt. Zu dieser Zeit erreicht die Brauerei einen Ausstoß von

In der Letzengasse werden im Jahr 1954 die Fässer noch auf das Pferdefuhrwerk verladen

etwa 2.400 Hektolitern jährlich. Nach über achtjähriger Pachtdauer beschließt Sebastian Kalb, das gesamte Brauereianwesen zu erwerben. Der Kaufvertrag tritt am 1. Oktober 1986 in Kraft. Aufgrund des desolaten Zustands des Brauhauses ist der neue Besitzer zunächst gezwungen, den Betrieb komplett zu sanieren. In den folgenden Jahren erneuert Sebastian Kalb die gesamten Anlagen und investiert in ein neues Sudhaus, einen Gärkeller und einen Lagerkeller. Darüber hinaus modernisiert er die Filtration und die Abfüllung.

Unter der Leitung von Sebastian Kalb und seinem Sohn Roland entwickelt sich die Brauerei in den folgenden Jahren zu einer der größten Braustätten der Stadt. Fünf verschiedene Sorten (Pils, Vollbier, Lager, Weizen, Helles) kommen zum Ausschank, dazu das saisonale Bockbier „Bambergator" mit einer Stammwürze von 21 Prozent. Mit Lukas Kalb steht mittlerweile bereits die dritte Generation der Familie Kalb im Sudhaus.

Das Sudhaus im Fässla

Brauerei Schwarzer Ochse

Anschrift: Obere Königstraße 16

Gründung: um 1577

Betriebsaufgabe: 1857

Heutige Nutzung: Nach dem Brand kauft die Stadt Bamberg die Ruine auf. Sie lässt die übrigen Gebäudereste abreißen und erweitert die Tränkgasse.

Felsenkeller: Adam Schneider pachtet 1835 einen Felsenkeller im Garten des Bibliothekars Jäck (Oberer Stephansberg 31). Ab 1841 dient eine Kelleranlage unter dem Anwesen Untere Sandstraße 51 als „Roß-Wirths-Keller", der später vom ➜ Kleebaum übernommen wird.

Seit einem Großfeuer im Jahr 1857 ist das Brauhaus „Zum Schwarzen Ochsen" aus dem Bamberger Stadtbild verschwunden. Es stand an der Einmündung der Tränkgasse in den früheren Steinweg und ist identisch mit der heutigen Anschrift Obere Königstraße 16. Die Ursprünge des Anwesens reichen bis in das Jahr 1390 zurück. Neben vielen Büttnern tauchen in der Besitzerfolge auch einige Bäcker auf, was die enge Verbindung beider Handwerksberufe verdeutlicht.

Am 7. Juni 1577 verkauft der Hallstadter Bürger Christoph Dietlein seine Behausung „am Gessla, als man in die Trenck reitet" an den Büttner Hans Friedmann. Kurze Zeit später wird Hans Großkopf als Eigentümer genannt, der wohl zur bekannten Bamberger Brauerfamilie Großkopf gehört (➜ Großkopf, ➜ Spezial, ➜ Weißer Ochse). Das bislang nur durch seine markante Lage an der Tränkgasse bezeichnete Haus taucht im Jahr 1629 als „Eckbehausung zur Sonne" auf. Ihren späteren Namen erhält die Braustätte wohl erst einige Jahrzehnte später unter dem Büttner Thomas Schneider, der „Ochsenthomas" genannt wird. Zu dieser Zeit stehen das Brauhaus und die Malzdarre im Hof des Anwesens. Um 1704 wird das Anwesen zwischenzeitlich als Bäckerei genutzt: Der als Besitzer überlieferte Korporal Johann Georg Franz Kandler verkauft das zum Haus gehörige „alte Brauhaus hinter seinem Hof, ehedem die Darr gewesen" für 650 Gulden an den Bäcker Hans Kaspar Burkhard. Erst 15 Jahre später wird die langjährige Brautradition durch den Verkauf an den Büttnergesellen Peter Keesmann fortgesetzt. Der Kaufvertrag umfasst ein Brau- und Büttnerhaus mit dem großen Feuerrecht, Braukessel, Dorles, Kühlküflein sowie zwei Trockenböden für die Darre.

In der jüngeren Besitzerfolge erscheinen die Büttner Johann Gerner (1794-1806) und Johann Püls (1807-1817), ehe Adam Schneider die Braustätte weiterführt. Da er selbst keinen eigenen Felsenkeller besitzt, betreibt er in den Sommermonaten zunächst eine Wirtschaft im Garten des Bibliothekars Jäck auf dem Stephansberg; erst um 1840 kauft er ein Kellergrundstück in der Unteren Sandstraße an. In den folgenden Jahren gerät der Braubetrieb mehrfach ins Stocken: Zunächst muss sich Adam Schneider 1847 einem Konkursverfahren unterwerfen, ebenso seine Nachfolger Dietrich Weigler (1849) sowie Tobias Fischer (1851). In dieser Zeit gibt es auch mehrere Namensänderungen, und das Gasthaus wird erst in „Schwarzes Ross" und ab 1849 in „Blaue Glocke" umbenannt.

Als letzter Brauer ist der gebürtige Würzburger Valentin Zehnder überliefert. Er entstammt der Brauerei „Zum Storch" in Prichsenstadt. Aber auch er hat auf dem Anwesen kein rechtes Glück: Am 23. Juli 1857 bricht in der „Zehnder'schen Brauerei" kurz vor Mitternacht ein Brand aus, der sich rasch ausbreitet und auch auf die Nachbaranwesen übergreift. Während die anderen Häuser gerettet werden können, wird der „Schwarze Ochse" ein Raub der Flammen. Noch im selben Jahr erwirbt der städtische Magistrat die unansehnliche Brandruine und nutzt die Freifläche zur Aufweitung der Tränkgasse.

Valentin Zehnder wirbt im Juni 1855 für sein Bockbier

Brauerei Großkopf

Anschrift: Obere Königstraße 5

Gründung: 1541

Betriebsaufgabe: 1922

Heutige Nutzung: Im Erdgeschoss bietet das Sanitätshaus Göttling Gesundheitsartikel an.

Felsenkeller: Bereits im Jahr 1697 nutzt Paul Hack einen Felsenkeller unter dem heutigen Anwesen Laurenzistraße 28, das 1736 an den Büttner der Rose-Bräu in der Langen Straße verkauft wird. Eine ab 1879 auf diesem Anwesen betriebene Rösttrommel bildet den Ursprung der heutigen Handelsmälzerei ➜ Weyermann. Im Zweiten Weltkrieg werden in diesem Felsenkeller Teile des Bamberger Domschatzes eingelagert.

Bis zum Jahr 1818 gehört zur Brauerei ein Felsenkeller am Oberen Stephansberg 43, der 1777 von Johann Wolfgang Diller angelegt wird. Ab 1895 nutzt der Brauereibesitzer Anton Baumann eine Stollenanlage unter dem Anwesen Untere Sandstraße 47, in dem er auch eine Sommerwirtschaft, den „Großkopf-Keller", betreibt.

Hinter der Sandsteinfassade des Anwesens Obere Königstraße 5 befindet sich bis in das 20. Jahrhundert hinein eine alteingesessene Braustätte. Heute weist lediglich noch der markante Ausleger, der den großen Kopf eines Mannes zeigt, auf die frühere Existenz der „Brauerei Großkopf" hin. Namensgeber ist ein ehemaliger Besitzer des Hauses, und zwar der aus Litzendorf stammende Hans Großkopf. Vermutlich richtet er in dem Anwesen ab 1541 ein Gasthaus ein, und es ist nicht

Das Brauereianwesen in der Oberen Königstraße um 1910

„Felsenkeller der Brauerei Großkopf" steht in großen Lettern über dem Eingangsportal in der Unteren Sandstraße 47 (gegenüber dem heutigen Stadtarchiv)

auszuschließen, dass er mit den gleichnamigen Eigentümern der Brauereien ➜ Spezial (Linhard Großkopf) und ➜ Engel (Conrad Großkopf) verwandt ist.
Als weitere Besitzer sind Philipp Rose, Fritz Großkopf, Pankraz Steinmetz und Jacob Staudt nachgewiesen. Letzterer wird in einen Hexenprozess verwickelt und im Bamberger Drudenhaus eingekerkert. Am 8. Februar 1628 verfügt er letztwillig über seinen Nachlass, doch selbst großzügige Schenkungen an die Klöster bewahren ihn nicht vor einem gewaltsamen Tod. In den Folgejahren wird das Haus in den Kampfhandlungen des Dreißigjährigen Kriegs von den kaiserlichen Truppen niedergebrannt. Nach Kriegsende übernimmt Nikolaus Lorber das zerstörte Anwesen. Seine Tochter Maria verheiratet sich 1684 mit dem Johann Philipp Haidt aus Fürth und nach dessen Tod mit Johann Josef Büttner aus Herzogenaurach. Der nächste Gastwirt ist Paul Hack aus Neunkirchen am Brand. Um 1697 hat er offenbar die Anlage eines Felsenkellers auf dem Kaulberg in Auftrag gegeben, denn die in einen Stützpfeiler eingeritzte Zeichenfolge „HWZGK 1697" kann als Abkürzung für „Hack Wirt Zum Großkopf 1697" gedeutet werden. Diese Inschrift markiert den ältesten datierten Nachweis für einen Bierlagerkeller in Bamberg. Ein Brauhaus wird dem „Großkopf" allerdings erst einige Jahrzehnte später zweifelsfrei zugeschrieben: Aus dem Verkaufsprotokoll des Gastwirts Georg Kegel im Jahre 1754 geht hervor, dass das Bier bislang auf dem Areal der benachbarten Brauerei ➜ Schwarzer Adler hergestellt wurde. Ein eigenes Brauhaus scheint somit erst unter dem Nachfolger Georg Altenhofer hinzugefügt worden zu sein. Als der „Großkopf" im März 1768 von dessen Erben verkauft wird, ist das Haus auch mit Brau- und Schildgerechtigkeit versehen.
Neuer Besitzer wird der aus Starkenschwind stammende Büttner Johann Wolfgang Diller. Das über dem Torbogen eingemeißelte Monogramm „17 HD 86" weist auf einen umfassenden Umbau durch „Hans Diller" hin. Wenige Jahre vorher hat er für die Summe von 500 Gulden außerdem ein Grundstück am Oberen Stephansberg 43 erworben. Dabei lässt er sich das Recht zusichern, den Felsenkeller um eine Länge von 131 Schuh erweitern und darüber ein Kellerhaus errichten zu dürfen. Als Johann Wolfgang Diller am 19. Januar 1802 verstirbt, fällt das Anwesen seinen Erben zu. Diese sind es vermutlich, die das Haus im Jahr 1805 im Bamberger Intelligenzblatt zum Ver-

Alter Zinndeckel

Das Gasthaus mit dem markanten Ausleger (um 1900)

kauf anbieten. Die folgende Beschreibung belegt die stattliche Größe des Gasthauses in eindrucksvoller Weise: „Der mit Schild-, Schenk- und Braugerechtigkeit versehene Gasthof zum Großkopf im Steinweg dahier, bestehend in einem massiven Hause mit 12 heizbaren und 3 unheizbaren Zimmern, 2 geräumigen Küchen, 2 Schütt- und 1 Heuboden, Brauhaus mit einem Kessel zu 28 Eymer, Durles, Kühlschiff, Einweichkuffen und sonstigen Brauerey-Geschirr, einer Malzdarr von Eisenblech nebst Malzkellerboden und Retzplatz, Stallungen auf 30 Pferde, bedeckte Holzlage zu 60 Klafter, 1 Wein- und 2 Bierkeller unterm Hause, ein neuer Branntweinbrennerzeuch, Schweineställ zu 8 Stück, einen Bronnen im Hofe, von welchem das Wasser in das Brauhaus geleitet ist, nebst einem mit einem Kegelplatze versehenen Gärtchen hinter dem Hause."

Der beabsichtigte Verkauf scheint nicht zustande zu kommen, denn ab 1809 wird als Eigentümer Georg Diller, der Sohn des vorherigen Wirtes, genannt. Er bewirtschaftet das väterliche Unternehmen für die nächsten sechs Jahre, ehe er am 24. Mai 1815 das Anwesen gegen die Brauerei ➜ Grüner Baum tauscht. Dadurch kommt der Brauer Georg Schönlein in den Besitz des „Großkopfes", der 1821 zudem ein neues Brauhaus errichten lässt. Zwischen 1840 und seinem Ableben im Jahr 1855 führt der Büttner Christoph Wittmann die Braustätte. Um den Betrieb aufrecht zu erhalten, heiratet die verwitwete Eva Wittmann im Januar 1856 den aus Litzendorf stammenden Braumeister Christoph Röder und nach dessen Tod den 34-jährigen Nikolaus Müller, der die Braustätte für weitere 15 Jahre leitet. Unter Nikolaus Müller erhält das Brauhaus im Jahr 1866 eine neue Malzdarre. Als auch ihr dritter Ehemann frühzeitig verstirbt, bleibt die mehrfache Witwe bis 1877 Eigentümerin des Hauses.

Im Oktober desselben Jahres verheiratet sich ihre Tochter Dorothea mit dem Brauer Anton Baumann, Sohn des ➜ Stöhrenwirtes Johann Baptist Baumann. Nach nur fünfjähriger Ehe verstirbt seine Ehefrau, sodass Anton Baumann die Brauertochter Katharina Polster aus Neunkirchen am Brand zur Frau nimmt. Gemeinsam führen sie den Braubetrieb fort und bewirtschaften ab 1895 einen Felsenkeller in der Unteren Sandstraße 47. Der „Großkopf-Keller" bleibt bis zur Brauereischließung eine beliebte Sommerwirtschaft der Bamberger Bürger. Mit dem Tod von Anton Baumann wird seine Witwe Kathi alleinige Eigentümerin und übergibt den Großkopf ab 1912 ihrem Sohn Johann Baptist.

Die Versorgungsprobleme des Ersten Weltkriegs und die folgende wirtschaftliche Depression setzen dem Braubetrieb schwer zu. Nach einer mehrjährigen Sudpause meldet Johann Baumann im Juni 1921 seine Brauerei bei den städtischen Behörden wieder an, um sie am 1. Oktober 1922 endgültig stillzulegen. Am 8. März 1929 verstirbt mit Johann Baptist Baumann der letzte Braumeister aus dem „Großkopf".

Brauerei Pfau

Anschrift: Obere Königstraße 43

Gründung: nach 1536

Betriebsaufgabe: 1872

Heutige Nutzung: 1872 übernimmt die Stadt Bamberg das Anwesen, das bis in das 20. Jahrhundert als Gaststätte betrieben wird. 1954 richtet die Firma „Betten Friedrich" darin ihre Geschäftsräume ein.

Felsenkeller: Ab 1765 gehört zur Brauerei das Felsenkellergrundstück Oberer Stephansberg 33. Das Anwesen bleibt bis zur Aufgabe des Braubetriebs in Familienbesitz und wird als „Sperber-Keller" bewirtschaftet. 1898 kauft es Andreas Graser für die Brauerei ➜ Heller auf.

Nach Aufgabe des Braubetriebs wird in dem Anwesen ein Gasthof betrieben

Das heutige Anwesen Obere Königstraße 43 wird 1384 als Haus und Hofstatt eines Conrad Ulilein bezeichnet. Belege für eine betriebene Büttnerei und damit Hinweise auf eine mögliche Braustätte finden sich ab 1536, als der Büttner Urban Koler Besitzer des Anwesens ist. Auch in der Folgezeit verbleibt das am früheren Steinweg gelegene Gebäude stets in Besitz von Büttnern, darunter Angehörige der bekannten Bamberger Brauerfamilie Kauer. Bereits 1750 lagert Wolfgang Dippold am Stephansberg Bier in einem Felsenkeller ein. Seine Witwe verheiratet sich 1762 mit dem Büttner Michael Burgis und 1767 mit Johann Georg Sperber. Ihm werden ein Wohn- und Brauhaus, Stadel und Stallungen zugeschrieben. Sein Sohn Adam Sperber legt im Jahr 1800 die Prüfung als Büttnermeister ab, und er übernimmt kurze Zeit später das väterliche Anwesen mit seinen Besitzungen. Für die folgenden Jahre wird er als Besitzer des Betriebs genannt.

Mit seiner Heirat im Jahr 1844 übernimmt Johann Baptist Sperber das Anwesen und die Braustätte seines Vaters in der dritten Generation. Er investiert in den Ausbau der Brauerei und lässt die Stollen in seinem Felsenkeller erweitern. Als der bereits verwitwete Johann Baptist Sperber im Alter von nur 41 Jahren verstirbt, sind seine Kinder noch zu jung für die Fortführung des Betriebs – aus diesem Grund wird die Braustätte zunächst an Konrad Kunzmann (1861-1867), dann an Erhard Gengler (1867-1872) verpachtet. Der Sohn und rechtmäßige Erbe Adam Sperber heiratet 1871 in die gegenüberliegende Brauerei ➜ Brehm ein und übernimmt den Braubetrieb der Schwiegereltern. Den „Pfau" veräußert er in der Folgezeit an die Stadt Bamberg, die das Grundstück mit den dahinterliegenden Feldern für den Neubau der Gangolfschule nutzen will. Die Gastwirtschaft wird zunächst weiter betrieben und erst 1954 von Kaufmann Karl Friedrich in ein Ladengeschäft umgebaut. Von der alten Tradition des Brauhauses zeugt heute noch das große Standbild eines Pfauenvogels, das an der Fassade angebracht ist.

Brauerei Mohrenpeter

Stolz steht die Brauerfamilie Reinlein vor ihrer Gaststätte in der Königstraße (um 1910)

Anschrift: Obere Königstraße 40

Gründung: vor 1708

Betriebsaufgabe: wohl 1942

Heutige Nutzung: Bis 1963 bleibt das Gasthaus im Besitz der Familie Reinlein. Nach diversen asiatischen Restaurantbetreibern dient das Anwesen nach einer umfassenden Renovierung ausschließlich zu Wohnzwecken.

Felsenkeller: Zwischen 1887 und 1909 mietet die Brauerfamilie Reinlein die Felsenkeller unter dem früheren Schullehrerseminar in der Sternwartstraße (heute E.T.A.-Hoffmann-Gymnasium) an. 1903 erwirbt der damalige Braumeister das Anwesen Oberer Stephansberg 20 als Gär- und Lagerkeller.

Bis zur Betriebsaufgabe ist die Brauerei Mohrenpeter in der Oberen Königstraße ein beliebter Treffpunkt der Bamberger Gärtner. Diese nutzen die Gaststätte als Vereinslokal der 1693 gegründeten Gärtnerzunft. Zu dieser Zeit dürfte sich in dem Anwesen „Zum Mohren" bereits eine kleine Gastwirtschaft etabliert haben. Ihren unverwechselbaren Namen erhält die Braustätte aber wohl erst durch den Büttner Peter Seeber, der 1736 als Eigentümer überliefert ist. Um 1760 taucht Johann Krapp als „Büttner zum Mohren" auf, dem ein zweistöckiges Wohnhaus, eine Braustatt und einige Nebengebäude sowie ein fünf Ruten großes Gärtlein zugeschrieben werden. Später sind Leonhard und Franz Kauer als Braumeister im Mohrenpeter tätig.
Im Jahr 1810 erwirbt der aus Roßstadt stammende Büttner Michael Dütsch das Anwesen für 5.000 Gulden. Er verheiratet sich mit der Brauertochter Dorothea Dotterweich aus dem ➜ Kaiserwirt und betreibt das Gasthaus für die nächsten

Die Brauerfamilie Reinlein versammelt sich um 1900 im Eingangsbereich der Gaststätte zu einem Gruppenfoto

neun Jahre. Wie die überlieferte Menge von etwa 236 Scheffel Malz belegt, gehört die Brauerei zu dieser Zeit zu den mittleren Braubetrieben der Stadt. Nach dem frühen Tod des Braumeisters Dütsch ehelicht seine Witwe den Büttner Heinrich Rückel und im Jahr darauf den Michael Knörlein, der das Gasthaus ab 1821 leitet. Anschließend wird es von Kaspar Rückel gepachtet, offensichtlich dem Neffen des vorherigen Braumeisters Heinrich Rückel. 1860 bietet die Witwe Dorothea Knörlein das Anwesen mit dem Brauhaus zum Verkauf an, neuer Eigentümer wird der Brauersohn Johann Leicht aus Bug (➜ Aumüller).

Nach dem Tod von Johann Leicht (1872) übernimmt Josef Reinlein die Geschicke im Brauhaus. Vier Jahre später verheiratet er sich mit der Gastwirtstochter Margarethe Sauer aus Roßdorf und erwirbt den Braubetrieb. Der Braumeister ist tüchtig und betreibt den „Mohrenpeter" für fast drei Jahrzehnte. Ein Zwischenfall trübt seine Geschäftstätigkeit und den guten Ruf des Brauhauses, denn Josef Reinlein wird im Oktober 1885 des „Bierpanschens" bezichtigt. Auch wenn ihm die vorgeworfene Beimischung von Natron und Süßholz nicht nachgewiesen werden kann, verurteilt ihn das Landgericht Bamberg wegen Übertretung des „Malzaufschlagsgesetzes" zu einer Geldstrafe von 350 Mark.

Am 1. Januar 1900 übernimmt sein Sohn Johann Baptist die Brauerei. Mit einem Jahresausstoß von etwa 3.000 Hektolitern Bier bleibt der „Mohrenpeter" ein vergleichsweise kleines Brauhaus. Vermutlich aufgrund finanzieller Schwierigkeiten begeht der Brauer im Februar 1910 Selbstmord, indem er sich mit einem Revolver erschießt. Ab 1913 führt sein Bruder Konrad Reinlein den Familienbetrieb fort und bringt die Braustätte durch die Wirren des Ersten Weltkriegs. Vermutlich 1942 setzt Konrad Reinlein den letzten Sud an, ehe er das Brauen aufgibt. Nach seinem Tod 1949 bleibt seine Witwe Kunigunda Eigentümerin der Gaststätte, bevor sie das Anwesen 1963 verkauft. Das im hinteren Gebäudeteil befindliche Brauhaus wird später abgerissen.

Der „Mohren-Peter"

Unter allen Bamberger Braustätten besitzt der „Mohrenpeter" sicherlich den ungewöhnlichsten Namen. Der erste Teil der Bezeichnung geht auf den Hausnamen „Zum Mohren" zurück, der zweite auf einen wesentlichen Begründer der Braustätte, den Büttner (Johann) Peter Seeber. Markenzeichen der Brauerei war eine hölzerne, etwa 50 Zentimeter hohe Holzstatue, die ursprünglich in der Gaststube stand und sich heute in Privatbesitz befindet. Dabei handelt es sich wohl um einen früheren Kerzenständer, der später umgestaltet wurde. In der rechten Hand hält der mit Pfeil und Bogen ausgestattete Mohr einen Kelch mit schäumendem Bier. Das Abbild der Statue findet sich auch auf dem Bierfilz der Brauerei.

Brauerei Weißes Lamm

Anschrift: Untere Königstraße 28

Gründung: um 1653

Betriebsaufgabe: 1815

Heutige Nutzung: Ab 1832 beherbergt das Anwesen die „Rochollsche Tabakfabrik", die später von der Familie Gnuva weitergeführt wird. Das Erdgeschoss wird heute noch gastronomisch genutzt.

Felsenkeller: Um 1768 gehört ein Felsenkellergrundstück am Oberen Stephansberg 36 zur Braustätte. Kurze Zeit später nutzt der Büttner Jakob Lieb eine Stollenanlage unter dem heutigen Anwesen Sternwartstraße 3.

Das „Weiße Lamm" war einer der vornehmsten Gasthöfe der Stadt

Die stattliche Größe des Anwesens in der Unteren Königstraße 28 verdeutlicht, dass das „Weiße Lamm" unter allen Gasthöfen des ehemaligen Steinwegs eine Sonderstellung einnimmt. Über viele Jahre hinweg gilt es als das angesehenste und vornehmste Übernachtungsquartier der Stadt, in dem eine Vielzahl berühmter Persönlichkeiten nächtigt. Der bekannteste Gast dürfte Johann Wolfgang von Goethe gewesen sein, der hier 1797 – wie die Inschrift über der Tordurchfahrt erzählt – auf der Rückfahrt von seiner Schweiz-Reise Rast macht. Auch E.T.A. Hoffmann soll in seiner frühen Bamberger Zeit Stammgast im „Weißen Lamm" gewesen sein. Des Weiteren notiert der Chronist Looshorn den Aufenthalt zahlreicher weiterer Persönlichkeiten höchsten Ranges, darunter die verwitwete Markgräfin von Bayreuth (1779), den Erbprinzen von Hohenzollern-Sigmaringen (1781), den Herzog von Stuttgart (1785), zwei Prinzen von Thurn und Taxis (1786) oder den Grafen von Metternich (1790). Unter größter Geheimhaltung steht der Besuch des schwedischen Königs Gustav III. in Bamberg. Um unter dem Volk kein Aufsehen zu erregen, gibt er sich mit seinem Gefolge als Kaufmann aus. In „strengstem Incognito", so heißt es, reist er mit vier Wagen nach Bamberg und gastiert 1783 im „Weißen Lamm".

Das Anwesen dürfte ursprünglich aus zwei Grundstücken bestanden haben, die 1650 unter dem Wirt Georg Flemmich zu einem vereinigt werden. Zur Mitte des 18. Jahrhunderts erfährt es einen weiteren gravierenden Umbau: Auftraggeber ist Franz Anton Mayer, dessen Initialen in dem Putz über der Tordurchfahrt heute noch zu sehen sind. Er ist der Sohn des ➜ Greifenklau-Wirtes Willibald Mayer und wird am 23. Februar 1763 als Poststallmeister vereidigt.

Über den Sohn von Franz Anton Mayer gelangt der Gasthof im Jahr 1784 an den Büttner Johann Georg Brehm, dessen Vater Lukas auf der gegenüberliegenden Straßenseite die Brauerei ➜ Lukas betrieben hat. Als Johann Georg Brehm

Über der Tordurchfahrt hat Erbauer Peter Lodtmann seine Initialen und ein Lamm anbringen lassen

verstirbt, erwirbt Jakob Lieb die florierende Gaststätte am Steinweg. Dafür verkauft er sein bisher betriebenes Gast- und Brauhaus ➜ Ströberla am Maxplatz. Doch schon 1801 veräußert er es wieder für die Summe von 10.125 Gulden an den Spitalbüttner Johann Kötzner. Mit dem Tod von Johann Kötzner am 1. März 1815 ist auch die Aufgabe der Brautätigkeit verbunden. Das Anwesen befindet sich lange Zeit im Besitz seiner vier Kinder und wird 1830 zum Verkauf angeboten. Demnach umfasst der Gasthof „zwei Säle, 25 heizbare Zimmer, mehrere Kammern, große Stallungen und alle sonstigen Bequemlichkeiten". Unter dem neuen Eigentümer E. H. Streble wird die Wirtschaft für kurze Zeit unter der Bezeichnung „Sächsischer Hof" geführt. Nach nur einem halben Jahr kauft Josef Metzner, Inhaber des Bamberger Hofs, das Anwesen und gibt ihm den früheren Namen zurück. 1832 geht das Haus in den Besitz des Tabakfabrikanten Wilhelm Rocholl über.

Brauerei Engel

Anschrift: Obere Königstraße 20

Gründung: um 1511

Betriebsaufgabe: 1862

Heutige Nutzung: Im Anwesen bleibt zunächst eine Gastwirtschaft bestehen. Um 1901 übernehmen Thomas Witt und Hans Hümmer das Anwesen für einen Handel mit Glas- und Eisenwaren, aus dem später die Thomas Witt KG hervorgeht. Zwischen 2007 und 2008 erfolgt die komplette Sanierung des Luitpoldecks.

Felsenkeller: Nach dem Tod von Johann Weithäußer, dem Büttner im ➜ Eichhörnlein, erbt seine Witwe Anna Margaretha Weithäußer im Jahr 1787 u. a. den Felsenkeller am Oberen Stephansberg 13. Sie heiratet später den Engelwirt Michael Schmitt und bringt den Felsenkeller in die Ehe ein. Dieser wird bis zur Auflassung der Brauerei genutzt und 1868 von der Brauerei ➜ Schlenkerla übernommen.

Die Ursprünge des Anwesens Obere Königstraße 20 lassen sich bis in das 14. Jahrhundert zurückverfolgen (erste Erwähnung im Jahr 1308). Ab 1511 gehört das Haus mit Hans Dorn erstmals einem Büttner, und es ist anzunehmen, dass bald darauf auch die Brautätigkeit einsetzt. Nach wechselnden Eigentumsverhältnissen wird es im Jahr 1574 für die Summe von 400 Gulden von Conrad Großkopf erworben. Dass dieser eine Braustätte betrieben hat, erfahren wir mit dem Verkauf des Anwesens 1583 an den nachfolgenden Besitzer Hans Kuehorn, der das Haus mit dem gesamten „Prauzeug" für 800 Gulden übernimmt.

Über verschiedene Eigentümer gelangt das Haus „Zum Engel" im 17. Jahrhundert in den Besitz der Brauerfamilie Kauer. Nach Georg (1689-1691) und Balthasar Kauer (1691-1729) leitet Johann Adam Kauer (1729-1758) den Betrieb. 1758 wird es für 2.200 Gulden an Johann Georg Behr verkauft. Der aus Forchheim stammende Büttner betreibt die Braustätte für die nächsten zwölf Jahre, geht dann als Pächter in das fürstbischöfliche Braunbierhaus (➜ Klosterbräu). Ab 1770 ist der Büttner Michael Schmitt als „Engelwirth" überliefert. Im Kaufpreis von 2.200 Gulden sind das Wohnhaus, das Brauhaus, ein Stadel sowie ein Nebenbau erwähnt. Teile der flussseitigen Bebauung fallen dem zerstörerischen Eisgang der Regnitz am 27. Februar 1784 zum Opfer. Kurze Zeit später erweitert Michael Schmitt den Brauereibesitz um ein Felsenkellergrundstück auf dem Oberen Stephansberg.

Nach dem Tod des Brauereibesitzers Michael Schmitt am 1. April 1790 verheiratet sich seine Witwe mit dem Büttner Martin Götz. Dieser leitet das Brau- und Gasthaus für die nächsten vier Jahrzehnte, ehe sein Sohn aus zweiter Ehe, Philipp Götz, das Unternehmen fortführt. Als Philipp Götz im Alter von erst 40 Jahren verstirbt, heiratet seine Tochter Dorothea den Gastwirtssohn Martin Süß, der daraufhin eine Lehre als Brauer abschließt und das Handwerk im Haus der Schwiegereltern fortführt.

Doch das Eheglück ist nur von kurzer Dauer: Dorothea verstirbt nach vier Jahren, und nach der Wiederverheiratung von Martin Süß verbleibt das Anwesen bei dessen Schwiegermutter Anna Götz. Die Witwe hält den Braubetrieb noch etwas aufrecht.

Einer Notiz im Bamberger Tagblatt zufolge, werden im Herbst 1862 unter anderem Zinn, Kupfer und Büttnergeschirr zum Verkauf angeboten, was auf das Ende der Brautätigkeit schließen lässt. Kurz darauf geht das Anwesen an den Kaufmann Johann Baptist Messerschmitt, den Großvater des späteren Flugzeugkonstrukteurs Willy Messerschmitt, über. Die Gaststätte in der Oberen Königstraße bleibt noch einige Jahre bestehen.

Brauerei Prinz Karl

Rückwärtige Ansicht des Brauhauses (links) vom Weegmannufer aus. Rechts ist die Kettenbrücke zu sehen (um 1900)

Anschrift: Untere Königstraße 11

Gründung: nach 1531

Betriebsaufgabe: 1920

Heutige Nutzung: Im Vorderhaus befindet sich bis 2025 das Geschäft „Foto Thomas", im Hinterhaus wird bis 1995 die Kneipe „Prinz Karl" betrieben.

Felsenkeller: Im Jahr 1841 ist Braumeister Michael Götz im Besitz des Grundstücks Oberer Stephansberg 37. Es wird 1925 von Christian Merz von der Brauerei ➜ Spezial übernommen. Zur Brauerei Prinz Karl gehört zu Beginn des 20. Jahrhunderts auch das Anwesen Laurenzistraße 22.

Brauereibesitzer und Magistratsrat Adam Götz (1842-1919)

Die Brauerei Prinz Karl zählt zu den vielen alten Brauhäusern entlang des ehemaligen Steinwegs. Sie befand sich auf dem heutigen Grundstück Untere Königstraße 11. Die Geschichte des Anwesens reicht bis in das Jahr 1422 zurück: Zu dieser Zeit wird die brachliegende Fläche von dem Bamberger Bürger Fritz Flaschenschmid erworben und wohl auch bebaut.
Nur wenige Jahrzehnte später taucht mit Jorg Herolt erstmals ein Büttner als Eigentümer des Hauses auf. Der Beginn der Brautätigkeit kann spätestens ab dem frühen 16. Jahrhundert angenommen

Die
Dampfbrauerei zum Prinz Karl,
(Adam Götz)
Bamberg, Königsstraße,
empfiehlt
bestgebrautes Versandt- und Lager-Bier.

Annonce der Brauerei im Jahr 1876

werden, da sich das Anwesen von nun an durchgehend im Besitz von Kübelmachern befindet. Um 1628 ist der Büttner Johann Genshals als Hausherr überliefert. Seine Nachfolger sind Andreas Pohla aus Döringstadt (1645-1672) und der mit der Witwe verheiratete Adam Hofmann (1672-1694). Unter dessen Führung taucht 1677 erstmals die Bezeichnung „Zum Goldenen Hirschen" auf.
Nach dem Tod von Adam Hofmann ist Johann Leonhard Fuchs als „Pütner zum gülten Hirschen" überliefert, dem später der Büttner Leonhard Kratzer folgt. Im Jahr 1752 verkauft er das Brauhaus an Andreas Heiligenthal, Sohn des ➜ Einhorn-Wirtes Bartholomäus Heiligenthal. Im Kaufpreis von 3.800 Gulden sind auch das Wohnhaus mit „Hof an der Regnitz" sowie das zum Brauen notwendige Zubehör enthalten. Zu dieser Zeit ist das Wirtshaus zweistöckig und beherbergt fünf Zimmer sowie vier Kammern. Am 18. Dezember 1782 erwirbt Georg Jäck das Brau- und Büttnerhaus für 4.000 Gulden. Nur kurze Zeit später zerstört das verheerende Hochwasser der Regnitz, dem auch die herrliche Seesbrücke zum Opfer fällt, die rückwärtige Bebauung seines Anwesens. Es folgen harte Jahre des Wiederaufbaus, in denen der Eigentümer Georg Jäck seine Betriebsgebäude instand setzt. Am 17. Februar 1798 eröffnet er sein renoviertes Gasthaus und benennt es nach dem Habsburger Feldherren „Erzherzog Karl".
Nach dem Tod seines Vaters übernimmt der junge Brauer Johann Jäck das Gast-

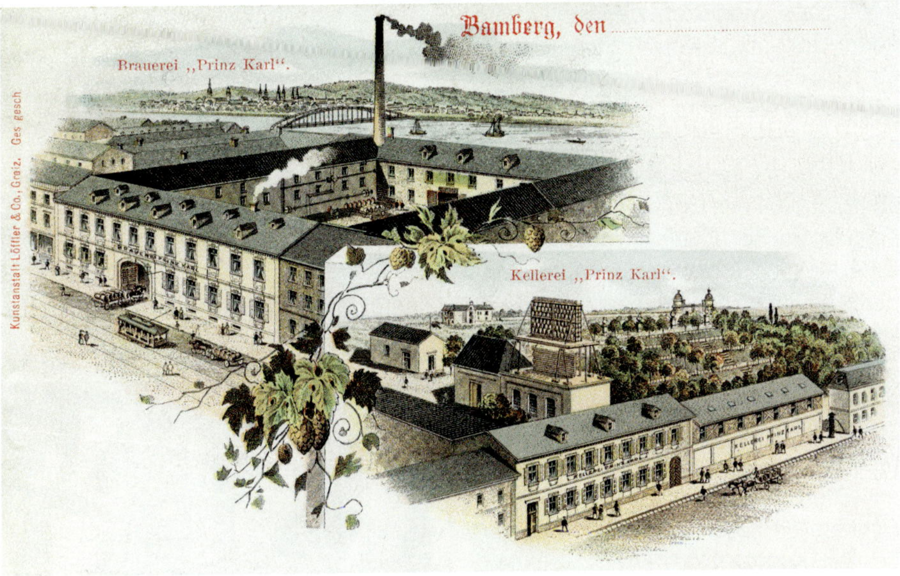

Postkarte mit Ansicht der Brauereigebäude: Das linke Teilbild zeigt die Brauerei mit Gaststätte in der Unteren Königstraße und dem zurückversetzten Brauhaus. Auf dem rechten Bild ist der Felsenkeller am Oberen Stephansberg abgebildet zu sehen. Im Hintergrund die Sternwarte

und Brauhaus. Unter seiner Führung taucht um 1817 erstmals die Bezeichnung „Prinz Karl" auf. Zu dieser Zeit gehört die Braustätte mit einem jährlichen Ausstoß von 262 Scheffeln Malz zu den mittelgroßen Betrieben Bambergs.
Im Alter von nur 33 Jahren veräußert Johann Jäck den Betrieb für die stattliche Summe von 16.000 Gulden an Michael Götz, der aus der Brauerei ➜ Engel stammt. Unter seiner 32 Jahre dauernden Betriebsführung erfährt der Betrieb einen erheblichen Aufschwung: Er erwirbt das Felsenkellergrundstück Oberer Stephansberg 37, das bis zur Auflassung im Eigentum der Brauerei verbleibt. Außerdem ist er einer der ersten Brauer in Bamberg, der zur Feuerung seines Braukessels Steinkohle aus dem Frankenwald verwendet, während die meisten anderen Konkurrenten weiterhin mit Holz heizen. Nach seinem Tod am 25. März 1855 leitet seine ebenso tüchtige Witwe Barbara nicht nur die Gaststätte in der Königstraße, sondern auch die Sommerwirtschaft auf dem Stephansberg. Etwa zehn Jahre später überträgt sie die geschäftliche Verantwortung ihrem Sohn Philipp Götz, der jedoch nur zwei Jahre später verstirbt. Dadurch gelangt sein jüngerer Bruder Adam mit 25 Jahren in den Besitz der Braustätte. Ähnlich wie seine Eltern arbeitet der junge Adam Götz ehrgeizig am wirtschaftlichen Erfolg des väterlichen Unternehmens. Schon nach wenigen Jahren in verantwortlicher Position macht er die Brauerei Prinz Karl zur viert größten Braustätte Bambergs. Um die Jahrhundertwende erzeugt seine Brauerei erstmals über 10.000 Hektoliter Bier.
Der Brauereibesitzer engagiert sich stark bei der Freiwilligen Feuerwehr und setzt sich für kommunale Belange ein. Als 1894 mit Arnold Schmidt ein Mitglied aus dem

städtischen Magistrat zurücktritt, wird Adam Götz mit 35 von 41 Stimmen zum nachfolgenden Magistratsrat gewählt. Im Alter von 62 Jahren heiratet er nochmals und nimmt dies offenbar zum Anlass, sich aus dem Geschäft zurückzuziehen. Er übergibt 1904 den Großbetrieb an seinen Sohn David Götz und seinen Schwiegersohn Heinrich Schmuck. Die Aufgabenbereiche der beiden Neubesitzer sind klar verteilt: Der gelernte Braumeister David Götz organisiert vornehmlich die Bierproduktion, während sein Schwager Heinrich Schmuck als früherer Proviantsamtsassistent die Buchhaltung führt. Im Jahr 1909 erwerben die beiden den ehemaligen ➜ Eichhörnlein-Keller an der Laurenzistraße. Der Ausbruch des Ersten Weltkriegs setzt dem Fortbestand der Brauerei ein jähes Ende. Als Heinrich Schmuck zur Armee eingezogen und nach Würzburg abberufen wird, melden beide den Braubetrieb zum 20. August 1915 ab. Nach dem Krieg wird die Brauerei im Herbst 1919 nochmals in Betrieb genommen, doch schon im folgenden Jahr wieder eingestellt.

Heinrich Schmuck baut sich 1920 eine neue Existenz als Café-Betreiber in Erlangen auf. Während das Felsenkellergrundstück Oberer Stephansberg 37 an den Brauereibesitzer Christian Merz (➜ Spezial) geht, wird die Brauereigaststätte an August Hahner verkauft, der zunächst die „Pension Prinz Karl" fortführt. Gegen Ende des Zweiten Weltkriegs wird das ehemalige Gasthaus durch Artilleriebeschuss schwer beschädigt. Nach dem Wiederaufbau bezieht die Firma „Foto Thomas" das Erdgeschoss, während in den weiteren Etagen Wohnungen platziert werden. Das einstige Brauhaus im Hintergebäude wird noch lange Zeit gastronomisch genutzt: Bis ins Jahr 1995 erinnert die Kneipe „Prinz Karl" an die ehemalige Großbrauerei, die sich einst hier befand.

Rarität unter Sammlern: ein altes Flaschenetikett der Brauerei Prinz Karl

Der „Gasthof Prinz Karl" im Jahr 1934 – zu dieser Zeit wird Bier von der Brauerei Michaelsberg ausgeschenkt

Brauerei Rösslein

Anschrift: Untere Königstraße 8

Gründung: um 1510

Betriebsaufgabe: 1863

Heutige Nutzung: Im Jahr 2004 wird das Haus für die gastronomische Nutzung (Hotel Europa) saniert.

Felsenkeller: 1827 erwirbt Franz May aus dem Nachlass des Domdechants Philipp Lothar Freiherr von Kerpen die in der Säkularisation aufgelöste St.-Johannis-Kapelle am Oberen Stephansberg 7 sowie das benachbarte Gartengrundstück Nr. 9. Beide Grundstücke werden unter der Bezeichnung „Mays Garten" 1872 von der Brauerei ➜ Steinernes Haus und 1926 von der ➜ Hofbräu AG übernommen.

Das Brauhaus „Zum Rösslein" in der Unteren Königstraße 8 wird bereits 1510 von einem Büttner bewohnt. Namensgeber der Braustätte ist der Kübelmacher Klaus Rosslein, der um 1530 als Eigentümer des Hauses überliefert ist. Wenige Jahre später taucht die Bezeichnung „Zum Weißen Rösslein" erstmals als Hausname auf (1544). Dass um diese Zeit bereits Bier angesetzt wird, belegt eine schriftliche Notiz aus dem Jahr 1565, als der Büttner Pankraz Dietrich die Behausung mit Hofreit und „Prauzeug" für 530 Gulden erwirbt. Weil er Schulden in Höhe von 100 Gulden nicht bezahlen kann, verkauft er das Anwesen am 13. Mai 1592 an den Büttner Hans Steinfelder. Die weiteren Eigentümer sind die Büttner Andreas Pfändtner, Hans Krapp, sein Sohn Johann Georg Krapp, Thomas Kauer, Georg Müller und Johann Fehn. Laut einer Beschreibung aus dem Jahr 1767 verfügt das Haus über zwei Zimmer und zwei Kammern, dazu gehören ein kleiner Hof und ein „geringes Bräuhaus".

Der Büttner Georg Roppelt (1774-1805) erweitert das Anwesen um ein Hinterhaus, wie die dort angebrachten Initialen „1779 AMGR" vermuten lassen. Ganz offensichtlich hatte ein Brand im Dezember des Vorjahres das Brauhaus zerstört und einen Neubau notwendig gemacht. Später geht das Anwesen für kurze Zeit in den Besitz der Familie Jäck über: Margarethe Jäck, Eigentümerin von der gegenüberliegenden Brauerei ➜ Prinz Karl, erwirbt das „Rösslein" für 5.800 Gulden. Als ihr Sohn Konrad den Meisterbrief als Brauer erwirbt, überschreibt sie ihm die Braustätte. Nur kurze Zeit später verheiratet sich Konrad Jäck jedoch mit Anna Maria Daig und bekommt von deren Vater die Brauerei ➜ Ströberla übertragen. Daraufhin veräußert Konrad Jäck das „Rösslein" für 6.250 Gulden an Franz May, einen Büttnergesellen aus Burgwindheim (1807). Neben dem Wohn- und Brauhaus umfasst der Kaufvertrag auch einen kupfernen Braukessel, eine Dorles, eine Einweichkufe, ein Kühlschiff, drei Bierkufen, drei Malzkufen, drei Malzgitter, vier Schöpffässer und ein 70 Eimer großes Fass.

Unter dem neuen Besitzer Franz May erfährt die Braustätte einen erheblichen Aufschwung. Um 1817 ist seine Brauerei hinsichtlich der Ausstoßmenge die elftgrößte aller 65 Braustätten Bambergs. Eine Quelle berichtet, dass der Brauer May nach Sachsen und Preußen exportiert, außerdem verschifft er Bier in mit Draht verschlossenen Flaschen nach Amerika. Ein wichtiger Schritt für den wirtschaftlichen Erfolg der Brauerei ist 1827 ein Grundstückskauf auf dem Stephansberg: Aus dem Nachlass des verstorbenen Domdechants Philipp Lothar Freiherr von Kerpen ersteht Franz May die Kapelle St. Johannis, die er als Fasshalle und Lagerraum nutzt. Außerdem vergrößert er den darunterliegenden Felsenkeller erheblich. Der benachbarte Garten mit Blick auf die Stadt gehört zu den beliebtesten Sommerwirtschaften Bambergs.

Als Franz May 1855 verstirbt, hinterlässt er seinen Erben ein stattliches Brauereianwesen. Vermutlich hätte sein Sohn Karl den Betrieb im „Rösslein" fortführen sollen, doch dieser war bereits 1839 nach kurzer Braumeistertätigkeit im ➜ Stöhren verstorben. Da sich kein anderer Nachfolger findet, verpachten die Erben die Immobilien für einige Jahre an Johann Reges und seine Ehefrau Christina. 1863 übernimmt dann der Hopfenhändler Elkan Gütermann das Anwesen in der Unteren Königstraße und verkauft alle zum Brauen benötigten Gegenstände. Später betreibt Carl August Kister darin eine Feinkosthandlung. Die Grundstücke auf dem Stephansberg gehen wiederum an Emmanuel Dessauer, den Besitzer der Brauerei ➜ Steinernes Haus. Noch viele Jahre behält der Biergarten mit seiner schönen Sicht auf die Stadt den Namen „Mays Garten".

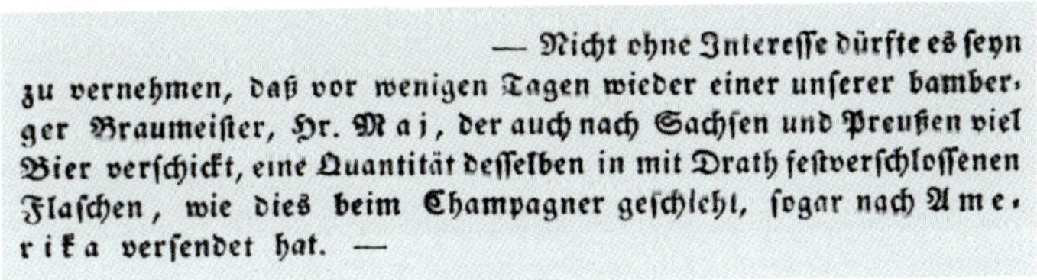
— Nicht ohne Interesse dürfte es seyn zu vernehmen, daß vor wenigen Tagen wieder einer unserer bamberger Braumeister, Hr. Mai, der auch nach Sachsen und Preußen viel Bier verschickt, eine Quantität desselben in mit Drath festverschlossenen Flaschen, wie dies beim Champagner geschieht, sogar nach Amerika versendet hat. —

Die Tageszeitung berichtet am 26.10.1836, dass Franz May sein Bier nach Amerika verschickt

Brauerei Schwarzer Adler

Ansicht des Gasthofs „Schwarzer Adler“ auf einer Postkarte

Anschrift: Obere Königstraße 1

Gründung: vor 1754

Betriebsaufgabe: um 1825

Heutige Nutzung: Im Haus wird bis zum Zweiten Weltkrieg eine Wirtschaft betrieben, die heute durch Einzelhandelsnutzung abgelöst ist. Das darüber liegende Stockwerk beherbergt das kommunale Stadtmarketing.

Anders als die zahlreichen Braustätten in unmittelbarer Nachbarschaft wird der „Schwarze Adler“ nicht von Büttnern, sondern überwiegend von Gastwirten geführt. Der betriebswirtschaftliche Schwerpunkt liegt somit weniger in der erwerbsmäßigen Bierproduktion, sondern vielmehr auf der Bewirtung von Gästen. Da aber zum Gasthaus über lange Zeit ein eigenes Brauhaus gehört, soll es hier Erwähnung finden.

Zu Beginn des 16. Jahrhunderts gehört das Haus in der Oberen Königstraße 1 dem Bürstenbinder Fabian Kleyber. Als es Jakob Hüls 1520 übernimmt und darin eine Gaststätte einrichtet, benennt er diese nach dem vorherigen Gewerbe „Zur Bürste“. Kurz darauf wird sein Anwesen als „Wirtshaws sampt ein Hoff, Hinterhaus und Garten“ beschrieben. Erst gegen Ende des 17. Jahrhunderts findet unter dem Postmeister Wolf Albert Pfister eine Namensänderung statt, bei der das Gasthaus „Zur Bürste“ in „Schwarzer Adler“ umbenannt wird.

1745 erwirbt der Posthalter Georg Kegel, der bereits den Gasthof ➜ Großkopf besitzt, den „Schwarzen Adler“. Nur wenige Jahre später verkauft Georg Kegel aber den ➜ Großkopf wieder. Aus dem Verkaufsprotokoll geht hervor, dass das Bier für den ➜ Großkopf bislang auf dem Areal des „Schwarzen Adlers“ gebraut wurde.

Der neue Eigentümer muss sich deshalb verpflichten, ab Walpurgis (1. Mai) 1754 sein Bier in einem eigenen Brauhaus herzustellen. Unter Georg Kegel erhält das Gebäude außerdem seine barocke Fassade, die es heute noch trägt, wobei das anliegende Gebäude mit der Hausnummer 3 optisch zusammengeführt wird.
1783 geht das Haus an den Gastwirt Adam Rudolph, 1816 an dessen Sohn Kaspar Rudolph über. Verschiedene Veranstaltungen, die sie im Saal ihres Gasthauses abhalten, stellen für das gesellschaftliche Leben Bambergs eine Bereicherung dar. So berichtet der Chronist Looshorn in dieser Zeit über zahlreiche Hof- und Maskenbälle.
Im Hinblick auf die Bierherstellung gibt es hingegen nur sehr wenige Anhaltspunkte: Im Steuerjahr 1817 verbraucht der Schwarze Adler knapp 24 Scheffel Malz (entspricht etwa 80 Hektoliter Bier). Damit zählt die Braustätte zu den kleinsten in Bamberg. In den Steuerlisten zum Verbrauch von Malz taucht der „Schwarze Adler" 1823 zum letzten Mal auf, weshalb mit einer Aufgabe des Braubetriebs zu dieser Zeit gerechnet werden muss. Auch wenn Paul Beck, der das Haus 1841 übernimmt, in den städtischen Akten noch als „brauberechtigter Gastwirt" bezeichnet wird, deutet nichts mehr auf eine Brautätigkeit im „Schwarzen Adler" hin.

Brauerei Albertgäßner

Anschrift: Obere Königstraße 35

Gründung: um 1600

Betriebsaufgabe: 1852

Heutige Nutzung: 1854 erwirbt der Getreidegroßhändler Baptist Ferdinand Messerschmitt das Anwesen. Nach dem Zweiten Weltkrieg lässt sich hier die Firma Hergenröder nieder.

Felsenkeller: Nachweislich seit 1816 gehört zur Brauerei der Felsenkeller am Oberen Stephansberg 26. Nach der Betriebsschließung erwirbt Franz Müller das Anwesen für die Brauerei ➜ Kleebaum.

Die kleine Braustätte in der Oberen Königstraße 35 erhält ihren ungewöhnlichen Namen durch einen früheren Eigentümer, den Büttner Albert Gäßner. Er besitzt das Haus nachweislich ab dem Jahr 1625. Bereits vor ihm übt Hans Steinfelder, „Putner am Steinweg", das Büttnerhandwerk aus. Als weitere Besitzer sind Albert Gäßners Schwiegersohn Johann Will (1653-1669) sowie der Büttner Johann Popp (1670-1687) und dessen Sohn Pankraz (1687-1703) zu nennen. Die Witwe von Pankraz Popp, Anna Margarethe, heiratet im Jahr 1703 den Sohn des benachbarten ➜ Goldenen Rose-Wirtes Andreas Brehm und überträgt ihm dadurch den Besitzstand.
Auf dieselbe Weise wechselt die Braustätte nochmals ihren Eigentümer, denn Anna Margarethe heiratet 1723 mit dem Büttner Johann Diller zum dritten Mal.
Ab 1784 führt Johann Wernsdörfer den Betrieb fort. Kurz darauf bittet er um die Übertragung der Gast- und Schildgerechtigkeit. Diese hatte er zuvor dem Bamberger Bürger Georg Lutz vom Kaulberg für die Summe von 225 Gulden abgekauft.
Eine nennenswerte Entwicklung erfährt die Braustätte unter dem Büttner Paul Rosenzweig, der das Anwesen 1791 als Wirtshaus „Zum Stern" erwirbt. Zur Lagerung und Kühlung seines Bieres kauft er später auch den Felsenkeller am Oberen Stephansberg 26 auf. Zu dieser Zeit erreicht seine Brauerei einen Ausstoß von etwa 600 Hektolitern Bier, was im Vergleich zu den anderen Braustätten einer durchschnittlichen Produktionsmenge entspricht. Als Paul Rosenzweig im Jahr 1827 verstirbt, heiratet seine Witwe Katharina den Braumeister Michael Schwinn, der jedoch nach vierjähriger Ehe ebenfalls stirbt. So kommt es, dass sie am 2. Mai 1831 mit dem Braumeister Georg Röckelein ihren dritten Ehemann heiratet.
Georg Röckelein beantragt 1834 die Anlage eines Hopfenfeldes in der Nähe des Antonistifts. Im Sommer 1852 gerät er in Zahlungsprobleme, weil er die bei Bäckermeister Michael Ebert gemachten Schulden nicht zurückzahlen kann. Zur Tilgung werden zunächst Gegenstände aus seinem Haus versteigert, später dann der Felsenkeller auf dem Stephansberg und letztlich auch das Brauereianwesen mit allen Gerätschaften.
Mehrere Versuche, das Anwesen in der Folgezeit erneut an einen Brauer zu verkaufen, schlagen fehl. 1854 erwirbt der Getreidehändler Baptist Ferdinand Messerschmitt das Haus in der Königsstraße, in das später die Firma Hergenröder einzieht.

Brauerei Goldene Rose

Anschrift: ---

Gründung: ab 1572

Betriebsaufgabe: 1872

Heutige Nutzung: Das Anwesen ist nicht mehr erhalten. Es wird beim Durchbruch der Luitpoldstraße 1872/73 in die Obere Königstraße mit dem Nachbarhaus abgerissen.

Felsenkeller: Im Jahr 1869 pachtet Georg Erlwein für 400 Gulden jährlich einen Felsenkeller unter dem heutigen Anwesen Sternwartstraße 3. Nur für kurze Zeit (ab 1871) ist außerdem die Nutzung des Felsenkellers am Oberen Stephansberg 12 nachweisbar. 1876 befindet sich dieses Grundstück im Besitz von Braumeister Georg Böttinger (➜ Storch).

Das Brau- und Gasthaus Goldene Rose kurz vor dem Abriss im Jahr 1872

Bis zum Jahr 1872 ist die Obere Königstraße, Teilstück des alten Steinwegs, auf beiden Seiten durchgängig mit Häusern bebaut. Mit dem Anschluss Bambergs an das Eisenbahnnetz erscheint den Stadtvätern eine Verbindungsstraße vom Bahnhof zur Stadtmitte notwendig. Für den Bau der sogenannten „Eisenbahnstraße", der heutigen Luitpoldstraße, müssen mehrere Gebäude entlang der Königstraße abgerissen werden. Diesem Abriss fällt auch das Brauhaus „Zur Goldenen Rose" zum Opfer.

Um 1384 gehört das Anwesen, das aus einem Haus mit Hofreit besteht, einem Fritz Schuchwurt. Später wird das Grundstück, vermutlich durch Erbteilung, in zwei eigenständige Teile getrennt und erst 1601 durch den Büttner Hans Brehm d. Ä. wieder vereint. Um diese Zeit dürfte bereits gebraut worden sein, denn dem späteren Besitzer Hans Krapp, Schwiegersohn von Hans Brehm d. J., wird 1665 ein Brauhaus zugeschrieben. Der früheste Hinweis auf eine betriebene Büttnerei findet sich jedoch schon im Jahr 1572.

Durch ein Großfeuer im Jahr 1775 wird das dem Johann Hofmann gehörende Haus mit Brauhaus, zu dem auch Stallungen und ein Stadel gehören, stark beschädigt. Er errichtet einen Neubau und verpachtet am 4. Oktober 1782 sein Gast- und Brauhaus „Zur Goldenen Rose" an den ehemaligen Zollschreiber Franz Anton Rudhart. Der Pachtvertrag sieht eine Dauer von vier Jahren vor und beinhaltet eine Klausel, im Falle eines vorzeitigen Verkaufs des Anwesens dem Pächter eine Schadensersatzzahlung zukommen zu lassen. Bereits vier Wochen nach Unterzeichnung des Vertrags, am 31. Oktober desselben Jahres, tritt dieser Fall ein: Johann Hofmann veräußert das Gast- und Brauhaus an den Büttner Johann Ignatz Schmitt. Neben Stallungen, Scheuer und Garten übernimmt der neue Eigentümer auch ein 100-Eimer-Fass, einen Braukessel, ein Kühlschiff, Einweichkufen, zwei Gebräu Bierkufen sowie eingemauertes Branntweinzeug. Der vorherige Besitzer behält sich dabei das Braurecht von „sechs bis acht Gebräu Bier" vor.

Ab dem frühen 19. Jahrhundert taucht das Gasthaus mehrfach unter der Bezeichnung „Zum Hannatzer" auf, was sicherlich auf die Vornamen des Besitzers Johann Ignatz Schmitt zurückgeht. Nach dessen Ableben und dem Tod seiner Frau Anna Katharina heiratet die gemeinsame Tochter den Sohn des ➜ Engel-Wirtes, den Bierbrauer Andreas Götz. Dieser führt die Brauerei bis 1826 fort und verkauft sie dann für 12.550 Gulden an Michael Kramer. Im November 1852 wird Johann Peter Bauer neuer Eigentümer. Als dieser zwei Jahre später verstirbt, betreibt seine Frau das Unternehmen weiter, muss jedoch 1857 Insolvenz anmelden. Wieder wird das Haus verkauft, diesmal an den Braumeister Valentin Zehnder, der zuvor die gegenüberliegende Brauerei ➜ „Zum schwarzen Ochsen" betrieben hatte.

Letzter Braumeister in der Goldenen Rose wird 1865 Georg Erlwein, der den Betrieb für die stolze Summe von 46.000 Gulden erwirbt. Neben dem Gast- und Brauhaus gehören zu dem Anwesen auch Felder, die sich bis zur heutigen Mittelstraße erstrecken. Zur Lagerung und Kühlung des Bieres pachtet Georg Erlwein am Oberen Stephansberg einen Felsenkeller, in dem es im September 1865 fast zu einem tödlichen Zwischenfall kommt: Zwei Brauergesellen erleiden bei der Arbeit eine Stickluftvergiftung und können gerade noch rechtzeitig gerettet werden.

Im Jahr 1872 erwirbt die Stadt Bamberg das Anwesen, um den Bau der geplanten Eisenbahnstraße voranzutreiben. Im August des gleichen Jahres werden zunächst die Einrichtungen aus dem Brauhaus versteigert, kurz darauf folgen die Kegelbahn und die benachbarte Scheune sowie im November Zimmertüren, Fußböden und rund 10.000 Dachziegel.

In der öffentlichen Sitzung vom 24. September 1872 beschließt der Bamberger Stadtmagistrat, von allen zum Abbruch bestimmten Gebäuden in Bamberg eine fotografische Aufnahme machen zu lassen, um daraus ein Album anzulegen. Mit dieser Aufgabe wird im Folgenden der Fotograf Alois Erhardt betraut. Das erste Bild dieses Albums zeigt die Häuser in der Königsstraße, die dem Straßendurchbruch zur „Eisenbahnstraße" zum Opfer fallen. Dem Beschluss des Stadtmagistrats verdanken wir heute nicht nur zahlreiche historische Aufnahmen eines verloren gegangenen Stadtbilds, sondern mit der Abbildung der „Goldenen Rose" auch das älteste Foto einer Brauereigaststätte in Bamberg.

Brauerei Roter Ochse

Anschrift: Untere Königstraße 13-15

Gründung: um 1531

Betriebsaufgabe: 1870

Heutige Nutzung: Bis in die 1980er-Jahre hinein bleibt der „Rote Ochse" als Hotel bestehen, das später Asylsuchenden als Herberge dient. Nach der Jahrtausendwende erfolgen langwierige Sanierungs- und Umbaubemühungen.

Felsenkeller: Im Jahr 1774 besitzt der Büttner Michael Deinhardt einen Felsenkeller auf dem heutigen Anwesen Alter Graben 11. Für die Zeit von 1812 bis 1835 wird zudem ein Felsenkeller in der Unteren Sandstraße 51 genutzt.

Das ehemalige Brau- und Gasthaus „Zum Roten Ochsen" besteht ursprünglich aus zwei selbstständigen Gebäuden, die zum Teil noch aus dem Spätmittelalter stammen. Im 16. Jahrhundert vereint der Büttner Hans Herolt die beiden Anwesen Untere Königstraße 13 und 15 zu einem Haus. Um diese Zeit wird in dem Anwesen bereits Bier angesetzt, denn wie überliefert ist, hat sich der Eigentümer für den Kauf von Gerste mit 125 Gulden verschuldet.

Unter dem Wirt Martin Mirschberger taucht um 1610 erstmals der Hausname „Zum Roten Ochsen" auf. Im Dreißigjährigen Krieg wird das Haus erheblich beschädigt und muss in den Folgejahren wieder aufgebaut werden. Die weiteren Eigentümer sind der aus Breitengüßbach stammende Büttner Adam Schmitt sowie Johann Jäck. Dieser tauscht im Januar 1758 das Wirtshaus „Zum Roten Ochsen" gegen das ➜ Bauernwirtshaus von Josef Usselmann und erhält von ihm zusätzlich 1.500 Gulden als Wertausgleich. Josef Usselmann wiederum veräußert das Anwesen rasch weiter an den Büttner Michael Deinhardt. Dieser bleibt bis 1774 Gastgeber im „Roten Ochsen".

Anschließend heiratet die älteste Tochter von Michael Deinhardt den gebürtigen Strullendorfer Martin Wagner. Unter seiner Regie wird das Gasthaus umgebaut (1779) und erhält zwei Jahre später die Schild- und Gastgerechtigkeit verliehen. Durch den verheerenden Eisgang im Februar 1784, bei dem auch die Seesbrücke fort-

Mein Gast- und Brauhaus zum rothen Ochsen habe ich am 18. November dem Hrn. Johann Scharnagel käuflich überlassen, welcher dasselbe auf seine eigene Rechnung fortsetzt.

Indem ich dies zur allgemeinen Kenntniß hiemit bringe, bezeige ich allen verehrlichen Gönnern, Freunden und Nachbarn für die mir so vielfältig gegebenen Beweise von Wohlwollen und Freundschaft meinen verbindlichsten Dank, und erlaube mir zugleich die Bitte das Vertrauen auf den nunmerigen Gasthaus-Besitzer gütigst zu übertragen.

Schlüßlich bemerke ich noch, wenn Jemand sollte glauben, eine gerechte Forderung an mir zu machen, so kann er sie täglich in meinem Logie Nr. 1147 anmelden.

Bamberg am 18. Nov. 1835.

Joh. Bapt. Schmitt.

gerissen wird, erleidet seine Brauerei erhebliche Zerstörungen an den uferseitigen Gebäudeteilen. Am 10. Oktober 1814 vererbt Martin Wagner das wiederhergestellte Brauereianwesen seinem Sohn Friedrich, der den Betrieb fortführt und diesen am 3. Mai 1820 an Johann Schmitt veräußert. Letzter Brauereibesitzer im Roten Ochsen ist Johann Scharnagel. Er übernimmt das Anwesen 1835 (siehe Abbildung links) und betreibt die Braustätte für die nächsten drei Jahrzehnte. Nach seinem Ableben am 8. August 1867 dürfte der erst 20-jährige Sohn Philipp das Braugeschäft zunächst fortgeführt haben. Als dieser jedoch drei Jahre später die Brauerei ➜ Specht in der Austraße übernimmt, werden die Sudkessel im „Roten Ochsen" für immer stillgelegt. Die Witwe Magdalena Scharnagel beantragt, dass das Brau- und Schankrecht zunächst „ruhend" versteuert wird, ehe sie 1873 endgültig die Brauerei und Büttnerei aus der Gewerbeliste streichen lässt.

In der Folgezeit bleibt die gastronomische Nutzung erhalten. Der Metzger und Gasthofbesitzer Julius Weißmann veranstaltet zu Beginn des 20. Jahrhunderts alljährlich eine Art Oktoberfest nach „Münchener Vorbild". Nach dem Zweiten Weltkrieg bleibt der Hausname durch das Hotel „Roter Ochse" erhalten, ehe im November 1988 ein Heim für Asylsuchende eingerichtet wird. Seit vielen Jahren wartet das Anwesen nun schon auf längst fällige Umbau- und Sanierungsmaßnahmen.

Noch lange Zeit wird in dem Anwesen eine Gaststätte mit Hotel betrieben

Der Braukessel-Streit von 1784

Das verheerende Hochwasser vom Februar 1784 beschädigt zahlreiche Gebäude am Ufer des rechten Regnitzarmes. Auch das Brauhaus von Martin Wagner ist davon betroffen. Wie er in einem Brief an den Fürstbischof Franz Ludwig von Erthal schreibt, gehöre er zu den „Hauptmitverunglückten" des großen Hochwassers, bei dem ihm „zwey Gebäue ganz und gar hinweggerissen" worden seien, „worunter hauptsächlich, leider, mein sehr wohl erbaut gewesenes Bräuhauß samt allen zum Brauwesen gehörigen und erforderlichen Materialien mit zu Grund gegangen" seien. Vor allem der Braukessel sei zu seiner „ärnstesten Bestürz- und Bekränckung ganz zusammengebrochen". Um Kosten zu sparen, bringt er den kaputten Kessel nicht zu einem der Bamberger Kupferschmiedemeister, sondern lässt ihn verbotenerweise bei einem wesentlich günstigeren Kesselflicker aus Oberhaid reparieren. Als die Bamberger Kupferschmiede davon erfahren, bitten sie den Fürstbischof um Hilfe, damit dieser den Kessel bei seiner Rückführung konfiszieren solle. Der Fürstbischof übergibt die Angelegenheit an die zuständigen Behörden, um ein gerechtes Urteil zu fällen.

Brauerei Weißer Ochse

Anschrift: Untere Königstraße 10

Gründung: um 1510

Betriebsaufgabe: 1856

Heutige Nutzung: Im Jahr 2004 erfolgt eine umfassende Sanierung zu Wohn- und Geschäftszwecken.

Felsenkeller: Um 1798 erwirbt der Bierbrauer Andreas Schmitt am Stephansberg (Sternwartstraße 3) ein zweistöckiges Wohnhaus mit hölzernem Stadel, kleinem Blumengärtlein und drei Felsenkellern für 6.000 Gulden. Später kauft es der bayerische Staat für den Bau des Schullehrerseminars (später E.T.A.-Hoffmann-Gymnasium).

Das Vorderhaus in der Unteren Königstraße 10 wird um 1448 errichtet und im 17. Jahrhundert um einen großzügigen Anbau an der Rückseite erweitert. Einen ersten Nachweis für eine betriebene Büttnerei gibt es im Jahr 1510, als Michael Fuchs das Anwesen besitzt. Kurz darauf erwirbt es für 300 Gulden der Büttner Karl Großkopf, dessen Familie zu dieser Zeit zu den bekanntesten Brauern der Stadt gehört.

Über die Büttnerfamilien Krapp und Herbst gelangt das Haus 1722 in den Besitz von Johann Georg Zimmermann. Dieser verstirbt sehr jung, weshalb sich seine Witwe Eva mit dem Büttner Johann Adam Schmitt aus der benachbarten Brauerei ➜ Roter Ochse vermählt. Später gelangt das zweigeschossige Haus mit fünf Zimmern und fünf Kammern sowie einem Brauhaus und einem kleinen Garten an seinen Sohn Friedrich Schmitt, der über vier Jahrzehnte das Brauhaus führt. Zur Mitte des 18. Jahrhunderts besitzt er zudem auf dem Stephansberg „zwey Kelleren". Nach dessen Tod am 10. Mai 1772 tritt Andreas Schmitt das väterliche Erbe an, der ein Jahr später die Meisterprüfung als Büttner ablegt und sich mit Elisabeth Scharnagel verehelicht. Beide werden der Nachwelt durch eine großzügige Geste in Erinnerung bleiben: Als im Zuge der Säkularisation die kleine Sebastiani-Kapelle auf dem Bamberger Friedhof veräußert werden soll, erwirbt der ebenso wohlhabende wie gottesgläubige Andreas Schmitt zuerst das Gebäude, später auch die dazugehörigen sakralen Einrichtungsgegenstände. Gemeinsam mit seinem Nachfolger, dem Bierbrauer Andreas Lang, setzt er sich dafür ein, die Kapelle wieder ihrem ursprünglichen Zweck zurückzuführen. Zusammen erreichen sie zudem die Wiederbelebung der traditionellen Prozession unter Verlegung auf den Sonntag vor dem Sebastiani-Tag. In seinem Testament aus dem Jahr 1824 legt der kinderlos gebliebene Andreas Schmitt den Fortbestand der Kapelle fest, indem er 2.500 Gulden für eine Stiftung spendet. Für den Fall, dass in der Kapelle eines Tages kein Gottesdienst mehr abgehalten werden könne, solle das Gebäude verkauft und der Erlös seinen Großneffen, den Kindern des ➜ Kleebaum-Wirtes, zuteilwerden. Andreas Schmitt verstirbt am 19. Mai 1826 und wird in der Sebastiani-Kapelle bestattet.

Das Gast- und Brauhaus „Zum Weißen Ochsen" wird von Andreas Lang aus Oberhaid fortgeführt. Als er im Oktober 1818 verstirbt, heiratet seine Witwe Margaretha den Brauer Andreas Seelmann. Da auch dieser Ehe nur kurzes Glück beschieden ist, bezahlt sie mit Michael Krug (später Brauerei ➜ Schlüssel) einen Betriebsleiter, ehe sie 1836 das Haus zum Verkauf ausschreibt. Käufer ist Kaspar Gottschall, der mit seinem Schwiegersohn Michael Reges den Braubetrieb fortführt. Doch 1856 gerät Kaspar Gottschall mit den Zahlungen für die Hypothekenschulden in Rückstand und muss Konkurs anmelden. Somit fällt das Anwesen zurück an die Vorbesitzerin Margarete Seelmann. Nach ihrem Tod erwirbt der Arzt Dr. Christoph Munk das Haus, in dem von nun an die Gastwirtschaft „Zum Wallfisch" betrieben wird.

Gedenktafel an den Brauer Andreas Schmitt im Inneren der Sebastiani-Kapelle

Brauerei Schwarzer Bär

Anschrift: Obere Königstraße 8

Gründung: nach 1580

Betriebsaufgabe: 1875

Heutige Nutzung: 2013 erwirbt Christian Merz von der Brauerei ➜ Spezial das Anwesen und erweitert damit seine Gasträume.

Felsenkeller: Ab 1871 ist Braumeister Franz Schmitt im Besitz des ehemaligen Felsenkellers der Brauerei ➜ Schmäußer (Oberer Stephansberg 18). Dieses Grundstück wird nach der Betriebsaufgabe wiederum an Wilhelm Nathan von der ➜ Blaulöwenbräu verkauft.

In unmittelbarer Nachbarschaft zur Brauerei ➜ Spezial befindet sich bis zum Jahr 1875 das Gast- und Brauhaus „Zum Schwarzen Bären". Der Ursprung dieser Braustätte reicht in das 16. Jahrhundert zurück, als die ansässigen Fassmacher im belebten Steinweg eine Vielzahl von Gasthäusern betreiben. Für das heutige Anwesen Obere Königstraße 8 lässt sich eine durchgehende Besitzerreihe von Büttnern bis in das Jahr 1584 zurückverfolgen. Damals wird das Anwesen dem Leonhard Großkopf zugeschrieben, dem auch das benachbarte ➜ Spezial gehört.
Nach dem Dreißigjährigen Krieg tauchen auch Mitglieder der Brauerfamilie Kauer als Besitzer auf, nämlich Hans Kauer von 1639 bis 1657, sein Sohn Georg Kauer (1658-1671), der mit der Witwe verheiratete Johann Hofmann (1672-1681) und letztlich Hans Kauer jun. (1682-1695).
Nach Johann Schneider (1696-1707) und Balthasar Striegel (1708-1724) beginnt in der Braustätte die Ära der Familie Eberlein, die das Gasthaus über vier Generationen hinweg führt. Der Sohn des Büttners Johann Eberlein von der benachbarten Brauerei ➜ Spezial heiratet am 22. Juli 1725 die Witwe von Balthasar Striegel und wird Braumeister im „Schwarzen Bären". Zu dieser Zeit umfasst das Anwesen ein zweistöckiges Vorderhaus mit einem Brauhaus, Nebengebäude, Keller und Hofreite. Anschließend übernimmt Johann Ernst Eberlein (1763-1809) von seinem Vater die Leitung des Unternehmens. Nach seinem Tod vererbt er den „Schwarzen Bären" an seinen Sohn Josef (1811-1844), während der um drei Jahre ältere Sohn Kaspar in die ➜ Mahr'sche Brauerei einheiratet. Einen Brand in der benachbarten Bäckerei Jakob (Obere Königstraße 12), der auch auf den „Schwarzen Bären" übergreift, übersteht die Brauerei weitgehend unbeschadet.
Nach dem Tod von Josef Eberlein heiratet der ältere Sohn Georg in die Brauerei ➜ Spezial ein, sodass dem jüngeren Sohn Josef die Geschicke des eigenen Brauhauses übertragen werden. Familiäre Streitigkeiten führen jedoch dazu, dass dem Unternehmen erheblich Kapital entzogen wird, was 1854 letztlich in einer Zwangsversteigerung endet. Mit der Versteigerung des Objekts sind die Geldsorgen des Josef Eberlein aber nicht beendet. Vielmehr steht er ein Jahr später vor Gericht, weil er im Hausplatz der Wirtschaft einem betrunkenen Gendarmen einen größeren Betrag Geld gestohlen hatte.
Mit der Übernahme der Brauerei durch den 30-jährigen Franz Schmitt blüht die Braustätte letztmals auf. Der aus Forchheim stammende Brauer richtet regelmäßige Kegelturniere aus, er investiert in eine moderne, rauchabscheidende Malzdarre und lässt zudem einen neuen Braukessel einrichten. Im Jahr 1873 erreicht der Ausstoß rund 2.650 Hektoliter Bier. Nach 20-jähriger Tätigkeit geht Franz Schmitt in den Ruhestand und meldet am 21. August 1875 sein Gasthaus ab. Er verkauft seinen Felsenkeller und die Gegenstände aus seinem Brauhaus, darunter auch 100 Biergläser sowie 20 Maßkrüge. Noch im selben Jahr wird in dem Anwesen eine Eisenhandlung eingerichtet. Die steinernen Fasslegen im Keller des Hauses haben sich bis heute erhalten.

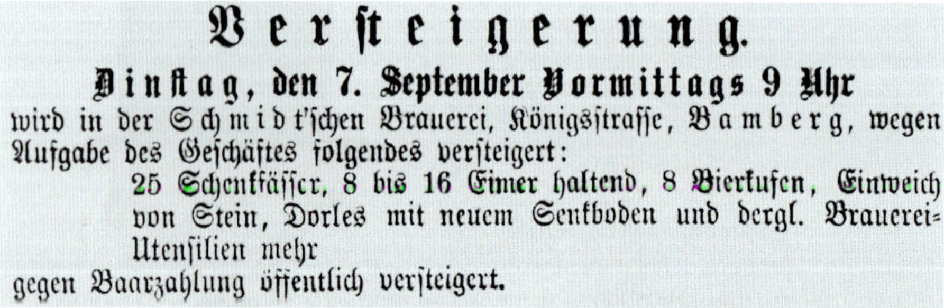
Versteigerung.
Dinstag, den 7. September Vormittags 9 Uhr
wird in der Schmidt'schen Brauerei, Königsstrasse, Bamberg, wegen Aufgabe des Geschäftes folgendes versteigert:
25 Schenkfässer, 8 bis 16 Eimer haltend, 8 Bierkufen, Einweich von Stein, Dorles mit neuem Senkboden und dergl. Brauerei-Utensilien mehr
gegen Baarzahlung öffentlich versteigert.

Wegen Geschäftsaufgabe versteigert Franz Schmitt im September 1875 das Inventar seiner Brauerei

Die Braustätten in der Wunderburg und im Bamberger Osten

Brauerei Mahr

Ansicht des Brauhauses

Anschrift: Wunderburg 10

Gründung: 1754

Felsenkeller: Im Jahr 1868 erwirbt Karl Mahr ein Felsenkellergrundstück am Oberen Stephansberg und betreibt die darüber gelegene Sommerwirtschaft „Zum Brenner-Keller". Es handelt sich um die heutigen Grundstücke 34-38. 1897 wird der Eiskeller auf eine Kapazität von ca. 1.000 m² erweitert und bis 1954 mit Natureis gekühlt. 1961 verliert der Felsenkeller seine Bedeutung als Kühlkeller, drei Jahre später wird auch die Bewirtung eingestellt. Im Jahr 1986 erfolgt nach gründlicher Renovierung die Wiedereröffnung des Mahrs-Kellers. 2013 werden der Wirtschaftsbetrieb eingestellt und die Gebäude für Wohnzwecke umgebaut.

Im Bereich des Stadtteils Wunderburg befinden sich einst drei Ziegelhütten, in denen Lehm zu Backsteinen gebrannt wird. Eine dieser Hütten steht auf dem Areal der heutigen Brauerei Mahr – dies ist der Grund, warum die Braustätte lange Zeit den Namen „Zum Brenner" trägt. Der Beginn der Brautätigkeit kann ziemlich genau auf das Jahr 1754 datiert werden, als der Büttner Lorenz Steinfelder in einem Brief den Fürstbischof um eine Braukonzession für sein Haus bittet. Er argumentiert, dass die Brauer in Bamberg keine Einwände hätten, dass er das Meisterrecht „an sich bringe", zumal in der näheren Umgebung kein anderer Brauer tätig sei. Außerdem sei die von einem Brauhaus ausgehende Feuergefahr geringer als bei einer Ziegelhütte. Die fürstliche Verwaltung folgt der Argumentation und verleiht dem Lorenz Steinfelder am 5. März 1754 die Braugerechtigkeit für das Haus Wunderburg 10.
Sein Sohn Philipp Jakob Steinfelder richtet um 1763 die heutige Gaststube ein, 1798

geht das Anwesen über die Verheiratung seiner ältesten Tochter an den Brauer Kaspar Eberlein. Der neue Eigentümer stammt aus der Brauerei ➜ Schwarzer Bär im Steinweg und vergrößert das Gebäude mehrfach. Nach seinem Tod verheiratet sich der aus Großgressingen bei Ebrach stammende Büttner Wilhelm Bauer mit der Tochter Kunigunde Eberlein. Als diese nach nur zweijähriger Ehe ebenfalls verstirbt, ehelicht der Witwer Wilhelm Bauer die Schwester seiner verstorbenen Frau, Ursula Eberlein. Diese wiederum heiratet nach dem Tod von Wilhelm Bauer 1833 den Anton Dinkel. Gemeinsam führen sie das Gast- und Brauhaus für die nächsten fünf Jahre fort, ehe Anton Dinkel nach Reichmannsdorf zieht. Kurz darauf wird die Brauerei zum Verkauf ausgeschrieben.

Das Betriebsgebäude vor dem Neubau des Brauhauses 1908

Der heutige Name der Braustätte geht auf den Erwerb durch Karl Mahr im Jahr 1840 zurück. Der Kaufvertrag beinhaltet das Anwesen „genannt die Ziegelhütte; dabei Hinterhaus, Scheune, Stallung, Gartenhaus, Brunnen, Brauhaus, Witzgarten, Kegelbahn mit Hofraum". Zu dieser Zeit gehört die Braustätte zu den kleinsten in Bamberg. Der neue Eigentümer erwirbt auch das Felsenkellergrundstück am Oberen Stephansberg, das als „Mahrs-Keller" lange Zeit zur Brauerei gehört. Mit der Eheschließung seines Sohnes Ambros geht die Braustätte 1870 an die nächste Generation über. Bald darauf trifft ihn ein harter Schicksalsschlag: Innerhalb von nur elf Tagen verliert er seine Töchter Anna, Rosa, Kathon und Marie an den Folgen einer Diphterie-Infektion. Der Tod seiner vier Kinder ist möglicherweise der Auslöser für eine Unbeherrschtheit wenige Wochen später: Infolge eines geringfügigen Disputs, so schreibt es die Tageszeitung, verletzt er einen Gast mit einem Maßkrug so schwer, dass dieser für 80 Tage arbeitsunfähig ist. In der folgenden Gerichtsverhandlung wird Ambros Mahr zu einer Gefängnisstrafe von sechs Monaten und einer Geldstrafe von 2.200 Mark verurteilt. Im Alter von gerade 45 Jahren verstirbt Ambros Mahr im Februar 1888.

Einer Nachricht der „Allgemeinen Hopfenzeitung" vom 25. März 1889 zufolge, ersteht der Gärtnermeister Georg Schley das Anwesen für 75.000 Mark. Dieser verpachtet es an Andreas Burkard aus Frensdorf und seine Frau Agathe Michel. Im Jahr 1895 bietet sich dem Brauer die Gelegenheit, die am Zinkenwörth gelegene Brauerei ➜ Weiße Taube käuflich zu übernehmen. Der Besitzerwechsel resultiert letztlich darin, dass Agathes Bruder, der bisher als Braugehilfe tätige Johann Michel, zum neuen Eigentümer der Brauerei Mahr wird. Seit dieser Zeit befindet sich die Brauerei Mahr im Besitz der Familie Michel. Kurz vor dem Erwerb des Anwesens muss sich Johann Michel einem Gerichtsverfahren unterziehen. Demnach soll er beim Eisholen im eigenen Felsenkeller mit offenem Licht unvorsichtig umgegangen sein und einen größeren Brand ausgelöst haben. Der Richter verurteilt ihn wegen fahrlässiger Brandstiftung zu einer Geldstrafe in Höhe von 100 Mark. Im folgenden Jahr lässt Johann Michel das Gebäude wieder aufrichten und erweitert den darunter liegenden Eiskeller erheblich.

Um die Jahrhundertwende erreicht Johann Michel einen Ausstoß von knapp 5.000 Hektoliter Bier. Und er will seinen Betrieb weiter ausbauen: Im Jahr 1908 bricht er die alten Brauereigebäude in der Wunderburg ab und errichtet den heute noch stehenden Backsteinbau. Der Kamin für das Sudwerk erreicht die stattliche Höhe von 32 Metern, zwei neue Eichenholzfuhrfässer mit 20 bzw. 18 Hektolitern Fassungsvermögen sorgen für den Transport des Gerstensaftes. Nach dem

Reger Betrieb auf dem Keller am Oberen Stephansberg um 1900

Tod seiner Ehefrau Katharina verheiratet sich Johann Michel mit Elise Schönhuber, Tochter eines reichen Hopfenbauern aus dem niederbayerischen Volkenschwand. Ihr Vermögen ist es, das den Betrieb in der Familie hält – nachdem Johann Michel 1913 in Konkurs geraten war und das Anwesen mitsamt seinen Grundstücken zwangsversteigert werden musste. So wird Elise Michel zur Brauereibesitzerin.
Nach dem Tod von Johann Michel 1927 führt Elise Michel die Gaststätte fort. Das hintere Nebenzimmer wird von der Freien Turnerschaft Bamberg sowie von den ehemaligen Ulanen des 17. Reiterregiments als Vereinslokal genutzt. Daneben gilt es eine stattliche Landwirtschaft zu betreiben. Unterstützung findet die fleißige Wirtin in ihren Söhnen und Stiefsöhnen, allen voran Hansi Michel, der als Braumeister tätig ist. Im Jahr 1930 erzeugt die Braustätte einen Ausstoß von etwa 4.000 Hektolitern. Zu dieser Zeit wird die alte Dampfmaschine durch ein Zweizylinder-Diesel-Aggregat ersetzt und ein gebrauchter Kälteeiserzeuger aus dem Nürnberger Schlachthof installiert.
Ab Dezember 1949 kann die Brauerei die Produktion nach den kriegsbedingten Einschränkungen wieder in vollem Umfang aufnehmen. Nun verändern vor allem technische Neuerungen den traditionellen Arbeitsablauf: 1954 endet die Kühlung des Felsenkellers mit Natureis, 1956 wird der Pferdebetrieb eingestellt und der Transport fortan von Lastwägen übernommen. Nach dem Tod von Elise Michel (1957) geht die Brauerei an ihre Söhne Albert und Wilhelm über. Wilhelm Michel kümmert sich vorwiegend um die Bierherstellung, sein Bruder Albert ist für Vertrieb und Verwaltung zuständig. In der Folgezeit investieren sie in einen neuen Gär-, Lager- und Fasskeller, wodurch die Kühlung am Brauereistandort möglich wird (1961). Weitere bauliche Veränderungen betreffen die Verlegung des Sudhauses an die Seite der Jägerstraße (1967), den Neubau einer Flaschenfüllerei (1970), die Einrichtung einer Wasseraufbereitungsanlage (1980) und die Renovierung des Biergartens in der Wunderburg (1985).
Um den Fortbestand der Mahrs-Bräu zu sichern, übernimmt Ingmar Michel im Jahr 1988 von seinem Vater Albert und seinem Onkel Willi deren 50-prozentige

Der unvorsichtige Umgang mit offenem Feuer verursacht im Juni 1895 einen Brand, der den Mahrs-Keller schwer beschädigt

Postkartenansicht des Innenhofs und der im Jahr 1908 neu erbauten Brauereigebäude

Geschäftsanteile und wird zum alleinigen Inhaber. Der Ausstoß beläuft sich auf rund 15.000 Hektoliter, die sich auf die Sorten Pils, Vollbier, Ungespundetes und Bock verteilen. Darüber hinaus wird ein dunkles Exportbier angesetzt – die „Wunderburger Liesl", benannt nach der Großmutter von Ingmar Michel, die 1913 den Betrieb aus dem Konkurs erworben hatte.

Zu Beginn des Jahres 2008 steigt mit Stephan Michel die vierte Generation in die Geschäftsführung des Familienbetriebs ein, ehe sich sein Vater Ingmar im Juni 2016 ganz aus dem operativen Geschäft zurückzieht. Stephan Michel geht seinen eigenen Weg und bringt in den traditionellen Betrieb neue Ideen ein: Er sponsert Sport- und Musik-Events, spricht jüngere Zielgruppen an und erschließt überregionale Märkte, vor allem in Nordamerika. Schließlich geht Stephan Michel selbst an die Westküste der USA und baut dort eine neue Marke auf – Mahrs Bräu of America. Den Geschäftsbetrieb in Bamberg hält seit Juni 2022 Stephans Halbbruder Johann Michel aufrecht, zusammen mit seinem Kompagnon Mijodrag Antunovic.

Die Belegschaft um Willi Michel (hintere Reihe, Mitte) gönnt sich eine Erfrischung

Die alte Gaststube datiert aus dem Jahr 1763 und zeigt sich bis heute kaum verändert

Brauerei Keesmann

Das Eingangsportal zur Brauereigaststätte

Anschrift: Wunderburg 5

Gründung: 1867

Felsenkeller: Die Brauerei verfügt zu keiner Zeit über ein Felsenkellergrundstück, errichtete aber an der Brauerei einen eigenen Eiskeller zur Lagerung.

Die Brauerei Keesmann in der Wunderburg unterscheidet sich in vielerlei Hinsicht von den restlichen Traditionsbrauereien der Stadt: Anders als die anderen Braustätten entstammt sie nicht dem Büttnerhandwerk, sondern geht aus einer Metzgerei hervor. Außerdem ist sie mit der Gründung im Jahr 1867 ein vergleichsweise „junger" Betrieb, der sich bis heute durchgehend im Besitz der Gründerfamilie befindet.
Die Wurzeln des Unternehmens gehen auf den Metzger Georg Keesmann zurück, der am 1. März 1776 als Sohn eines Brauers in Memmelsdorf (heute Brauerei Höhn) geboren wird. Er heiratet 1810 die Witwe Margarethe Gengler und betreibt mit ihr im Anwesen Wunderburg 3 eine Metzgerei. Aus der Ehe gehen die beiden Söhne Johann und Georg hervor, die ebenfalls das Metzgerhandwerk erlernen. Als Georg jun. im Alter von 26 Jahren von einem Soldaten mit mehreren Stichwunden an Kopf und Schulter verletzt wird, bittet er um den Erlass der dreijährigen Wanderschaft. Dies wird ihm gewährt, und so macht er sich 1844 als Metzgermeister im elterlichen Betrieb sesshaft. Im

Eine Postkarte zeigt die Gaststätte mit den Brauereigebäuden und Garten (um 1900)

Die Belegschaft der Brauerei präsentiert sich im Jahr 1927 mit Flaschen- und Fassbier sowie einer Mälzerschaufel

gleichen Jahr heiratet er Kunigund Gunzelmann, die Tochter des Gastwirts Adam Gunzelmann, der zu dieser Zeit das sogenannte „Sternleinswirtshaus" (heute Wunderburg 11) sowie den Sternleinsgarten neben dem Pfarrhaus betreibt.

Der entscheidende Impuls für die Entwicklung eines Braugewerbes erfolgt, als ab 1848 das Nachbarhaus (Wunderburg 5) der verstorbenen Bäckermeisterswitwe Magdalena Schweitzer mehrfach zum Verkauf angeboten wird. Das Anwesen verfügt neben der Bäckerei- auch über eine Schenkgerechtigkeit, was zum Ausschank von Bier berechtigt. 1852 erwirbt Georg Keesmann das Anwesen und erbittet vom Stadtmagistrat die Gastwirtskonzession: „Ich will nun vor der Hand die Schankgerechtigkeit und den Brodhandel ausüben und mache hievon dem Stadtmagistrat Anzeig mit der Bitte, mir die polizeiliche Erlaubniß zur Ausübung zu ertheilen." Am 27. Juni 1852 eröffnet Georg Keesmann seine Wirtschaft im „Bäckerhaus" in der Wunderburg. Zunächst schenkt er noch Bier von anderen Brauereien aus, doch irgendwann entsteht die Idee, eigenes Bier herzustellen. Am 28. März 1867 legt Georg Keesmann eine Prüfung als Brauer ab – „mit der Note sehr gut, vollkommen tüchtig und musterhaft befunden", wie es in den Unterlagen heißt. Kurz darauf lässt er auf seinem Grundstück ein Brauhaus errichten und braut im ersten Betriebsjahr rund 320 Hektoliter Bier.

1873 löst Adam Keesmann seinen Vater im Sudhaus ab. Er heiratet die aus Buttenheim stammende Brauertochter Kunigunda Maria Rauh und betreibt mit ihr die Brauerei, die zu diesem Zeitpunkt den Namen „Zum Sternlein" trägt. Im gleichen Jahr genehmigt der Stadtmagistrat im Wirtschaftsgarten den Bau einer Kegelbahn – allerdings unter der Auflage, dass diese während der Schulzeit der nahe gelegenen Schule sowie während der Gottesdienste der gegenüberliegenden Kapelle nicht benutzt werden darf. Als Adam Keesmann am 18. Juli 1888 stirbt, hinterlässt er den Betrieb seiner Frau mit den gemeinsamen Kindern. Zunächst führt die Witwe das Gasthaus alleine weiter, ab 1890 verpachtet sie die Wirtschaft. In dieser Zeit bezieht sie das Bier von der → Bärenbräu. Der eigene Braubetrieb ruht nahezu acht Jahre, ehe ihr Sohn Heinrich Keesmann 1897 die Meisterprüfung absolviert und das Brauhaus zu neuem Leben erweckt. Aber wie seinem Vater ist auch ihm nur ein kurzes Leben beschieden: Heinrich Keesmann verstirbt nur knapp zwei Jahre nach der Betriebsübernahme im Alter von 26 Jahren.

Um das Familienunternehmen fortbestehen zu lassen, heiratet Heinrichs junge Witwe Katharina Keesmann acht Monate später den aus Roßdorf stammenden Braumeister Josef Sauer. Mit großem Eifer leitet er ab August 1900 die Geschicke der Braustätte und lässt auf dem Grundstück ein Eisgerüst für die Herstellung von Eis sowie einen großen Eiskeller anlegen. Josef Sauer manövriert in den kommenden 45 Jahren den Betrieb durch beide Weltkriege, Inflationen und Wirtschaftskrisen. Seine letzte Investition zur Modernisierung ist 1938 der Bau eines neuen Sudhauses.

Ab 1945 führt Michael Keesmann, Sohn von Heinrich und Katharina, den Braubetrieb weiter und leitet diesen bis zu seinem Tod im Jahr 1952. Gemeinsam mit ihren vier Kindern übernimmt anschlie-

Das Sudhaus mit Blick auf die Wunderburger Kirche

Stefan Keesmann am Lagertank

ßend seine Witwe Dorothea die Brauerei. Ihr ältester Sohn Josef schließt 1962 eine Ausbildung zum Braumeister ab. Zusammen mit seiner Mutter Dorothea modernisiert er in den folgenden Jahrzehnten den Braubetrieb grundlegend: Wichtige Schritte sind der Neubau für die automatische Flaschenbefüllung in der Unteren Sterngasse (1969) und die Einführung des Bamberger Herren Pils (1979). 1985 erfolgen die Renovierung der Gastwirtschaft und die Einführung eines modernen Schanksystems. Weitere Investitionen betreffen einen Lagerhallenneubau (1993) und die Erweiterung der Gär- und Lagerkeller.

Nach dem Tod von Josef Keesmann (1995) geht die Brauerei in das Eigentum seiner Schwester Elisabeth über. Seit 1996 leitet ihr Neffe Stefan Keesmann das Unternehmen. Jüngste Umbau- und Modernisierungsmaßnahmen haben die Wettbewerbsfähigkeit des Braubetriebs weiter gestärkt: 1997 wurde eine vollautomatische Fassreinigungs- und Füllstraße eingerichtet sowie die Sudhausautomatik erweitert (2001). Seit der Umgestaltung im Jahr 2004 präsentiert sich auch der Innenhof der Brauerei mit einem neuen Gesicht. Zwischenzeitlich wurden am und im Brauereigebäude umfassende Dach-, Fassaden- und Bodensanierungen durchgeführt. Im Jahre 2010 entstanden ein neuer Teillager-Keller sowie eine vollautomatische Flaschenfüll- und -verschließmaschine.

Mit Einführung der Weißbierproduktion kommt seit 2012 die „Keesmann Weisse" zum Ausschank. Neben dem bekannten und vielfach prämierten „Bamberger Herren Pils" werden ein Helles sowie ein Lagerbier gebraut. Zwischen Oktober und Weihnachten bereichern zwei Starkbiere – der „Keesmann Bock" und zur Fastenzeit der „Josephi-Bock" – als saisonale Spezialitäten das Biersortiment.

Bamberger Hofbräu AG

Anschrift: Pödeldorfer Straße 75

Gründung: 1885

Betriebsaufgabe: 1977

Heutige Nutzung: Im Frühjahr 1982 werden die großen Backsteingebäude abgerissen. Auf dem freiwerdenden Areal entstehen später der Neubau für die Allgemeine Ortskrankenkasse (AOK) sowie das Wohngebiet am Birkengraben.

Felsenkeller: Felsenkeller zur Bierlagerung hat die Hofbräu AG nie. Sie besitzt jedoch nach dem Aufkauf der Brauereien ➜ Steinernes Haus (Oberer Stephansberg 7-9) und ➜ Stöhr (Oberer Stephansberg 11) zwei große Biergärten, die von Pächtern bewirtschaftet werden.

Werkstor und Zufahrt zur Großbrauerei an der Pödeldorfer Straße

Unter den Bamberger Brauereien nimmt die Hofbräu AG in vielerlei Hinsicht eine Sonderstellung ein: Im Gegensatz zu fast allen anderen heimischen Braustätten entstammte sie keinem traditionellen Handwerksbetrieb, sondern war von Beginn an auf die industrielle Bierproduktion für den Export ausgelegt. Sie ist aber nicht nur in ihrer Entstehung, sondern auch in ihrem Niedergang ein Musterbeispiel für den Verdrängungswettbewerb in der immer kapitalintensiver betriebenen Bierbranche.

Begründet wird die einst größte Braustätte Bambergs von dem Ziegeleibesitzer und Hopfenhändler Simon Lessing. Im Dezember 1884 beginnt er mit dem Ankauf von Feldern an der Pödeldorfer Straße und unterbreitet wenige Wochen später dem Stadtmagistrat die Pläne für sein Projekt. Diese sehen einen großen Backsteinkomplex mit zwei Gebäudeteilen vor: Im westlichen sind die Mälzerei und das Sudhaus untergebracht, im östlichen Bau befindet sich die Kellerei mit den Kühlhäusern. Zur Finanzierung des Projekts bildet Simon Lessing im November 1885 eine Aktiengesellschaft mit einem Grundkapital von 1,1 Mio. Mark, bestehend aus 1.100 Aktien zu je 1.000 Mark. Als Geldgeber für die „Erste Bamberger Exportbier-Brauerei Frankenbräu" treten der Bankier Jakob Heßlein, der Magistratsrat Joseph Müller, der Ofenfabrikant Michael Schödl, der Privatier Johann Baptist Stiegelschmitt und der Kaufmann Fritz Voghterr in Erscheinung. Die Leitung des Betriebs obliegt Direktor Valentin Lapp.

Die Biere der Frankenbräu werden bevorzugt in die aufstrebenden deutschen Metropolen geliefert, beispielsweise nach Dresden, Frankfurt oder Stettin. Vor allem in Berlin hat die Brauerei mit den „Kaiserhallen" (Unter den Linden) eine Ausschankstätte in bester Lage angemietet; ein weiterer „Bierpalast", wie die riesigen Bierlokale damals genannt werden, befindet sich unter dem Namen „Zum Frankenbräu" an den Kaiser-Kolonnaden. Der Transport des Bieres erfolgt in eigenen Kühlwaggons, die in großer Zahl den Bamberger Bahnhof verlassen. Im ersten Jahr kommt die Brauerei auf eine Produktionsmenge von mehr als 24.000 Hektoliter, weshalb die Generalversammlung beschließt, die Kapazität des Brauhauses zu erhöhen und zu diesem Zweck das Bankhaus Heßlein mit einer Kapitalerhöhung um weitere 1,1 Mio. Mark beauftragt.

In den folgenden Jahren hält die Erfolgsgeschichte an: Zur Erhöhung der Transportkapazität bekommt die Brauerei

Die wohl früheste Ansicht des Unternehmens zeigt die Produktionsgebäude der Braustätte als „Erste Bamberger Exportbier-Brauerei Frankenbräu" (vor 1887)

1889 einen Gleisanschluss an den Schienenstrang der Bahn. Für den Export, der etwa 80 Prozent der produzierten Menge ausmacht, werden in Hamburg zudem Verträge für die Ausfuhr nach Amerika und Afrika unterzeichnet. Für den weiteren Absatz betreibt die Frankenbräu auch einige Gaststätten und Restaurants in Bamberg – beispielsweise die gegenüber der Brauerei liegende Vergnugungsgaststätte „Tivoli" mit einem kleinen See. Außerdem wird der Vertrieb von Bock-, Export-, Versand- und Lagerbier in Flaschen vorangetrieben. Anfang der 1890er-Jahre erhält das Unternehmen zahlreiche Auszeichnungen bei internationalen Ausstellungen und erreicht einen Jahresausstoß von mehr als 50.000 Hektolitern.
Ab 1893 gerät das Unternehmen in wirtschaftliche Schwierigkeiten. Die Gründe für den Umsatz- und Produktionsrückgang sieht der Aufsichtsrat neben einer verstärkten Konkurrenzsituation und der Cholera-Epidemie in Norddeutschland auch in der „antisemitischen Befindung der Brauerei und ihres Produkts". Die antijüdische Stimmung wird sicherlich dadurch verstärkt, dass die Hausbank der Frankenbräu – das Bamberger Bankhaus Heßlein – durch Fehlspekulation in Millio-

Zwei Fahrer stehen vor ihrem Brauereilastwagen (ca. 1925)

Die Fußball-Betriebsmannschaft der Hofbräu AG im Jahr 1954

nenhöhe Bankrott erleidet und einer der verantwortlichen Spekulanten im Aufsichtsrat der Brauerei sitzt. Bei der später stattfindenden Gerichtsverhandlung gegen Heßlein wird offenbar, dass der Zahlungsausfall des Bankhauses einen Schaden in Höhe von 700.000 Mark für die Brauerei zur Folge hatte. Aufgrund der angespannten wirtschaftlichen Situation beschließt die Generalversammlung eine Kapitalherabsetzung auf ein Drittel der Aktien und tauscht den technischen Direktor Valentin Lapp gegen einen kaufmännischen Geschäftsführer aus. Um das beschädigte Renommee wiederherzustellen, wird in einer Aufsichtsratssitzung diskutiert, den Namen der Brauerei zu ändern.

Fünf Jahre später, in der Generalversammlung vom 29. Januar 1900, wird die Umbenennung in „Hofbräu AG Bamberg" beschlossen. Obwohl der Jahresausstoß zwischenzeitlich auf etwa 23.000 Hektoliter zurückgegangen ist, bessert sich die Situation der Brauerei langsam, auch bedingt durch einen weiteren Sanierungsplan. Zahlreiche private Kredite von Willy Lessing, der seit dem Tod des Vaters im Jahr 1903 dessen Anteile übernommen hat, stützen die Liquidität des Unterneh-

Kommerzienrat Willy Lessing

Willy Lessing wird am 19. Januar 1881 als Sohn des Brauerei- und Ziegeleibesitzers Simon Lessing geboren. Er absolviert eine Lehre als Kaufmann und steigt in den väterlichen Betrieb ein, dessen Anteile er später übernimmt. Für die Angestellten der Hofbräu AG richtet er einen Fonds ein, darüber hinaus betätigt er sich als reger Förderer des kulturellen Lebens in Bamberg. In der Nacht zum 10. November 1938, der Reichspogromnacht, erhält Willy Lessing einen Anruf aus dem jüdischen Gemeindezentrum, dass die Synagoge brennt. Als Vorstand der israelitischen Kultusgemeinde eilt er zur Brandstätte, wo er erkannt und brutal misshandelt wird. Durch Vermittlung des Bamberger Erzbischofs wird er ins Krankenhaus gebracht, was Juden zu dieser Zeit nicht mehr gestattet ist. In einer Abstellkammer kümmert sich Krankenhausdirektor Dr. Lobenhoffer um den Patienten, der sich aber nicht mehr von den Misshandlungen erholt. Willy Lessing erliegt am 17. Januar 1939 seinen Verletzungen und findet auf dem jüdischen Friedhof seine letzte Ruhestätte. Nach dem Krieg wird die frühere Sophienstraße, in der die Familie Lessing wohnte, nach Willy Lessing benannt.

mens. Erst 1912 kann das Unternehmen wieder einen Gewinn vorweisen. In diese Phase der wirtschaftlichen Erholung fällt ein Großfeuer, das in der Nacht vom 11. auf 12. Juni 1913 in der Mälzerei ausbricht. Ein Übergreifen auf das benachbarte Gebäude kann nur dadurch verhindert werden, weil das zum Löschen benötigte Wasser aus dem benachbarten Tivoli-Weiher entnommen wird. Erst Anfang Dezember 1914 kann die neue Mälzerei wieder in Betrieb genommen werden.

Die entscheidende Entwicklung zum Brauereikonzern erfährt das Unternehmen nach dem Ersten Weltkrieg. In der am 15. Juni 1918 abgehaltenen außerordentlichen Generalversammlung wird der Aufsichtsrat – mit Ausnahme von Willy Lessing – komplett neu besetzt. Darin wird der jüdische Geschäftsmann Ignatz Nacher, Eigentümer der Berliner Engelhardt-Brauerei, zum Generaldirektor berufen. Kurz zuvor hat er mehr als zwei Drittel des gesamten Aktienkapitals erworben und steigt somit zum Hauptaktionär der Hofbräu AG auf. Seine Expansionsstrategie sieht den aggressiven Zukauf von Konkurrenzunternehmen vor: In Bamberg erwirbt er die Anteile der ➜ Bären- und Eckenbüttnerbräu AG, darüber hinaus die Haßfurter Brauerei Wunschel & Dechant sowie das Erlangener Brauhaus Erlwein & Schultheiß, weshalb sich das Unternehmen im November 1919 in „Hofbräu AG Bamberg und Erlangen" umbenennt. Weitere Übernahmen erfolgen bis 1925 in Lichtenfels, Grafenwöhr und Weiden. Die Anteilscheine der übernommenen Gesellschaften überträgt Ignatz Nacher in eine Holding, die Braubank AG mit Sitz in Bamberg. An der Braubank AG ist er mit 75 Prozent beteiligt, die restlichen 25 Prozent besitzt Willy Lessing.

Mit weiteren Beteiligungen baut sich der erfolgreiche jüdische Geschäftsmann Ignatz Nacher bis zum Ende der 1920er-Jahre ein großes Brauerei-Imperium auf. Dies gefällt nicht jedem und weckt Begehrlichkeiten: Mit der Unterstützung ranghoher Parteistellen genügen falsche Anschuldigungen, um Ignatz Nacher 1934 in Haft zu bringen. Unter großem Druck sieht er sich gezwungen, seine Anteile an der Engelhardt-Brauerei an die Dresdner Bank abzutreten, seine weiteren Beteiligungen an der Braubank AG, darunter die Bamberger Hofbräu, muss er an das Münchener Bankhaus Eidenschink verkaufen. In beiden Fällen liegt der erzwungene Kaufpreis weit unter dem marktüblichen Wert. Kurze Zeit später wird Willy Lessing ebenfalls enteignet – die Hofbräu AG ist nun „arisiert". Zu dieser Zeit arbeiten 165 Menschen in der Brauerei an der Pödeldorfer Straße, der Ausstoß beträgt rund 100.000 Hektoliter.

Während der amerikanischen Besatzungszeit dient die Hofbräu AG den Alliierten als Armeebrauerei. Erst im September 1948 darf die zweitgrößte Brauerei Oberfrankens wieder Bier verkaufen. Durch die Abtrennung der Ostgebiete verliert das Unternehmen jedoch rund 30 Prozent seines früheren Absatzmarktes. Im Gegenzug verstärkt die Direktion den Export in die europäischen Nachbarländer. Im Jahr 1953 werden „mehrere Tausend Kästen" Starkbier pro Monat nach Belgien geliefert, wobei die belgischen Aufkäufer ausdrücklich auf ein deutschsprachiges Flaschenetikett als Qualitätsbeweis bestehen. Die Jahre des ‚deutschen Wirtschaftswunders' bescheren auch der Hofbräu AG neue Superlative: 1957 wird erstmals Weizenbier gebraut, 1958 eine neue Flaschenpackmaschine installiert und 1964 eine moderne Keimkasten-Mälzerei angeschafft. In der Produktionspalette der Hofbräu AG finden sich zu diesem Zeitpunkt sieben untergä-

Die Bierlagerhalle der Großbrauerei im Jahr 1962

rige Biersorten und ein obergäriges Weizenbier, darüber hinaus Limonaden wie „Serino", „Topp-Kola" oder „Vitaminade". Das alljährlich stattfindende Tennenfest gehört zu den gesellschaftlichen Höhepunkten der Bamberger Lokalprominenz. Eine neue Flaschenabfüllanlage mit einer Kapazität von 40.000 Flaschen pro Stunde ist die letzte größere Investition der Brauerei (Mai 1971). Die heimische Brauindustrie hat mit großen Überkapazitäten zu kämpfen und durchläuft einen bislang nicht gekannten Konzentrationsprozess. Die Bayerische Hypotheken- und Wechselbank, die zwischenzeitlich Mehrheitseigentümerin der Bamberger Hofbräu AG geworden ist, trennt sich von ihren Brauereibeteiligungen und übergibt die Aktienmehrheit an die Fürther Schickedanz-Gruppe. Gemeinsam mit sechs weiteren Großbrauereien wird die Hofbräu AG in die neu gegründete Patrizierbräu AG eingegliedert. Mit der Schaffung eines nordbayerischen Brauereiverbunds glaubt man im harten Wettbewerb besser bestehen zu können. Doch sinkende Nachfrage und steigender Kostendruck veranlassen die Firmenzentrale in Nürnberg, einige Betriebe zu schließen.
Davon ist auch die Bamberger Braustätte betroffen: Mit Ablauf des Kalenderjahres 1977 gibt die Patrizierbräu AG die Produktion am Bamberger Standort auf. Das Bier mit dem Etikett der Bamberger Hofbräu wird noch einige Jahre von der Fürther Schwestergesellschaft Humbser-Geismann AG gebraut. In der Folgezeit betreibt das Unternehmen in Bamberg nur noch ein Auslieferungslager am Laubanger.
Knapp einhundert Jahre nach Betriebsgründung werden die Brauereigebäude abgebrochen. Auf diesem Areal entstehen der Neubau der Allgemeinen Ortskrankenkasse und das Wohngebiet am Birkengraben.

Große Sattelschlepper liefern das Bier aus Bamberg in alle Regionen Deutschlands

Die Brauereigebäude an der Pödeldorfer Straße kurz vor dem Abriss

Brauerei Maisel

Anschrift: Moosstraße 46

Gründung: 1894

Betriebsaufgabe: 2008

Heutige Nutzung: Die Gebäude stehen derzeit weitgehend leer. Es ist geplant, das Areal mit einem neuen Nutzungskonzept in Wert zu setzen.

Felsenkeller: Auf dem Grundstück an der Moosstraße entstehen ab 1894 umfangreiche Kühl- und Lagerkeller. Die Gartenwirtschaft wird als „Maisel-Keller" bezeichnet und trägt nach der Übernahme durch die Brauerei ➜ Fässla heute den Namen „Fässla-Keller".

Das unter Denkmalschutz stehende Brauhaus war das Herzstück des Firmengeländes

Seidlakrug vor 1900

Die Bamberger Maisel-Bräu hat ihren Ursprung in der Brauerei ➜ Brehm. Nach dem Tod des letzten Besitzers Adam Sperber im Januar 1894 steht das Anwesen in der Oberen Königstraße 38 zum Verkauf und weckt das Interesse von Eberhard Maisel. Der Sohn einer Brauerfamilie aus Obernsees betreibt schon seit 1873 ein Brauhaus in Kasendorf (später Magnus-Bräu) und hat mit seinem Bruder Hans 1887 eine große Exportbierbrauerei in Bayreuth gegründet. In Bamberg sucht Eberhard Maisel nun eine geeignete Braustätte für seine drei Söhne und tritt deshalb an die Stadtverwaltung heran: Den Kauf der Brauerei in der Königstraße macht er vom Erwerb eines rückwärtigen Grundstücks abhängig, um dort einen großen Eiskeller anlegen zu lassen. Dies wird vom städtischen Magistrat genehmigt, und so geht im Oktober 1894 die frühere „Sperber'sche Brauerei" in den Besitz der Brüder Rudolf, Thomas und Andreas Maisel über.

Schon wenige Tage später reichen die neuen Eigentümer Pläne für den Bau eines Eis- und Gärkellers ein, allerdings nicht am Standort der Brauerei in der Königstraße, sondern außerhalb des bebauten Stadtgebiets an der Moosstraße. Überhaupt investieren die Gebrüder Maisel in den folgenden Jahren kräftig in den Ausbau der Lager- und Kühlkapazitäten: Neben dem Bau einer Schwankhalle zum Reinigen von Fässern errichten sie ein großes Holzgerüst, um im Winter Eis zu gewinnen. Für diesen „Koser'schen Eiserzeugungs-Apparat", wie er nach seinem Erfinder genannt wird, übernehmen die Maisels zudem den Generalvertrieb und tragen dazu bei, dass sich zahlreiche andere Braustätten zum Bau eines solchen Eisgerüsts entschließen. Im Sommer 1896 genehmigt der städtische Magistrat den Betrieb einer Sommerwirtschaft auf dem Gelände an der Moosstraße. Der Kauf mehrerer Gaststätten und der Vertrieb von Flaschenbier sichern den steigenden Absatz, sodass im Brauhaus an der Königstraße eine größere Sudpfanne eingerichtet werden muss. Der aufstrebende Braubetrieb der Gebrüder Maisel erfährt kurz danach eine gravierende Umstrukturierung: Im Dezember 1896 scheidet zunächst Andreas Maisel aus der Gesellschaft aus und übernimmt mit seinem Cousin Fritz Maisel die gleichnamige Brauerei in Bayreuth. Als im März 1898 Thomas Maisel im Alter von nur 28 Jahren verstirbt, wird Rudolf Maisel zum alleinigen Inhaber des Braubetriebs. Die großartige unternehmerische Leistung der Brüder Maisel lässt sich an Zahlen zum Bierausstoß eindrucksvoll nachvollziehen: Wurden 1894 in der Sperber'schen Braustätte rund 4.000 Hektoliter Bier erzeugt, steigt die Produktion innerhalb von vier Jahren auf über 13.000 Hektoliter an. Abnehmer findet das Bier nicht nur in der Kantine des 5. Infanterieregiments, sondern auch in insgesamt 21 Gaststätten in Bamberg, Bug und Gaustadt.

Die fränkischen Bier-Barone

Firmengründer Rudolf Maisel wird am 6. August 1871 in Kasendorf bei Kulmbach geboren, wo sein Vater Eberhard eine Braustätte betreibt. Die Großfamilie Maisel gehört im ausgehenden 19. Jahrhundert zu den bekanntesten Brauerfamilien Nordbayerns, die in Ober- und Mittelfranken angesehene Brauhäuser besitzt. Zur weit verzweigten Maisel-Dynastie gehören die gleichnamigen Familienbrauereien in Bamberg, Bayreuth, Ansbach, Obernsees und Wendelstein. Auch der Erfinder der Luxus-Uhrenmarke Rolex, Hans Eberhard Wilhelm Wilsdorf, entstammt als Neffe von Eberhard Maisel der Familie.

Von dem einst so mächtigen Bierimperium hat heute nur die Maisel-Brauerei in Bayreuth Bestand. Zwischen diesem und dem Bamberger Brauhaus kommt es Mitte der 1990er-Jahre zu einem Rechtsstreit: Die Bayreuther Maisel-Bräu sieht von der Bamberger Brauerei den Schutz ihres Markennamens beim Weizenbier verletzt. In den Boulevardblättern wird dieser Rechtsstreit aufgenommen und unter dem Aufmacher „Krieg der fränkischen Bierbarone" ausgeschlachtet. Letztlich behält die Bayreuther Maisel-Bräu das alleinige Recht, ihr Weizenbier „Maisel's Weiße" benennen zu dürfen, während das Bier aus der Domstadt fortan den Namen „Bamberger Weiße" trägt.

Rudolf Maisel im Alter von 38 Jahren

Auf dem Areal an der Moosstraße setzt der Unternehmer Rudolf Maisel weiter auf Expansion: Ein weiterer Eiskeller, eine Wagenremise, eine Malzerei sowie ein Maschinen- und Kesselhaus werden für den steigenden Bierkonsum notwendig. Da die beengten Verhältnisse in der Königstraße eine Vergrößerung des Braubetriebs nicht zulassen, plant er den Neubau eines Sudhauses mit der damals modernsten Technik. Im November 1908 ist das neue Brauhaus fertiggestellt und trägt dazu bei, dass sich die Brauerei hinter der ➜ Hofbräu AG und der ➜ Bären- und Eckenbüttnerbräu AG zum drittgrößten Bierproduzenten der Stadt entwickelt. Für die Anlieferung von Kohle und später von Malz erhält das Betriebsgelände 1911 einen eigenen Bahnanschluss.

Anders als viele Kleinbrauer bringt Rudolf Maisel das Unternehmen durch beide Weltkriege und wirtschaftliche Depressionen. 1950 beschäftigt er bereits wieder

Blick von Westen auf das Kesselhaus, rechts im Vordergrund ist der Bahndamm mit den Gleisen erkennbar

Auf dem Brauereihof stehen zwei Lastwagen für den Transport bereit

Die Pichhalle mit den Fässern, rechts daneben der Eingang zum Kontor

1948 wird das Maschinenhaus wieder für die Bierproduktion vorbereitet

22 Personen, die jährlich 25.000 Hektoliter Vollbier, Märzen, Bock und Pilsener brauen. Als Herzstücke der Brauerei gelten ein Sudwerk mit einer Malzschüttung von 35 Zentnern sowie eine neu installierte Flaschenfüllanlage mit einer Leistung von 2.500 Flaschen pro Stunde. Zwei leistungsstarke Eisgeneratoren produzieren täglich zehn Tonnen Eis. Als Rudolf Maisel 1959 im Alter von fast 88 Jahren verstirbt, tritt seine Tochter Anita Wolf-Maisel die Nachfolge an. Da ihr Ehemann im Kampf um Stalingrad gefallen war, erscheint die Gründung einer Kapitalgesellschaft als gerechteste Lösung. So entsteht die „Gebrüder Maisel KG" mit Anita Wolf-Maisel als Komplementär und deren drei Töchtern Ingrid Pauli, Ursula Germin und Sibylle Parker als Kommanditisten.

Die neue Firmenchefin führt das väterliche Unternehmen mit viel Geschick weiter. Strategische Investitionen wie die Umstellung von Kohle- auf Ölfeuerung (1962), der Neubau eines Flaschenkellers (1965) oder der Pachtvertrag über die aufgelassene Brauerei ➜ Michaelsberg (1969) festigen die starke Stellung der Brauerei. Im August 1982 bekommen die beiden letzten Bamberger Brauereipferde Rosi und Hansel ihr Gnadenbrot, 1984 wird ein neuer Gärkeller eingeweiht. Als im Herbst 1989 die deutsch-deutsche Grenze fällt, erwirtschaftet die Brauerei neue Rekordzahlen: Der Bierausstoß erreicht nahezu 60.000 Hektoliter, ehe er sich in den folgenden Jahren wieder bei etwa 45.000 einpendelt.

1992 übernimmt mit Anita Parker-Schlamminger die vierte Generation die Geschäftsführung. Ähnlich wie ihr Urgroßvater Rudolf Maisel zeichnet sie sich durch ihre Tüchtigkeit aus und hält den Betrieb auf dem neuesten Stand. Unter ihrer Leitung erfolgt die Umstellung auf moderne Keg-Gebinde, die die herkömmlichen Aluminium-Fässer ablösen. Dazu müssen eine eigene Abfüllanlage und ein entsprechender Kühlraum geschaffen werden (1993). Weitere Investitionen betreffen die Sanierung des brauereieigenen Brunnens, den Neubau eines Weizenbierkellers und den Bau von Reifeboxen für die Flaschengärung (1994). Dem Geschmack der Verbraucher entsprechend, erweitert sie die Angebotspalette der Brauerei um ein Weizenbier, die „Bamberger Weiße". Im Jahr 1998 wird das Unternehmen als erste Brauerei in Oberfranken gemäß EG-Öko-Audit eingetragen. Die Bamberger Maisel Bräu gilt als glänzend aufgestellter Familienbetrieb.

Doch das Unternehmen gerät in Gefahr, als sich nach dem Tod von Seniorchefin Anita Wolf-Maisel (1995) die drei Kommanditistinnen nicht über die Aufteilung des Nachlasses einigen. Die Größe des Betriebs lässt einen finanziellen Ausgleich der Erbinnen nicht zu, ohne den Fortbestand des Unternehmens zu gefährden. Damit ist der Niedergang der Brauerei

Luftbild aus den 1960er-Jahren

Dem Zeitgeschmack entsprechend setzt der Fotograf Max Gardill im Jahr 1969 das Party-Pils der Brauerei Maisel in Szene

letztlich vorbestimmt: Im Frühjahr 2000 verkaufen die Enkelinnen von Rudolf Maisel die Brauerei an den Fremdinvestor Dr. Udo Zöbelein. Im Februar 2006 geht die Bamberger Maisel-Bräu dann in den Besitz des dänischen Privatmanns Peter Haestrup über. Dringend benötigte Investitionen unterbleiben, und so dringt im Frühjahr 2008 die Nachricht der Insolvenz an die Öffentlichkeit. Kurz darauf gibt die Maisel-Bräu nach über 114 Jahren die Brautätigkeit auf.

Die Braustätten im Bereich der Fußgängerzone

Brauerei Eckenbüttner

Anschrift: Maxplatz 2

Gründung: vor 1371

Betriebsaufgabe: 1906

Heutige Nutzung: Seit Aufgabe des Gasthauses wird das Erdgeschoss als Ladenfläche genutzt. Gegenwärtig hat eine Filiale der Firma Douglas das Parterre bezogen.

Felsenkeller: Schon vor 1775 gehört zur Brauerei ein Felsenkeller am Oberen Stephansberg 29, wenige Jahre später erscheint auch Nummer 25 im Besitz des Eckenbüttners. Der Brauereibesitzer Sebastian Reichert erwirbt 1878 von der Brauerei ➜ Ströberla das dazwischen liegende Grundstück Oberer Stephansberg 27.

Hinter den Ständen der Marktfrauen auf dem Maxplatz lädt der Eckenbüttner nach 1900 zum Trunk

Die Brauerei Eckenbüttner war eine der ältesten und traditionsreichsten Braustätten Bambergs. Bereits für das Jahr 1371 ist hier ein „Malz- und Brauhaus" belegt. Die Namensgebung wiederum verweist auf die markante Lage des Hauses an der Ecke des heutigen Maxplatzes, auf dem früher die alte St. Martinskirche stand, die 1805 abgerissen wurde. Immer wieder treffen wir deshalb, wie beispielsweise 1547, auf die Bezeichnung des Anwesens als „Büttnerhaus in der Ecke".

Im 17. Jahrhundert sind als Besitzer Johann Kauer der Ältere, Friedrich Geuth und Johann Hofmann überliefert. Dessen Tochter verheiratet sich mit Johann Krapp, der die Braustätte bis zu seinem Tod 1761 führt. Anschließend übernimmt sein Sohn Bernhard das elterliche Anwesen. Dazu gehört auch ein Felsenkeller am Oberen Stephansberg 29 zur Lagerung des Bieres. Als Bernhard Krapp im Alter von 29 Jahren verstirbt, geht das Erbe an die Bäckerwitwe Anna Maria Ohlmüller, vermutlich seine Schwester. Deren

Die Postkarte zeigt die Brau- und Gaststätte mit dem dazugehörigen Garten und dem Felsenkeller vor 1900

Tochter wiederum heiratet 1794 den Büttner Andreas Schellenberger, Sohn des ➜ Blümlein-Wirtes Kaspar Schellenberger. Nach nur vierjähriger Ehe verstirbt dieser und die junge Witwe heiratet mit Michael Barthelmes aus Alitzheim ihren zweiten Ehemann. Dieser bleibt über 42 Jahre als Braumeister tätig, dann übernimmt Georg Barthelmes das Anwesen. Zur Mitte des 19. Jahrhunderts gehört der Eckenbüttner zu den zehn größten Braustätten der Stadt. Dennoch gerät Georg Barthelmes in Konkurs und muss das Anwesen 1856 verkaufen.

Meistbietender und neuer Eigentümer wird der Brauer Sebastian Reichert, Sohn des Brauereibesitzers Joseph Reichert (➜ Grüner Wald). Er verkauft seine vorherige Brauerei ➜ Zum Kronprinz in der Langen Straße und übernimmt von Georg Barthelmes das Gast- und Brauhaus am Maxplatz sowie die beiden Felsenkeller am Oberen Stephansberg 25 und 29. Sein Plan, das dazwischen liegende Grundstück Nummer 27 zu kaufen, geht 1878 auf: Er erwirbt es von Kaspar Schuberth, dem Braumeister der benachbarten Brauerei ➜ Ströberla, um ein zusammenhängendes Stollensystem schaffen zu können.

Die entscheidende Weiterentwicklung des Eckenbüttners zur Großbrauerei geschieht auf Betreiben von Michael Frank. Der aus dem Landkreis Neustadt an der Aisch stammende Frank verdingt sich in Bamberg zunächst als Gastwirt, ehe er 1877 die Brauerei Eckenbüttner pachtet und diese 1884 für 130.000 Mark kauft. Er erkennt die Zeichen der Zeit und bringt seinen Betrieb auf den neuesten Stand. Er lässt in den Felsenkeller einen Gasmotor einbauen, 1893 ein neues Sudhaus errichten und die großzügige Gartenanlage hinter dem Brauhaus mehrfach umgestalten. Des Weiteren erwirbt er Braustätten in Weismain (Brauerei Rothlauf), Baunach (Brauerei Nüßlein) und Hallstadt (Brauerei Engel) sowie zahlreiche andere Ausschankstellen in der Stadt, um seinen Bierabsatz zu steigern. 1904 beauftragt Michael Frank den Architekten Johannes Kronfuß, die Gasträume entlang der Franz-Ludwig-Straße komplett umzugestalten: So entsteht im Erdgeschoss ein Restaurationssaal mit Gasbeleuchtung und altdeutschen Märchenmotiven als Wandschmuck, im ersten Obergeschoss werden ein teilbarer Tanzsaal sowie ein Vereinszimmer für Veranstaltungen und Vorträge eingerichtet. Zur Fassadengestaltung wird das Motiv des „Ecken-Büttners" aufgegriffen und vom renommier-

Flaschenbiergeschäft der Brauerei Eckenbüttner
3 Franz Ludwigstraße 3
empfiehlt
ff. lichtes
Bock Bock Doppel-Bier
in $^1/_2$ und $^1/_1$ Flaschen.
Ganz besonders wird darauf aufmerksam gemacht, daß die Füllung der Flaschen vorschriftsmäßig nur mittelst Apparates und die Spülung der Flaschen mit fließendem Wasser geschieht.

Ab 1901 verkauft die Brauerei Bock- und Doppelbier in Liter- und Halbliterflaschen

Das um 1905 geschaffene Eingangsportal zur Franz-Ludwig-Straße

Der Gastraum im Erdgeschoss mit moderner Gasbeleuchtung und altdeutschen Märchenmotiven als Decken- und Wandschmuck (nach der Renovierung um 1905)

ten Münchener Bildhauer Max Heilmaier umgesetzt.
Nach diesen Umbauten präsentiert sich die Brauerei Eckenbüttner in einem hervorragenden Zustand und ist hinsichtlich der Bierproduktion die viertgrößte Braustätte der Stadt. In dieser Phase trennt sich Eigentümer Michael Frank von seinem Unternehmen: Im März 1906 bringt er seine Brauerei Eckenbüttner in die neu gegründete ➜ Bären- und Eckenbüttnerbräu AG ein. Dadurch entsteht – gemessen am Malzverbrauch – die größte Braustätte Bambergs. Der Plan dieser Fusion sieht vor, die Brauaktivität am Maxplatz einzustellen und das Bier vollständig in der ➜ Bärenbräu am Jakobsberg herzustellen. Michael Frank meldet deshalb sein Gewerbe am 3. April 1906 bei der Stadt Bamberg ab und wird später Brauereibesitzer in der Lutherstadt Wittenberg.
Die Räumlichkeiten entlang der Franz-Ludwig-Straße werden fortan als „Eckenbüttner-Säle" bezeichnet, während das Stammhaus am Maxplatz als „Alter Eckenbüttner" fortgeführt wird. Dieser Teil des Anwesens geht nach der Auflösung der ➜ Bären- und Eckenbüttnerbräu AG in den Besitz der ➜ Hofbräu AG über. Später veräußert die Großbrauerei die Gaststätte an den Metzger Andreas Geldner, dessen Familie das Restaurant bis 1975 betreibt. Sein heutiges Aussehen erhält das Haus durch einen gravierenden Umbau in den Jahren 1969/70.

Alter Zinndeckel mit dem Bild des Eckenbüttners

Brauerei Specht

Die frühere Brauerei „Zum Specht" in der Austraße ist heute noch an ihrem schönen Ausleger zu erkennen: Über der Fensterreihe des Erdgeschosses pickt ein bemützter Specht an einem Stamm, darunter baumelt der sechszackige Braustern mit einigen Hopfendolden. Wann der erste Biersud angesetzt wird, lässt sich nicht genau feststellen. Zwar wird um 1495 ein Büttner, Hans Eisenwinder, als Besitzer genannt, in der Folgezeit ist in diesem Anwesen jedoch keine kontinuierliche Fortführung des Büttnerhandwerks zu beobachten. Hinsichtlich der recht aufwändigen Brautechnik und dem dafür notwendigen, zum Teil ortsgebundenen Zubehör spricht dies nicht für eine Brautätigkeit. Diese setzt wohl erst zu Beginn des 17. Jahrhunderts unter dem Büttner Jobst Müllner ein, der zuvor als Wirt im ➜ Bauernwirtshaus tätig war.

1732 beginnt in der Brauerei Specht die Ära der Familie Hummel, die etwa 120 Jahre andauert. Der aus Lohndorf stammende Büttner Martin Hummel erwirbt das Anwesen und übergibt es nach seinem Tod an seinen Sohn Michael (1743-1782). Dieser besitzt um 1750 einen Felsenkeller auf dem Stephansberg und errichtet 1764 das heute noch stehende Vorderhaus mit drei Etagen, vier Zimmern und zwei Kammern in der Austraße. Später geht die Braustätte wiederum an seinen Sohn Michael (1782-1829) über, der zudem einen Felsenkeller auf dem Jakobsberg 16 nutzt. Zuletzt führt Johann Hummel (1829-1854) als Braumeister die Familientradition in der vierten Generation fort, ehe seine Witwe Christina das Anwesen veräußert. Der neue Eigentümer Martin Schwab setzt die im Erdgeschoss befindliche Wirtsstube instand und richtet unter dem Brauhaus einen Malzkeller ein. 1868 muss er jedoch Konkurs anmelden, weshalb das Anwesen mit der gesamten Einrichtung versteigert wird.

Ab 1870 wird das Bier im Specht von Philipp Scharnagel gebraut, dem Sohn des ➜ Rote Ochsen-Wirtes Johann Scharnagel, ehe 1882 der Braumeister Michael

Anschrift: Austraße 35

Gründung: um 1610

Betriebsaufgabe: 1917

Heutige Nutzung: Friseursalon Sroka

Felsenkeller: Bereits um 1750 nutzt Michael Hummel einen nicht näher bezeichneten Lagerkeller auf dem Stephansberg. Spätestens ab 1804 gehört zur Braustätte ein Felsenkeller im heutigen Anwesen Jakobsberg 16, der bewirtschaftet wird. Nach dem Ende der Brautätigkeit bleibt das Grundstück wohl bis 1930 als Sommerwirtschaft erhalten. Das große Kruzifix, das bis dahin vor dem Kellereingang steht, wird in den folgenden Jahren an den Chor der Jakobskirche verlegt, wo es heute noch zu sehen ist.

Der Eingang zum Felsenkeller von Georg Kraus auf dem Jakobsberg im Jahr 1900. Davor steht das Kruzifix, das sich heute am Chor der Jakobskirche befindet

Der Ausleger der Brauerei an der Fassade

Schmidt den Betrieb übernimmt. Während seiner Leitung gründet sich in der „Schmidtschen Brauerei" die Bamberger Bäckerinnung (8. Februar 1887). Mit Wirkung zum 1. November 1898 erwirbt Georg Kraus aus Romansthal bei Staffelstein die Brauerei für die Summe von 60.000 Mark. Mit einem jährlichen Ausstoß von etwa 1.200 Hektolitern gehört sie zu den kleinsten Braustätten in Bamberg. Das Schicksal des Betriebes entscheidet sich im Jahr 1915: Zunächst kommt es in der Brauerei zu einem tödlichen Zwischenfall: Der 13-jährige Freund des Brauereibesitzersohnes gerät in den Antrieb einer Maschine und wird dabei tödlich verletzt. Im gleichen Jahr kann die Familie Kraus zudem die Hypothekenschulden an den Vorbesitzer Schmidt nicht mehr begleichen. Die ständig steigenden Schulden münden in ein Konkursverfahren.
Bei der im August 1916 durchgeführten Zwangsvollstreckung bleibt der Hopfenhändler Josef Kronacher Meistbietender. Nach dem Ersten Weltkrieg kauft Hans Freiherr von Rotenhan, Brauereibesitzer in Rentweinsdorf, die Gebäude in der Austraße und verpachtet die Gastwirtschaft sowie den herrlich gelegenen Spechts-Keller. Der Biergarten wird wohl 1930 geschlossen und mit einem Wohnhaus bebaut; die Gastwirtschaft in der Austraße bleibt noch viele Jahrzehnte bestehen.

Brauerei Storch

Anschrift: Austraße 33

Gründung: um 1475

Betriebsaufgabe: 1918

Heutige Nutzung: Das Anwesen wird weiterhin gastronomisch genutzt, gegenwärtig befindet sich darin die Studenten- und Schülerkneipe Café Esspress.

Felsenkeller: Von der früheren Brauerei ➜ Goldene Rose erwirbt Brauereibesitzer Georg Böttinger das Anwesen am Oberen Stephansberg 12. Bis zum Ende der Brautätigkeit wird der nach seinen letzten Besitzern benannte „Böttinger-Keller" bewirtschaftet (später ➜ Polarbären-Keller).

Hinter der Fassade des Anwesens Austraße 33 verbirgt sich wohl eine der ältesten bürgerlichen Braustätten Bambergs. Bei seiner ersten urkundlichen Erwähnung 1475 gehört das Haus „Zum Storchen" dem Büttner Clas Lodmann. Mit seiner Frau Gerhaus verpfändet er am 11. November 1485 das gesamte Anwesen für eine Lieferung Gerste an die Witwe des Nürnberger Bürgers Reimar Münzer. Es ist anzunehmen, dass die nicht unerhebliche Menge an Gerste zur Malzherstellung verwendet wurde, dies wiederum würde eine Brautätigkeit voraussetzen. Auch in den folgenden Jahrzehnten verbleibt das Anwesen in Büttnerhand; einen weiteren Hinweis für eine betriebene Braustätte finden wir im Jahr 1576, als dem Büttner Christoph Merzbacher das „Malzhaus Zum Storchen" zugeschrieben wird.
Die jüngere Geschichte der Braustätte beginnt 1753, als der Büttner Andreas Emmert das Anwesen für 2.000 Gulden erwirbt. Im Kaufpreis ist auch das Brauhaus mit kupfernen Kesseln, Fässern und Braugeschirr enthalten. Mit seiner Meisterprüfung und Heirat im Jahr 1797 übernimmt der Sohn Johann Emmert den väterlichen Betrieb. Er lässt 1808 das Brauhaus neu erbauen, und in Bezug auf den Malzverbrauch etabliert er die Brauerei als mittelgroße Braustätte. Am 26. September 1824 verstirbt im Alter von 24 Jahren sein Sohn Jakob Emmert, der den väterlichen Betrieb hätte übernehmen sollen. Daraufhin beschließen die Eltern Johann und Elisabeth Emmert, ihr „Wohn-, Brau- und Gasthaus zum Storch genannt" zu verkaufen. Als rund drei Wochen später auch Johann Emmert das Zeitliche segnet, heiratet seine Witwe Elisabeth den Büttner- und Bierbrauermeister Georg Röckelein, sodass das Unternehmen weiterläuft.

Im Garten ist das Relief eines Brauerbottichs in die Wand eingelassen

Anschließend beginnt eine Phase schnell wechselnder Eigentümer: Ab 1841 wird die Brauerei von Heinrich Hammelbacher geführt, der 1846 Jahre Konkurs anmelden muss, weshalb der Braubetrieb für längere Zeit ruht. Auch sein Nachfolger Anton Wagenhäuser (1856-1858) muss sich schon nach kurzer Zeit einem Konkursverfahren unterziehen. 1860 erwirbt der Braumeister Georg Bauernschmitt den „Storch", er verstirbt aber bereits drei Jahre später.

Das letzte Kapitel der Braustätte beginnt 1864, als sich die Witwe Margarethe Bauernschmitt mit Georg Böttinger aus Untergreuth verheiratet. Ein Feuer, das am 18. September desselben Jahres gegen neun Uhr abends die Malzdarre in Brand setzt, richtet in dem Betrieb keinen größeren Schaden an. In der Folgezeit bringt der geschäftstüchtige Braumeister die Brauerei durch gezielte Investitionen zur Hochblüte. So lässt Georg Böttinger die Kellerräume unter dem Vorderhaus mehrmals vergrößern, treibt den Aus- und Umbau der Brauereigaststätte voran und installiert einen mit Gas betriebenen Motor.

Zinndeckel eines Brauereikrugs mit dem Storch als Wappentier

Auf der Suche nach einem geeigneten Felsenkeller wird Böttinger 1872 fündig: Von der Brauerei ➜ Goldene Rose, die für den Bau der heutigen Luitpoldstraße abgerissen werden muss, übernimmt er das Grundstück am Oberen Stephansberg 12. Das herrlich gelegene Anwesen mit seinem berühmten Vierkirchenblick (später ➜ Polarbären-Keller) gestaltet er zu einem der beliebtesten Bamberger Bierkeller um. Dazu lässt er neue Abortanlagen errichten (1883), eine Gaststube bauen (1890) und einen Eiskeller anlegen bzw. vertiefen (1895-1900). Im Jahr 1901 übernimmt sein Sohn Karl Böttinger die Führung der Brauerei und leitet diese bis zur Stilllegung im Jahr 1918. Im selben Jahr zerstört ein Brand den Dachstuhl des Vorderhauses und das rückwärtige Brauhaus. Kurz darauf erwirbt die ➜ Hofbräu AG das Anwesen in der Austraße, während das Felsenkellergrundstück an Rudolf Diebitsch von der Brauerei ➜ Polarbär veräußert wird.

Auch heute noch werden im ehemaligen „Storch" Gäste bewirtet, seit 1996 unter dem Namen „Café Esspress".

Ansichtskarte von Böttingers Felsenkeller

Brauerei Ströberla

Die Brauereigaststätte am Maxplatz wenige Jahre vor der Betriebsschließung

Anschrift: Maxplatz 14

Gründung: um 1600

Betriebsaufgabe: 1905

Heutige Nutzung: Nach der Betriebsaufgabe gehört das Anwesen für einige Jahre der ➜ Blaulöwenbräu. 1950 wird der Kaufmann Paul Arendt zum Besitzer des Hauses, der darin ein Bekleidungsgeschäft für Damen und Kinder einrichtet. Nach dem Abriss hat sich in dem Neubau zuerst die Firma K&L Ruppert niedergelassen, später der Drogerist Müller.

Felsenkeller: Zwischen 1851 und 1876 gehört zur Brauerei der Felsenkeller am Oberen Stephansberg 27. Der nach seinen Besitzern benannte Schuberths-Keller am Oberen Stephansberg 31 ist mindestens seit 1843 im Besitz der Brauerei und wird bis zur Betriebsschließung bewirtschaftet.

Das Ströberla, später auch als „Schuberth'sche Brauerei" bezeichnet, befindet sich bis zum Jahr 1905 am Maxplatz 14. Früheste Hinweise für eine Brautätigkeit gibt es ab 1600, als der Hofrat Dr. Karl Vasold das Haus „Zum Holzschuh" für 2.000 Gulden an den Büttner Linhart Wipfelt verkauft. Seinen markanten Namen erhält die Brauerei zur Mitte des 18. Jahrhunderts unter dem Büttner Johann Strübel aus Strullendorf, der 1758 das „Bier- und Weinhaus mit dem großen Brau- und Feuerrecht" kauft. Im Kaufvertrag über 5.100 Gulden werden auch zwei lange Tafeln, zwölf hölzerne Stühle und das gesamte Brauzubehör genannt; dies umfasst u. a. Brau- und Kochkessel, Dorles, Einweichkufen, Branntweinzeug, Kühlkufen und ein 100-Eimer-Fass.

Gehörigen Aufschwung nimmt die Braustätte am Maxplatz, als der Bäckermeister Georg Daig 1810 das Anwesen für 13.500

Brauerei = Einrichtungs= Verkauf.

Die vollständige Brauerei=Einrichtung (14 hl Schüttung, sowie das gesamte vorhandene Brauerei=Inventar der vormaligen

Schuberth'schen Brauerei

Bamberg,

wird von heute ab, geteilt oder im ganzen dem Verkaufe unterstellt. Das Inventarverzeichnis, sowie die einzelnen Stückpreise können auf dem Komptoir der unterzeichneten Brauerei eingesehen werden.

Jos. Maer,

Brauerei zum „blauen Löwen".

Per Inserat in einer Bamberger Tageszeitung wird das Brauerei-Inventar 1905 zum Verkauf angeboten

Gulden erwirbt und es an seine Tochter sowie deren Ehemann Konrad Jäck veräußert. Konrad Jäck entstammt der benachbarten Brauerei ➜ Jäck (Maxplatz 12); unter seiner Leitung ist das „Ströberla" im Jahr 1822 die zweitgrößte Brauerei Bambergs. Zehn Jahre später heiratet seine Tochter den Brauer Johann Schuberth. Der neue Braumeister stammt wiederum aus der Brauerei ➜ Zum Grünen Baum und investiert kräftig in den Betrieb. Im rückwärtigen Hof lässt er einen Biergarten mit Unterstellhallen errichten (1836) und nach einem Brand die Malzdarre erneuern (1840). Etwa zur selben Zeit erwirbt er auch zwei ausgedehnte Felsenkelleranlagen auf dem Stephansberg: Das Anwesen Oberer Stephansberg 27 wird schon bald wieder an die Brauerei ➜ Eckenbüttner veräußert, das Grundstück am Oberen Stephansberg 31 hingegen wird bis zur Betriebsschließung als Schuberths-Keller bewirtschaftet.
Von 1864 an lenkt Braumeister Kaspar Schuberth mit seiner Frau Marie über vier Jahrzehnte die Geschicke der Brauerei. 1877 eröffnet er an der rückwärtigen Seite seines Grundstücks, das zur Promenade gerichtet ist, das angesehene Café Schuberth. Im angrenzenden Garten steht auch eine Musikhalle, in dem vielfach Konzerte abgehalten werden. Neben seiner Brautätigkeit ist Kaspar Schuberth Gemeindebevollmächtigter der Stadt Bamberg und engagiert sich stark bei der Freiwilligen Feuerwehr sowie im Schützenverein, wo er bei Schießwettbewerben zahlreiche Preise gewinnt.
Nach seinem Tod am 25. November 1900 führt die Witwe Marie Schuberth das Unternehmen noch einige Zeit alleine fort, allerdings begleitet von schweren Schicksalsschlägen: Im Februar 1904 versterben zwei Braugehilfen an einer Kohlenmonoxidvergiftung, nachdem sich diese wegen der Kälte einen Korb mit brennendem Koks in die Schlafkammer gestellt hatten. Nur wenige Wochen nach diesem Unglück stürzt ein anderer Braugehilfe während der Arbeit in den siedenden Maischebottich und verstirbt. Es kommt zu einem Strafverfahren, in dessen Folge der Brauereileiter Pankraz Alt sowie die Eigentümerin Marie Schuberth wegen mangelnden Arbeitsschutzes verurteilt werden.
Nur wenige Tage nach diesem Urteil verkauft sie die Brauerei an Henriette Maex vom ➜ Blauen Löwen. Die neue Besitzerin veräußert zunächst die komplette Brauereieinrichtung, darunter eine 55 Hektoliter fassende Braupfanne und einen Maischbottich mit 75 Hektolitern Fassungsvermögen. Anschließend wird der Gastraum erweitert, während in die rückseitigen Gebäude Wohnungen integriert werden. Das Café Schuberth an der Promenade wiederum geht 1909 für die Summe von 76.000 Mark an den Brauereibesitzer Veith aus Eltmann. 1950 erwirbt der Kaufmann Paul Arendt das Anwesen am Maxplatz und gestaltet es für ein Damen- und Kinderbekleidungsgeschäft um. Besonders beliebt bei Alt und Jung ist über Jahre hinweg das Glockenspiel, das an der Fassade zum Maxplatz angebracht ist.

Der Obere Stephansberg im Jahr 1907: Die Brauerei Schuberth besitzt bis zur Auflassung einen Felsenkeller an der Ecke zur Sternwartstraße (heute ➜ Schlenkerla)

Brauerei Schmäußer

Anschrift: Hauptwachstraße 4

Gründung: um 1487

Betriebsaufgabe: 1893

Heutige Nutzung: Nach der Schließung der Brauerei wird in dem Anwesen über viele Jahrzehnte die Gastwirtschaft „Münchener Hof" betrieben. Gegenwärtig befindet sich darin eine Filiale der „Nordsee".

Felsenkeller: Schon für 1739 ist ein Felsenkeller belegt. 1761 erwirbt Johann Ament das Grundstück Oberer Stephansberg 18 und legt einen Felsenkeller an, der 1871 von Franz Schmitt, Braumeister im ➜ Schwarzen Bären, aufgekauft wird. Der spätere Brauereibetreiber Friedrich Scharff ist ab 1868 im Besitz der beiden Anwesen Stephansplatz 2 und 4 (Sepultur bei St. Stephan). Die darunterliegenden Stollenanlagen werden mehrmals erweitert, z. T. ohne bauliche Genehmigung.

Die Fassade der Brauereigaststätte mit dem markanten Giebel kurz vor dem Abriss

Das heutige Anwesen Hauptwachstraße 4 ist schon sehr früh im Besitz von Büttnern. Bereits um 1487 wird im „Haus zum Pfaben" die „Putnerin" Kunigunde Wolf erwähnt. Auch in den nachfolgenden Jahrhunderten verbleibt es durchgehend im Eigentum von Kübelmachern. Als Namensgeber der Braustätte gilt der Büttner Adam Schmäußer. Er bewohnt das Haus ab 1655 und vermacht es seiner Tochter Barbara, die den ➜ Mondschein-Wirt Heinrich Peter Kauer heiratet. Später gelangt das Gast- und Brauhaus an deren Sohn Johann Kaspar Kauer. Unter seiner Führung lässt sich erstmals in Bamberg der Ausschank von Bier auf einem Felsenkeller nachweisen: 1739 muss er an die Stephaner Gemeinde 16 Pfennige Brunnengeld zahlen, weil er das in seinem Keller gelagerte Bier ausschenkt.

Nach Johann Kaspar Kauers Tod ehelicht seine Witwe Maria Dorothea im November 1747 den Büttner Johann Ament. Der neue Eigentümer investiert kräftig in den angeheirateten Betrieb und lässt den Felsenkeller auf dem Stephansberg ausbauen. Außerdem ergänzt er die Braustätte in der heutigen Hauptwachstraße um ein neues Brauhaus und lässt das Gasthaus um ein drittes Stockwerk erhöhen. Diese Investitionen tragen dazu bei, dass sich das Brauhaus bis zum Beginn des 19. Jahrhunderts zu einem mittelgroßen Betrieb entwickelt. Nach Johann Ament und dessen gleichnamigem Sohn (1793-1824) verbleibt die Braustätte bis 1843 im Besitz der Witwe Elisabeth Ament, ehe die Erben das Brauhaus veräußern. Zunächst übernimmt Johann Gehringer das Brauhaus und nach dessen Konkurs 1847 der aus Sommerach stammende Moritz Eck.

Ab 1856 wird die Braustätte von Friedrich Scharff geleitet, den die Bamberger im Volksmund „Schärffla" nennen. Seine Brauereigaststätte ist lange Zeit das Stammlokal des Stenographen-Vereins. Nach über drei Jahrzehnten am Sudkessel geht Friedrich Scharff 1893 in den Ruhestand und findet in Joseph Dötzer einen vermeintlichen Nachfolger. Allerdings gibt dieser bereits wenige Monate später wieder auf. In den Adressbüchern der Jahre 1895 und 1897 ist der Vermerk „zur Zeit außer Betrieb" zu lesen.

Letztlich wird das Anwesen im Jahr 1898 für 50.000 Mark veräußert. Käufer ist Josef Maex, Besitzer der ➜ Blaulöwenbräu, dessen Witwe das Haus 1902 durch einen Neubau ersetzt. In den folgenden vier Jahrzehnten erscheint die Gaststätte unter der Bezeichnung „Münchener Hof". Aus der Konkursmasse der ➜ Blaulöwenbräu erwirbt 1936 Lorenz Krug, Brauereibesitzer aus Ebelsbach, das Anwesen, worauf die Inschrift an der Fassade heute noch hinweist. Der „Münchener Hof" wird noch bis in die 1960er-Jahre hinein von der Familie Hensel betrieben. Gegenwärtig befindet sich in dem ehemaligen Brauereigasthof eine Filiale der „Nordsee".

Brauerei Jäck

Anschrift: Maxplatz 12

Gründung: um 1653

Betriebsaufgabe: 1860

Heutige Nutzung: Das Brauereigebäude muss dem Neubau eines Geschäftshauses weichen. Darin befindet sich lange Zeit die Firma Honer, später Wöhrl.

Felsenkeller: Für 1.652 Gulden erwirbt Johann Georg Jäck 1779 aus der Konkursmasse von Johann Helldorfer (➜ Balthasar) den Felsenkeller am Oberen Stephansberg 31. Dieser geht später in den Besitz des Bibliothekars Joachim Heinrich Jäck über. Zur Lagerung des Bieres dient ab 1800 zudem ein Felsenkeller am Oberen Stephansberg 17.

Zur Mitte des 16. Jahrhunderts befindet sich das heutige Anwesen Maxplatz 12 im Besitz des Schwarzfärbers Kunz Wachter, weshalb die später gegründete Braustätte zunächst den Namen „Zur alten Färb" trägt. Als erster Brauer kann der Büttnermeister Andreas Lieb angenommen werden, der 1653 als Eigentümer des Hauses überliefert ist. Anschließend übernimmt sein Sohn Johann das Anwesen.

Zur Mitte des 18. Jahrhunderts gerät die „Alte Färb" in den Besitz der bekannten Bamberger Brauerfamilie Jäck, deren Namen die Braustätte von nun an trägt. Der aus Roßstadt stammende Büttner Johann Jäck beginnt 1748 mit dem Sieden von Bier und vererbt das Anwesen nach seinem Tod wohl an seinen Sohn Georg Jäck. Dieser muss das Haus im Jahr 1763 erheblich umgestaltet haben, denn er bittet um Genehmigung zum Schlagen von 50 Baumstämmen für den Bau eines Wirtshauses. Seinem Gesuch, das Holz dem Hauptsmoorwald entnehmen zu dürfen, wird allerdings nicht stattgegeben, vielmehr wird er an eine Forststelle im Steigerwald verwiesen. Wenige Jahre später erwirbt er zur Lagerung des Bieres einen Felsenkeller auf dem Stephansberg. 1790 geht das Anwesen in die dritte Familiengeneration über: Johann Jäck, Sohn des Vorbesitzers, erhält für die Summe von 4.200 Gulden das Wohn- und Brauhaus samt Inventar überschrieben. Dazu gehören u. a. ein 120-Eimer-Fass, vier Wirtstische, zwölf Stühle, sechs steinerne Maß- und sechs Seidlakrüge. Nach dem Tod von Johann Jäck bleibt die Braustätte weiterhin der Familie erhalten. Während sein jüngerer Sohn Johann die Brauerei ➜ Prinz Karl übernimmt, führt der ältere, Konrad, das elterliche Erbe fort. Dieser heiratet am 4. November 1806 Anna Maria Daig. Von seinem Schwiegervater, dem Bäckermeister Georg Daig, erhält Konrad Jäck bald darauf ein großzügiges

Nach dem Brand in der Brauerei Jäck gründete sich im Gasthaus Pelikan die Freiwillige Feuerwehr – hier eine Abbildung aus dem Jahr 1876

Geschenk: das benachbarte Anwesen Maxplatz 14 (➜ Ströberla). Da sich Konrad Jäck fortan als Braumeister im Nachbarhaus verdingt, hält mit Johann Baptist Jäck ein naher Verwandter die Brautradition im „Jäcken" aufrecht. Mit seinem Tod gerät das Anwesen in den Besitz der Witwe, die sich wiederum mit dem aus Rattelsdorf stammenden Büttner Matthäus Bayer verheiratet. Unter seiner Führung wird 1823/24 das Gasthaus neu erbaut und 1830 um einen Tanzsaal erweitert. Dieser Saal dient später dem eben erst gegründeten Turnverein als erste Stätte zur Leibesertüchtigung.

Auf den Brauer Johann Gerner, der das Brauhaus nur pachtet und später ins ➜ Schlenkerla wechselt, folgt der Bierbrauermeister Simon Lochner. Vom Besitzer Matthäus Bayer erwirbt er auf Ratenzahlung das Anwesen mit dem Brauhaus. Hier kommt es am Abend des 3. Januar 1860 zur Katastrophe: Ein Feuer bricht aus und greift rasch um sich. Trotz eiligst herbeigebrachter Wasserspritzen gelingt es nicht, den Brand einzudämmen. In einem Bericht des Stadtbaurates Lang steht später geschrieben: „Die auf der Brandstätte angesammelte beträchtliche Volksmenge bemächtigte sich der angefahrenen Löschmittel und übrigen Feuerlöschrequisiten nach Gutdünken, wodurch eine zweckmäßige Verteilung der Spritzen nicht möglich wurde. Das Kommando wurde von vielen ohne die nötige Umsicht und Sachkenntnis geführt, es fehlte also die Hauptsache – die Ordnung."

Das Großfeuer führt allen vor Augen, wie wichtig eine schlagkräftige Löschtruppe für Bamberg wäre und gibt letztlich den Ausschlag zur Gründung der Freiwilligen Feuerwehr, vollzogen am 26. Januar 1860 im Gasthaus Pelikan. Der Brauereibesitzer Lochner indes verliert durch die Feuersbrunst seine Lebensgrundlage. Vorbesitzer Matthäus Bayer fordert seine noch ausstehenden Hypothekenzahlungen ein, weshalb Lochner sein verbliebenes Eigentum samt Felsenkeller und Brauereigerätschaften verkaufen muss. Im Garten zur Promenade hin wird das Café Eberlein eingerichtet, während im Vorderhaus am Maxplatz nach dem Abriss ein Neubau mit einem Geschäftslokal entsteht (ab 1931 Rekord-Kaufhaus). Später übernimmt die Firma Honer das Anwesen, vergrößert das Geschäft mehrfach und betreibt es bis in das Jahr 2012.

Der Bibliothekar Joachim Heinrich Jäck

Die Familie Jäck gehört zu den bekanntesten Brauerfamilien Bambergs. Um 1818 betreibt sie neben der Brauerei Alte Färb (Jäck) auch die Braustätten ➜ Schlüssel, ➜ Ströberla und ➜ Prinz Karl. Der Familie entstammt auch der königliche Bibliothekar Joachim Heinrich Jäck (1777-1847). Der Sohn des Büttners Johann Georg Jäck von der gleichnamigen Brauerei am Maxplatz tritt 1796 der Zisterzienser-Abtei in Klosterlangheim bei und empfängt 1801 die Priesterweihe. Nach der Säkularisation übernimmt er die Aufgabe, das Bibliothekswesen in Bamberg neu zu strukturieren. Aus den Buchbeständen der säkularisierten Klöster sowie der aufgelösten Universität erstellt er eine Büchersammlung, die den Grundstock der heutigen Bayerischen Staatsbibliothek in Bamberg bildet. Der Brauersohn Joachim Heinrich Jäck besaß ein großes Gartengrundstück mit einem Felsenkeller auf dem Stephansberg, das er verpachtete, außerdem war er im Besitz eines Hopfenfeldes.

Brauerei Wilde Rose

Anschrift: Keßlerstraße 7

Gründung: spätestens 1758

Betriebsaufgabe: 1971

Heutige Nutzung: Im Stammhaus der Brauerei sind heute ein Gasthaus sowie ein Hotel untergebracht.

Felsenkeller: 1794 besitzt Johann Kauer, Braumeister „Zur Rose", auf dem obersten Stephansberg einen Stadel mit Felsenkeller, der in der Folgezeit mehrfach ausgebaut wird. Zur Mitte des 19. Jahrhunderts beginnt der Gartenbetrieb, und 1873 lässt Martin Leicht eine große Musikhalle erbauen. In der Folgezeit wird der Garten lange Zeit als „Leichts-Keller" bezeichnet. Von 1941 bleibt die Kellerwirtschaft über drei Jahrzehnte geschlossen und wird erst 1971 wieder eröffnet.

Das Brauereianwesen in der Keßlerstraße um 1930

Obwohl die Brauerei Wilde Rose ihren Betrieb bereits 1971 eingestellt hat, besitzt ihr Name bei Einheimischen noch immer einen wohlklingenden Ruf. Das liegt zum einen daran, dass das Stammhaus in der Keßlerstraße bis heute als gut geführtes Hotel und Restaurant genutzt wird. Zum anderen, weil auf dem Oberen Stephansberg der zur Brauerei gehörige Felsenkeller mit der wunderbaren Konzertmuschel erhalten geblieben ist und zu den schönsten Biergärten der Umgebung zählt.

Das Stammhaus in der Keßlerstraße erscheint 1585 als Kliebershof, das dem Kandelgießer Friedrich Lutz gehört. Spätestens zur Mitte des 18. Jahrhunderts wird in dem Anwesen eine Wirtschaft, das „Stühler'sche Rosenwirthshaus", betrieben. Kurz darauf wird erstmals eine Braugerechtigkeit erwähnt, die auf dem Haus ruht: Dieses geht ab 1770 an die bekannte Bamberger Brauerfamilie Kauer über: Johann Baptist Kauer, dessen Vater im ➜ Ringlein tätig ist, erwirbt 1794 das Grundstück am Oberen Stephansberg 49, das bis heute als Wilde Rose-Keller bekannt ist. Dort lässt er einen Stadel mit Brunnenstube bauen und zur Lagerung des Bieres eine weit verzweigte Stollenanlage graben. Zu dieser Zeit zählt das Brauhaus zu den kleineren in der Stadt.

Zwischen 1820 und 1843 gibt es einige Besitzerwechsel: Zunächst erscheint der Brauer Augustin Reinlein, der schon sieben Jahre später Konkurs anmelden muss. Auch der nachfolgende Johann Wenzel kann den Betrieb nicht rentabel führen und gibt das Brauhaus 1838 verschuldet zur Versteigerung. Der Brauer Michael Röckelein bleibt ebenfalls nur bis 1843, sodass das Anwesen erneut zum Verkauf steht.

Erst mit der Familie Leicht kommt Kontinuität in das Unternehmen: Der Brauer Johann Baptist Leicht aus Gaustadt (Brauerei ➜ Bayerlein) erwirbt die Braustätte und verkauft sie im darauffolgenden Jahr an seinen Sohn Johann Martin für 9.700 Gulden, dem er „zur Anhülfe" 3.000 Gulden gibt. Vom Brautvater bekommt Johann Martin Leicht weitere 2.000 Gulden. Mit seiner Ehefrau Kordula bringt der neue Eigentümer in den folgenden 45 Jahren die „Wilde Rose" zur Hochblüte. Mit viel Geschick und dem richtigen Gespür für technische Neuerungen macht er aus der kleinen Braustätte einen der leistungsfähigsten Betriebe Bambergs: 1854 besitzt Martin Leicht bereits eine Malzmühle (was zu dieser Zeit allerdings noch verboten ist und mit einer hohen Geldstrafe von 300 Reichstalern geahndet wird), 1869 beantragt er den Einbau einer

Etwa 1843 erwirbt Johann Baptist Leicht die Braustätte in der Keßlerstraße

Johann Martin Leicht, hier auf einem Reitpferd, macht den Leichts-Keller zu einer beliebten Kellerwirtschaft

Dampfmaschine von vier Pferdestärken. Auf seinem Felsenkellergrundstück auf dem Stephansberg realisiert er 1873 den Bau einer großen Musikhalle im maurischen Stil, die er kurz darauf sogar noch vergrößert. Wenige Jahre später wird das Gartengrundstück mit elektrischem Licht ausgestattet (1885).

Als der Brauereibesitzer am 15. Dezember 1889 verstirbt, hinterlässt er seine Frau Kordula und zwölf Kinder. Nur drei Wochen später erleidet die Familie einen weiteren Schicksalsschlag: Ein Brand, der am 8. Januar 1890 gegen halb neun Uhr abends im Gasthaus in der Keßlerstraße ausbricht, zerstört den Dachstuhl des Hauses. Die eineinhalbstündigen Löscharbeiten verhindern, dass das Feuer auf die benachbarten Anwesen übergreift. Noch im gleichen Jahr verkauft die Witwe Kordula Leicht das Anwesen mitsamt dem Felsenkeller an Christof Lang aus Kitzingen und dessen Schwager Friedrich Schwarzenberger. Wenige Jahre später gehen die Immobilien an Karl Geiger über, der die „Wilde Rose" von 1895 bis 1901 führt.

Der Keller mit dem herrlichen Musikpavillon in den 1920er-Jahren

Am 1. August übernimmt Josef Häfner die Brauerei und den Felsenkeller für den Betrag von 104.000 Mark. Zu dieser Zeit produziert er in seinem Sudhaus etwa 2.800 Hektoliter Lager- und Exportbier pro Jahr, an den Osterfeiertagen bringt er ein stärker eingebrautes Lagerbier namens „Gabelmanns-Tropfen" zum Ausschank. Damit gehört die Brauerei zwar zu den kleineren Braustätten in der Stadt, im Gegensatz zu vielen größeren Betrieben übersteht sie jedoch die schwierige Zeit des Ersten Weltkriegs mit der nachfolgenden Inflation unbeschadet.

Als die Eheleute Josef und Kunigunda Häfner kurz hintereinander versterben, heiratet deren Tochter Margaretha im Jahr 1941

Zu Beginn der 1970er-Jahre nimmt Familie Konrad die Bewirtschaftung des Gartens über dem Felsenkeller wieder in Betrieb

den aus Peulendorf stammenden Brauer Johann Konrad. An dessen Geburtstag, dem 22. Februar 1945, werden das Brauhaus und die Gaststätte in der Keßlerstraße durch alliierte Bombardements schwer zerstört. Es folgt der beschwerliche Weg des Wiederaufbaus. Erst 1953 wird die Brauereigaststätte neu eröffnet. Zum Sortiment gehören das Märzenbier „Wilde Rose Gold" sowie ein Vollbier, ein Pilsener und ein Bockbier. Später bereichern das alkoholfreie Malzgetränk „Maltosina" sowie ein Weizenbier das Angebot, beide Getränke werden im Auftrag von der Brauerei Hümmer in Dingolshausen hergestellt.

Im Januar 1967 übergibt Johann Konrad das Unternehmen seinem Sohn Arnulf. Vier Jahre später stellt dieser den Braubetrieb ein. Im gleichen Jahr beginnen die Bemühungen, den großen Wirtschaftsgarten auf dem Oberen Stephansberg wieder zu beleben, der seit 1941 für die Öffentlichkeit geschlossen war. Noch heute wird der Wilde Rose-Keller von der Familie Konrad bewirtschaftet und zählt zu den beliebtesten Sommerwirtschaften der Stadt.

Noch 1968 wird am hinteren Ende des Kellergrundstücks Eis zur Kühlung gewonnen

Der unverzollte Biersud

Für die Erhebung der Biersteuer sind bis heute die Zollämter verantwortlich. Grundlage bilden dabei Abfüll- und Verkaufsmengen. Bis in die 1950er-Jahre hinein war es jedoch Praxis, das Steueraufkommen an der Bier- bzw. Würzemenge zu bemessen. Zu diesem Zweck schickten die Zollbehörden ausgebildete Beamte in die Sudhäuser, um die jeweiligen Produktionsmengen amtlich festzustellen. Das setzte voraus, dass jeder Brauer seinen Sud rechtzeitig vorher anmeldete: Brauen ohne Meldung war strengstens verboten.

Der pflichtbewusste Braumeister Johann Konrad von der „Wilden Rose" wusste um diese Regelung und meldete seinen Sud immer pünktlich an. Probleme mit der Zollverwaltung wollte er möglichst vermeiden. Wieder einmal hatte Johann Konrad einen Biersud angesetzt, und der Mann vom Zoll war natürlich dabei. In seiner peniblen Art, die Menge des Sudes exakt zu erheben, geschah dem Beamten jedoch ein Missgeschick: Beim Messen glitt ihm der Eichstab aus der Hand, der im Sudkessel versank.

Daraufhin begann der Braumeister Johann Konrad lauthals zu zetern. Der Sud sei verunreinigt und nicht mehr zum Brauen geeignet. Wer würde ihm nun den Schaden ersetzen? Der Beamte beschwichtigte den Brauereibesitzer, dass er für diesen Sud natürlich keine Abgaben zu zahlen habe, und verließ das Brauhaus. Johann Konrad fischte seinen Eichstab aus dem Bottich heraus und war zufrieden, denn seinen vollen Sudkessel verbraute er nun steuerfrei.

Brauerei Storchspeter

Anschrift: Austraße 14

Gründung: um 1588

Betriebsaufgabe: 1862

Heutige Nutzung: Nach dem völligen Umbau im Jahr 1863 durch den Schlossermeister Adam Heim beherbergt das Anwesen heute im dazugehörigen Hinterhaus das Hofcafé.

Felsenkeller: Auf den Grundstücken der heutigen Hausnummern Oberer Stephansberg 36 und 38 besitzt die Braustätte einen Felsenkeller seit mindestens 1818. Dieser bleibt bis zur Betriebsschließung in ihrem Besitz und wird danach an die Brauerei ➜ Mahr verkauft.

Das heutige Anwesen Austraße 14 ist ursprünglich mit der benachbarten Hausnummer 12 zusammengefasst. Es erscheint im Jahr 1468 als „Haus zum Mohren" und befindet sich 1588 im Besitz des Büttners Friedrich Nagengast. Da auch in den folgenden Jahrhunderten ausschließlich Büttner als Eigentümer zu verzeichnen sind, kann der Beginn der gastronomischen Nutzung auf das späte 16. Jahrhundert angenommen werden. Sehr wahrscheinlich wird mit der Errichtung einer Braustätte auch der bisherige Hausname abgelegt und durch die Bezeichnung „Haus zu St. Lorenz" ersetzt – der heilige Laurentius ist auch Schutzpatron der Brauer und Mälzer.
Nach Friedrich Nagengast sind die Büttner Georg Köhler, Johann Caspar Schumann und Franz Wiehl überliefert. Letzterer veräußert am 22. Dezember 1741 das Anwesen für 3.000 Gulden an den Büttner Andreas Brehm. Im Kaufvertrag werden das große Feuer- und Braurecht explizit erwähnt. Auch die Teilung des Grundstücks in die heutigen Hausnummern 12 und 14 dürfte um diese Zeit erfolgt sein.
Um 1765 ist der aus Dörfleins stammende Büttner Pankraz Förtsch Eigentümer des Anwesens. Für 2.350 Gulden erwirbt er das „Wohn- und Brauhaus in der Au", außerdem Brauereizubehör und ein 75-Eimer-Fass (ca. 5.100 Liter). Später übernimmt sein Sohn Georg die Braustätte, der aber schon kurz darauf verstirbt. Die junge Witwe Anna Förtsch bleibt nicht lange alleine und heiratet Peter Pfister aus Waizendorf. Dieser führt die Brauerei in der Folgezeit zur Hochblüte: Mit einem Ausstoß von etwa 1.240 Hektolitern Bier ist sie um 1817 die drittgrößte Braustätte Bambergs. Die Bezeichnung „Storchspeter", die jetzt aufkommt, geht ganz offensichtlich auf den Braumeister Peter Pfister zurück. Nach seinem Tod heiratet die Witwe Christine Pfister den aus Tütschengereuth stammenden Büttner Konrad Wirth. In seinem Gast- und Brauhaus, nun auch „zum Goldenen Anker" genannt, konstituiert sich 1841 die Bamberger Schiffbauer-Zunft; in diese Zeit fällt zudem die erste Erwähnung eines Felsenkellergrundstücks auf dem Stephansberg.
Als Christine Wirth, verwitwete Pfister, im Februar 1847 verstirbt, gerät das Brau-

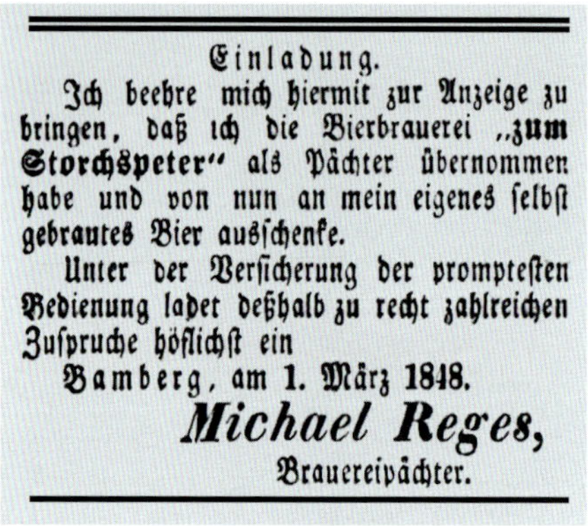
Einladung.
Ich beehre mich hiermit zur Anzeige zu bringen, daß ich die Bierbrauerei „zum Storchspeter" als Pächter übernommen habe und von nun an mein eigenes selbst gebrautes Bier ausschenke.
Unter der Versicherung der promptesten Bedienung ladet deßhalb zu recht zahlreichen Zuspruche höflichst ein
Bamberg, am 1. März 1848.
Michael Reges,
Brauereipächter.

Michael Reges verkündet per Zeitungsannonce, dass er zum 1. März 1848 die Brauerei als Pächter übernimmt

haus mit allen Gerätschaften in die Erbteilung und muss verkauft werden. Da sich zunächst kein Käufer findet, pachtet Michael Reges die Brauerei mit Gastwirtschaft für die folgenden beiden Jahre. 1850 findet sich mit dem 27-jährigen Franz Ultsch, dessen Bruder zur gleichen Zeit den ➜ Mondschein betreibt, ein Nachfolger. Als dieser nur ein Jahr später verstirbt, heiratet seine Witwe den Brauer Valentin Röckelein. Mit ihm gerät die Braustätte 1856 in Konkurs und muss erneut verkauft werden. Zur Versteigerung stehen das Brauhaus in der Austraße mit Stallungen, Hof und Brunnen sowie der Felsenkeller auf dem Stephansberg mit Schupfe, Brunnen, Scheune, Sommerhaus und Kegelbahn, außerdem ein Hopfengarten in der Bischberger Gemarkung.
Ab 1857 ist Matthäus Schuberth als Braumeister im Storchspeter belegt. Sein Engagement ist ebenfalls nur von kurzer Dauer, denn bereits 1862 veräußert er sämtliche Gegenstände, die zur Bierherstellung benötigt werden. Er verkauft das Anwesen in der Austraße an den Schlossermeister Adam Heim und das Felsenkellergrundstück am Stephansberg an den Braumeister Karl Mahr (➜ Mahrs Bräu). Wenige Jahre später übernimmt Matthäus Schuberth nach dem Tod seiner Mutter das Gasthaus ➜ „Grüner Baum", dem er entstammt.

Die Braustätten auf dem Kaulberg

Brauerei Greifenklau

Das Vorderhaus mit Gastwirtschaft der Brauerei Greifenklau am Laurenziplatz

Anschrift: Laurenziplatz 20

Gründung: 1719

Felsenkeller: Der weit verzweigte Felsenkeller erstreckt sich unterhalb des Brauereianwesens und erreicht ein Niveau von 15 Metern unter der Oberfläche. Die Anlage wird heute nicht mehr genutzt.

Zu den verbliebenen Traditionsbraustätten Bambergs gehört die Brauerei Greifenklau am Laurenziplatz 20. Wie Zinszahlungen belegen, gehört das „ufm Kaulperg" gelegene Anwesen im Jahr 1585 dem Amtmann Johann Groß. Die eigentliche Brauereigeschichte beginnt im frühen 18. Jahrhundert, als der Domkapitular Franz Friedrich von Greifenklau auf dem Kaulberg mehrere Grundstücke zu einem zusammenführt. Darauf lässt er ein Wirts- und Brauhaus samt Stadel, Stallung, Halle und Hofreit errichten, zu dem rückseitig auch ein kleiner Garten gehört. Mit seinem Tod im Jahr 1729 geht der Besitz an das Domkapitel über. Dieses setzt fest, das Anwesen zu veräußern und das bestehende Braurecht in ein einfaches Schankrecht umzuwandeln, um Probleme mit dem Fürstbischof zu vermeiden. Willibald Mayer, Braumeister aus Herzogenaurach, erscheint 1731 als Käufer. Er bittet jedoch das Domkapitel, das Braurecht beibehalten zu dürfen, um „der Stadt noch besseres Bier und dem Fürsten noch höheres Umgeld (= Biersteuer) zu gewahren". Diese Bitte wird dem Brauer letztlich gestattet.

Nach dem Tod von Willibald Mayer bringt sich Johann Adam Schwarz, Sohn des Braumeisters im ➜ Riegelhof, mit der Verheiratung der Witwe in den Besitz des Gasthauses, anschließend erwirbt es

Um 1900 erregt die Anwesenheit eines Fotografen die Aufmerksamkeit der Besucher im Garten der Brauerei

der Büttner Balthasar Dressel aus Höfen (1762-1772). Für das Gasthaus „Zum Greiffenclau" mit Brau- und Nebenhaus, Stallung und Gärtlein sowie einem Felsenkeller zahlt der neue Besitzer die Summe von 2.450 Gulden. Des Weiteren umfasst der Kaufvertrag einen Braukessel, einen Kupferwaschkessel, einen Branntweinkessel sowie Holz zur Herstellung von Fassdauben.

Im Dezember 1786 übernimmt Leonhard Schmitt das Anwesen. Nach seinem Tod wird die Braustätte versteigert und für 10.100 Gulden von dem Gaustadter Büttner Johannes Müller erworben, der im selben Jahr die Witwe des Vorbesitzers heiratet.

Aus dieser Ehe gehen die Söhne Franz Borgias und Ignaz Müller hervor: Erstgenannter übernimmt 1836 die Brauerei ➜ Kleebaum, Letztgenannter ab 1840 die Brauerei ➜ Polarbär, ehe er nach dem Tod des Vaters 1846 die Brauerei Greifenklau weiterführt. Mehrmals lässt er die Felsenkelleranlage vergrößern (1854 und 1868) sowie die Fassade des Gasthauses erneuern (1867). Zu dieser Zeit sind für Ignaz Müller 50 Sude pro Jahr belegt. Es spricht für seine Innovationsstärke, dass er neuen Techniken im Arbeitsablauf aufgeschlossen gegenübersteht: Als einer der ersten Brauer in Bamberg lässt er in seinem Keller eiserne Schienen verlegen, über die er einen Transportwagen mit einem handbetriebenen Mechanismus relativ leicht nach oben ziehen kann. Und er ist Vorreiter bei der Anschaffung einer Schrotmühle mit integriertem Zählwerk, wodurch die Menge des gemahlenen Malzes gemessen werden kann und der Weg zur öffentlichen Malzmühle entfällt.

Prägeflasche mit Schreibfehler: der Name Brockard wird ohne „h" geschrieben

Auch in der nächsten Generation bleibt die Braustätte unter Franz Müller in Familienbesitz: Dieser vermählt sich 1876 mit der Tochter des ➜ Karmeliterbrauers Johann Reges. Er investiert in eine neue Bierschänke und eine Kegelbahn. Bei einem Brand in der Laurenzistraße im Sommer 1892 hilft er durch Inbetriebnahme seines Wasserpumpwerks, die Arbeiten der Feuerwehr zu unterstützen und die Flammen einzudämmen. Mit einem Ausstoß von jährlich 900 Hektolitern ist der „Greifenklau" eine der kleinsten Braustätten Bambergs.

Im Alter von 58 Jahren schreibt Franz Müller seine Brauerei zum Jahresende

Im Sommer eine Oase der Bierseligkeit: Der Greifenklau-Keller. Das Bild zeigt eine Aufnahme vermutlich aus den 1930er-Jahren

1903 zum Verkauf aus. Der langjährige Kellermeister der Brauerei ➜ Leiterlein, Andreas Bergbauer, übernimmt das Anwesen samt Zubehör für die Summe von 72.000 Mark. Alleine das Inventar wird auf 20.477,40 Mark taxiert; dazu gehören unter anderem 71 Lagerfässer mit einem Fassungsvermögen von 1.014 Hektolitern, 13 Bottiche, 134 Transportfässer, ein Maischebottich, ein Kühlschiff, vier Kühlrohre, zwei Pferde, zwei Wägen, 25 Holztische, 165 Stühle, 157 Deckelgläser, 60 Bockgläser, 48 Maßkrüge sowie 200 Bierflaschen mit Verschluss.

Dem neuen Besitzer gelingt es jedoch nicht, den Betrieb auf Dauer rentabel zu führen. 1914 muss Andreas Bergbauer Konkurs anmelden. Noch im selben Jahr wird das Brauereianwesen zwangsversteigert und geht für 38.000 Mark an den einzigen Kaufinteressenten – es ist der aus Gleusdorf bei Ebern stammende Sigmund Brockard. In welch desolatem Zustand die gesamte Einrichtung gewesen sein muss, wird daran ersichtlich, dass der neue Besitzer bis zum Jahr 1919 sein Bier in der Brauerei ➜ Riegelhof brauen lässt. Erst danach ist das Brauhaus wieder betriebsbereit, um beispielsweise im November das helle Bockbier mit einem Stammwürzegehalt von 16,8% zum Ausschank zu bringen.

Als im März 1944 Sigmund Brockard verstirbt, leitet seine Frau Maria den Betrieb weiter und übergibt ihn nach dessen abgelegter Meisterprüfung an den gemeinsamen Sohn Sigmund. Unter seiner Führung werden 1955 die ersten Kühlmaschinen angeschafft und ein Jahr später mit den Planungen für das neue Sudhaus begonnen. Zu dieser Zeit steht im Garten ein Automat, mit dem man bei Einwurf einer Münze die Altenburg bei Nacht illuminieren kann. Mindestens bis 1968 wird im „Greifenklau" übrigens Rauchbier hergestellt.

1981 geht die Braustätte in den Besitz der dritten Generation über. Nach bewährtem Familienbrauch trägt der Inhaber Sigmund Brockard ebenfalls den Vornamen seines Vaters und Großvaters, und seit 2007 führt wiederum dessen Sohn Sigmund die Brauerei in der 4. Generation. Die Fertigstellung einer neuen Sudhausanlage von Kaspar Schulz im Jahr 2021 ist nicht nur die größte Investition der Unternehmensgeschichte, sondern bereitet auch den Weg zu einer effizienteren Energienutzung. Aus diesem Sudhaus gelangen neben einem Lagerbier und einem etwas stärker eingebrauten Märzen mittlerweile ein Zwickel, ein Helles und ein Rauchbier zum Ausschank; saisonal werden zudem verschiedene Bockbiere gebraut.

Genehmigen sich einen großen Schluck auf eine erfolgreiche Zukunft der Familienbrauerei: Sigmund sen. und Sigmund jun. Brockard

Brauerei Kaiserwirt

Anschrift: Mittlerer Kaulberg 11

Gründung: um 1720

Betriebsaufgabe: wohl 1950

Heutige Nutzung: Nach dem Ende der Brautätigkeit wird die Gaststätte bis 1974 fortgeführt, das zerstörte Brauhaus dient als Lagerhalle. 1978 kauft die Firma Manfred Schmuck das Anwesen und saniert es grundlegend. Dabei werden auch die Reste des Brauhauses abgebrochen. Heute dient das Anwesen für Wohnzwecke.

Felsenkeller: Zur Brauerei gehört stets der Felsenkeller am Oberen Kaulberg 37. Erst nur als Gär- und Lagerkeller genutzt, wird er von Georg Dotterweich 1880 zur Sommerwirtschaft, dem Kaiserwirts-Keller, erweitert. Nach der Betriebsschließung erfolgt der Umbau zu einem Kino (Berglichtspiele, später Casino-Lichtspiele). In das Haus werden Foyer-, Kassen- und Vorführraum eingerichtet, der Saal zum Zuschauerraum umfunktioniert. Darüber hinaus verfügt die Braustätte zeitweilig über weitere Felsenkeller, u. a. in den heutigen Anwesen Alter Graben 1 und Stephansplatz 4.

Die Brauerei Kaiserwirt am Mittleren Kaulberg um 1940

Das Anwesen Mittlerer Kaulberg 11 trägt ursprünglich die Hausbezeichnung „Zum Doppeladler". Dieser Name geht jedoch verloren, als 1732 Hans Georg Kaiser Eigentümer wird – er ist für die nächsten zwei Jahrhunderte Namensgeber der Braustätte „Zum Kaiserwirt". Zu dieser Zeit wird erstmals auch ein Felsenkeller auf dem Oberen Kaulberg erwähnt; dieser gelangt jedoch später in den Besitz des Büttners Kilian Hoffmann von der Brauerei ➜ Röckelein.

Zur Mitte des 18. Jahrhunderts erwirbt Johann Hübschmann die Braustätte. Er nimmt an dem Haus umfangreiche Umbaumaßnahmen vor, wobei das Vorderhaus eine barocke Fassade erhält und das Brauhaus im Hinterhof erheblich vergrößert wird. Im Jahr 1764 veräußert er das „Kaiserwirtshaus" mit Brau-, Gast- und Schildgerechtigkeit, einem 50 Eimer fassenden Fass, 18 kleinen und sieben großen Kufen sowie einem Branntwein- und Waschkessel an Simon Dotterweich. Unter ihm kommt auch der früher genutzte Felsenkeller (Oberer Kaulberg 37) wieder in den Besitz der Brauerei.

Nach dem Tod des Vaters übernimmt Sebastian Dotterweich 1801 die Leitung im „Kaiserwirt". Er vergrößert die Gastwirtschaft und erneuert das Brauhaus, das von einer Quelle mit Wasser versorgt wird. Unter seiner Leitung zählt die Brauerei zu den mittelgroßen Braubetrieben in Bamberg. 1836 führt der erst 18-jährige Sebastian Dotterweich jun. den Familien-

In der Bildmitte: der Kaiserwirts-Keller vom gegenüberliegenden Stephansberg aus gesehen (um 1905)

Der Kaiserwirts-Keller an der Abzweigung zur Kroatengasse mit zwei Fasswagen (ca. 1930)

betrieb in der dritten Generation fort. Er überlässt dem Turnverein einen Raum zur Leibesertüchtigung, nachdem der bisher von den Turnern benutzte Saal in der Brauerei ➜ Jäck nicht mehr ausreicht.
Ab 1851 scheint der Braubetrieb ins Stocken zu geraten, denn Sebastian Dotterweich schreibt die Brauerei mit dem Felsenkeller auch in überregionalen Zeitungen mehrfach zum öffentlichen Verkauf aus. Allerdings findet sich erst 1863 mit Johann Müller ein Käufer für die Braustätte. Eine wichtige Investition ist der Austausch der alten Rauchdarre gegen eine moderne „englische" Darre, wodurch das gebraute Bier sein Rauch-aroma verliert. Doch lange kann Johann Müller den Betrieb nicht halten – bereits fünf Jahre später gerät er in Konkurs, und so geht die nur teilweise abbezahlte Immobilie wieder zurück an die Erben des Vorbesitzers.
Im September 1868 übernimmt Georg Dotterweich die Braustätte auf dem Kaulberg. Es gelingt ihm, den Braubetrieb zu vergrößern, und er erreicht 1884 erstmals eine Jahresproduktion von mehr als 3.100 Hektolitern Bier. Als Georg Dotterweich im Alter von 59 Jahren verstirbt, verheiratet sich seine Witwe mit dem Brauer Lorenz Beck aus Untergreuth. Die Erweiterung der Gaststube (1897) und der Bau einer größeren Wirtschaftshalle auf dem Kaiserwirtskeller (1903) fallen unter seine Betriebsführung. Neben dem „Rauchklub Kaulbergia" zählt auch die hier gegründete „Schützengesellschaft Hamonia" zu den Stammgästen der Brauerei Kaiserwirt.
Nach dem Tod von Lorenz Beck im Oktober 1929 übernehmen die Gebrüder Richard und Sebastian Doppel, Enkel von Georg und Margarete Dotterweich, die Brauerei. Doch schon im November 1933 verstirbt der ältere Bruder Sebastian, sodass Richard den Betrieb alleine in sechster Generation weiterführt. Neben

Mit einem Krug holen sich die Bamberger beim Kaiserwirt frisches Bier (um 1930)

Ganz schön lebendig

Die Bombenangriffe vom 22. Februar 1945 zerstören viele Häusern auf dem Kaulberg, auch der Kaiserwirts-Keller am Oberen Kaulberg wird schwer getroffen. Wie überliefert ist, kommen am Abend desselben Tages einige Evakuierte zu Gastwirt Richard Doppel, der mit seiner Familie das Brauereianwesen am Mittleren Kaulberg bewohnt. Die offensichtlich ortsunkundigen Gäste klagen dem Wirt ihr Leid über die Zerstörungen des Luftangriffes und schildern, dass auch der Besitzer des Kaiserwirts-Kellers verschüttet und umgekommen sei. Daraufhin erwidert Richard Doppel: „Ihr gut'n Leut', macht Euch ner ka Sorng, dem schmeckt sei' Ess'n und sei' Bier noch recht gut. Des waas ich ganz genau. Der Kaiserwirt bin nämlich ich selbäst."

Der letzte „Kaiserwirt": Richard Doppel

der Brauereigaststätte und dem dazugehörigen Kaiserwirts-Keller liefert er sein weithin bekanntes Bier „Kaisergold" auch an die Gaststätte auf der Altenburg und an die Kantine der Firma Kaliko. Als letzte große Investition wird 1938 die Malzdarre erneuert.

Im Krieg ruht die Brautätigkeit im Kaiserwirt. Zuerst erleidet der Keller schwere Schäden durch einen amerikanischen Luftangriff. Die Tochter von Richard Doppel, Käthe Haag, kann sich noch gut an jenen 22. Februar 1945 erinnern, als mittags gegen ein Uhr die Bomben in das Küchengebäude einschlugen und die „Glööß in den ‚Süßen Grund' gerollt sind". Am 13. April werden auch das Gast- und das Brauhaus am Mittleren Kaulberg durch Artilleriebeschuss beschädigt. Nach dem Krieg wird das bekannte „Kaisergold" nochmals für kurze Zeit angesetzt, doch da Braumeister Richard Doppel lungenkrank ist, unterbleibt der Wiederaufbau des Brauhauses, und der Braubetrieb wird gänzlich eingestellt. Die Wirtsstube hingegen bewirtschaftet die Familie Doppel noch bis 1974 und bezieht das Bier von der ➜ Polarbär- und Blaulöwenbräu.

Reges Treiben im Jahr 1929 auf dem Kaiserwirts-Keller beim Stiftungsfest der Schützengesellschaft Hamonia

Brauerei Doppel

Ende der 1950er-Jahre errichtet Braumeister Lorenz Doppel auf dem Kaulberg ein neues Sud- und Brauhaus

Anschrift: Oberer Kaulberg 39

Gründung: 1961

Betriebsaufgabe: 1971

Heutige Nutzung: Das ehemalige Sudhaus wird in den 1970er-Jahren zu einem Wohnhaus umgebaut.

Felsenkeller: Zum Betrieb gehören die Felsenkelleranlagen der Brauerei ➜ Einhorn auf dem Jakobsberg und die Stollen des früheren ➜ Kaiserwirts-Keller auf dem Kaulberg.

Unter den Bamberger Braustätten nimmt die Brauerei Doppel schon deshalb eine Sonderstellung ein, weil sie die einzige Brauereigründung der Stadt im 20. Jahrhundert darstellt. Firmengründer Lorenz Doppel entstammt der alt eingesessenen Bamberger Brauerfamilie Dotterweich, die über viele Generationen den ➜ Kaiserwirt führt. Deren letzte Inhaber sind seine älteren Brüder Richard und Sebastian Doppel.

Nach erfolgreichem Abschluss des Studiums in Weihenstephan heiratet der diplomierte Braumeister Lorenz Doppel am 22. Januar 1936 seine Frau Gunda, mit der er in Schney bei Lichtenfels eine kleine Landbrauerei pachtet. Nur vier Jahre später beendet der herrschende Rohstoffmangel den weiteren Braubetrieb. Es folgen die Einberufung zur Wehrmacht und lange Jahre der Kriegsgefangenschaft. Nach seiner Rückkehr pachtet Lorenz Doppel zunächst die stillgelegte Brauerei ➜ Einhorn in der Sandstraße und den dazu gehörigen Felsenkeller auf dem Jakobsberg. 1950 nimmt er den Braubetrieb wieder auf und kauft Besitzer Edmund Schlegel das gesamte Anwesen

Flaschenetiketten aus den 1960er-Jahren: Doppel-Bock, Festbier und Kaiserwirtsquell

ab. Auf den Bierfilzen und -krügen dieser Zeit findet sich deshalb die Bezeichnung „Brauerei Lorenz Doppel und Einhornbräu".

Der Brauereibesitzer weiß, dass die beengten Verhältnisse in der Sandstraße und die veralteten Maschinen keinen rationellen Braubetrieb zulassen. Er befasst sich deshalb mit einer Standortverlagerung und setzt zunächst den im Krieg zerstörten Kaiserwirts-Keller auf dem Oberen Kaulberg wieder instand. Zwischen 1959 und 1961 wächst dann in unmittelbarer Nachbarschaft ein mehrstöckiges Sudhaus mit eigener Mälzerei empor. Etwa zur gleichen Zeit werden die letzten drei von Pferden gezogenen Fasswagen der Brauerei außer Dienst gestellt. In seiner Blüte verfügt der Betrieb über drei eigene Ausschankstätten in Bamberg, in denen die Sorten Märzen, Bock und Pils verzapft werden. Für spezielle Anlässe wird außerdem ein Festbier angesetzt. Ein kleiner Fuhrpark beliefert Kunden in ganz Ober- und Unterfranken und darüber hinaus in Frankfurt am Main.

Etwas mehr als zehn Jahre nach Fertigstellung des Neubaus kündigt sich die nahende Betriebsschließung an. Da Lorenz Doppels Sohn Richard den Betrieb nicht übernehmen will, erfolgt die Bierproduktion zunächst von Fremdfirmen im Lohnbrau.

Das Rauchbier wird von der Brauerei ➜ Spezial bezogen, das Pils bei der ➜ Hofbrau AG Bamberg abgefüllt. 1972 erfolgt die endgültige Betriebsschließung und der Verkauf des Lagers an die Münchener Hacker-Pschorr Bräu AG. Das Sudhaus wird zwischen 1973 und 1976 komplett umgebaut und seitdem für Wohnzwecke genutzt.

Brauerei Kleebaum

Anschrift: Unterer Kaulberg 7

Gründung: vor 1767

Betriebsaufgabe: 1943

Heutige Nutzung: Die Gaststätte mit dem Brauhaus wird bei einem Luftangriff am 22. Februar 1945 schwer beschädigt. In einem anschließend errichteten Notbau betreibt die Kleebaums-Ev, Tochter des letzten Besitzers Franz Müller, die Gastwirtschaft weiter. Der wenig ansehnliche Zweckbau weicht 1979 dem Neubau eines Wohnhauses.

Felsenkeller: Am hinteren Ende der Kleebaumsgasse bewirtschaften die Eigentümer der Brauerei einen kleinen schattigen Sommergarten (heute noch teilweise erhalten). Der eigentliche Felsenkeller befindet sich ab 1852 am Oberen Stephansberg 26 und wird bis zur Schließung der Brauerei genutzt. Zwischenzeitlich nutzen die Braumeister auch einen Lagerkeller an der Laurenzistraße 26 (1755), am Oberen Stephansberg 21 (etwa 1820-1840) und in der Unteren Sandstraße 51 (1850).

Das ehemalige Brauereigasthaus „Zum Kleebaum" mit seiner herrlichen Barockfassade im Jahr 1913

Über die anfängliche Geschichte des Hauses „Zum Kleebaum" ist relativ wenig bekannt. Als gesichert gilt eine für das Jahr 1504 belegte Büttnerei, die von Ulla und Anna Bischof betrieben wird. Erstmalige Hinweise auf eine gastronomische Nutzung finden sich zur Mitte des 18. Jahrhunderts, als der „Kleebaumswirt" Valentin Rudel das Anwesen besitzt. Um diese Zeit dürfte auch die barocke Fassade, wohl ein Werk des Baumeisters Michael Küchel, entstanden sein.

Im Jahr 1787 veräußert Georg Rudel sein Gast- und Wirtshaus für 600 Gulden an Johann Kaspar Kauer, den Büttner des ➜ Riegelhofes. Zum Inventar des Gebäudes gehören neben einem kupfernen Brau- und Waschkessel auch 200 in Holz und Eisen gebundene Fässer, zwölf Maß- und 18 Seidelkrüge sowie zehn Gastbetten, elf Stühle, fünf Tische, ein Lehnsessel sowie eine Uhr im oberen Hausplatz.

Um 1803 steht das Anwesen zum Verkauf. Käufer ist der junge Brauer Andreas Schmitt, der aus dem ➜ Weißen Ochsen stammt. Die Brauerei zählt zu den größeren in Bamberg und wird vor allem wegen ihres Felsenkellers auf dem Stephansberg, der einen herrlichen Ausblick auf die Stadt bietet, stark besucht. Im August 1828 schreibt Andreas Schmitt seinen Betrieb zum öffentlichen Verkauf aus. Aus der detaillierten Beschreibung erfahren wir vieles über die Ausstattung des An-

Zur Brauerei gehört bis zur Betriebsschließung ein Felsenkeller auf dem Stephansberg (Oberer Stephansberg 26)

Der Fasswagen der Brauerei Kleebaum ist vor dem Gasthaus (zweites Haus von rechts) abgestellt

wesens: Im unteren Stock ist ein großes Gastzimmer mit Billard eingerichtet sowie eine Küche mit Speisekammer. Im Hof befindet sich ein Brunnen mit laufendem Wasser, dahinter ein gewölbtes Brauhaus, eine Bierkammer und ein Malzplatz sowie zwei Bierkeller, ein großer Malzkeller, ein kleiner Weinkeller und ein gewölbtes Waschhaus mit zwei Holzlagen. In einem weiteren Hof sind vier Stallungen für 25 Pferde, ein Schweinestall und ein geschlossener „Geziefer-Hof" (vermutlich für Hühner) untergebracht. Das Höchstgebot von 15.200 Gulden lehnt der Besitzer zunächst als zu niedrig ab, weshalb im Oktober des darauffolgenden Jahres ein erneuter Versteigerungstermin angesetzt wird.

So gerät das Anwesen im Mai 1830 an Andreas Pfister, dessen Vater die Brauerei ➜ Storchspeter führt. Unter seiner Leitung zieht die Gesellschaft „Concordia" in den Kleebaum und mietet das obere Stockwerk des dazugehörigen Reuderschen Anwesens auf dem Stephansberg. Schon nach kurzer Zeit kommt es jedoch

Der stolze Braumeister

Franz Müller, „Kleebambel" genannt, war als stolzer Brauer bekannt. Sein Bier kostete stets einen Pfennig mehr als in den benachbarten Brauereien ➜ Kaiserwirt oder ➜ Röckelein, sodass in seinem Gasthaus überwiegend bessere Kreise wie hohe Stadtbeamte oder jüdische Geschäftsleute verkehrten. Als einmal zwei einfache Arbeiter kamen und nach einer Maß Bier verlangten, schickte der Braumeister seine Tochter Eva mit zwei Maßkrügen über die Straße zum Röckeleins-Wirt und ließ an der dortigen Gassenschänke die Krüge mit Bier befüllen. Dadurch vermied der Brauer, dass sein eigenes Bier an die beiden Arbeiter ausgeschenkt wurde. Das entgangene Geschäft nahm der stolze Brauereibesitzer gerne in Kauf.

Der ehemalige Fasswagen der Brauerei steht heute im Fränkischen Brauereimuseum auf dem Michaelsberg

Nach dem Krieg entsteht ein Notbau auf der Stelle des im Krieg zerstörten Gasthauses

zu Verstimmungen zwischen dem Wirt und seinen Mietern, denn in einer gerichtlichen Beschwerde wirft die Gesellschaft „Concordia" dem Wirt Andreas Pfister vor, ihre Mitglieder in „gröblichster Weise" behandelt zu haben. Die Gesellschaft beschließt, den Kleebaum zu verlassen, und erwirbt das heute nach ihr benannte Wasserschloss an der Regnitz, das sie fortan als Vereinslokal nutzt.

1838 kommt das Anwesen in den Besitz der Familie Müller, die den Kleebaum bis zum Ende der Brautätigkeit betreibt. Franz Borgias Müller, Sohn des ➜ Greifenklau-Wirtes Johann Müller, betreibt die Braustätte bis 1865. Er erwirbt den Felsenkeller auf dem Oberen Stephansberg 26. Anschließend übernimmt sein Sohn Johann Baptist (1865-1893) die Geschäftsführung und lässt in der Folgezeit verschiedene Umbaumaßnahmen durchführen, u. a. die Einwölbung der Malzdarre (1866). Mit einem Jahresausstoß von knapp 2.000 Hektolitern Bier zählt der „Kleebaum" zu den mittelgroßen Braustätten Bambergs.

Ab 1893 führt mit Franz Müller die dritte Familiengeneration den Braubetrieb fort. Gemeinsam mit seiner Frau Margarete bewirtschaftet er neben dem Felsenkeller auf dem Stephansberg auch einen kleinen schattigen Biergarten hinter dem Brauhaus und liefert sein Bier in die Restauration Dressendörfer in der Erlichstraße. Ein Gasmotorbetrieb mit 6 PS Leistung erleichtert ihm die Arbeit im Brauhaus. Bei einer vom Bamberger Stadtmagistrat in Auftrag gegebenen Untersuchung wird das Kleebaum-Bier als „stark eingebraut" bezeichnet.

Als Franz Müller 73-jährig im Februar 1939 verstirbt, steigt sein Sohn Rudolf in den Betrieb ein. Kriegsbedingt setzt er 1943 den letzten Sud an. Am 22. Februar

Alter Bierkrug unter Brauereibesitzer Franz Müller

1945 werden die Brauerei im Hinterhaus und der herrliche barocke Vorderbau, in dem Gastwirtschaft und Wohnräume untergebracht sind, durch alliiertes Luftbombardement schwer beschädigt. Mit dieser Zerstörung verliert Bamberg nicht nur eine der angesehensten Brauereien, sondern auch eines der schönsten Bürgerhäuser der Stadt. Wiederaufbaupläne werden zunächst verworfen, stattdessen notdürftige Sicherungsmaßnahmen durchgeführt. In dem behelfsmäßig errichteten Notbau (1951) betreibt Eva Müller, genannt „Kleebaums-Ev", die Tochter von Franz Müller, eine Gastwirtschaft. Ein Brand im Hinterhaus (1977) lässt endgültig den Entschluss reifen, die Ruine abzubrechen und durch einen Neubau zu ersetzen. Bei den Abrissarbeiten wird die Historie der Brauerei nochmals für kurze Zeit lebendig, als aus den Trümmern der Gasmotor aus dem Jahr 1897 geborgen wird.

Zu Beginn des 19. Jahrhunderts gehört der Kleebaums-Keller zu den meistbesuchten Sommerwirtschaften der Stadt

Der Kleebaums-Keller

Ein Stimmungsbild aus dem Bayerischen Nationalblatt von 1820:

Sehr vortheilhaft zeichnet sich dagegen der Gastgeber, Herr Schmitt, zum Kleebaum in Bamberg aus. Er hatte schon den guten Gedanken, auf dem Berge, neben seinem Felsenkeller, einen Sitz des Vergnügens aufzuschlagen, und erbaute daselbst zu diesem Zwecke ein Haus von Holz für die Gäste, und ein Obdach für diejenigen, welche sich durch Kegelspiel belustigen wollen. In diesem Jahre wurde das Haus in eine bessere Lage versetzt, wo man eine noch schönere Aussicht hat, und es auf der dritten Seite zugemacht, ausgemalt, und statt des Strohes mit Ziegeln gedeckt. Von da an wurden Sitze und Tische mit einer Bedachung von Stroh und mit einer Laube von Bäumen bis zu dem Schenkhause, und von hier bis zur Kegelbahn auch mit einer Strohbedeckung versehen. Auf den Terrassen, die neu hergerichtet sind, giebt es gleichfalls Niederlassungen. Noch Mehreres ist für die Zukunft versprochen, wenn der Berg das Eigenthum des Gastwirthes wird. Die Aussicht ist eine der schönsten von der Stadt. Unmittelbar am Fuße des Berges fließt die Regnitz ruhig in gehemmten Laufe; man kann alle ihre Arme überblicken, welches Bamberg in ein kleines Venedig umwandeln; ein großer Theil der Stadt, der schöne Theresienhain und die malerische, einen Halbzirkel bildende Umgegend, in deren weitester Ferne man das herrliche Schloß Banz, den Staffelberg mit seiner Kapelle, die nun vom gänzlichen Ruin gerettete Burg Giech, die ehemals nachbarliche Burg und jetzige Kirche Gugel, am Fuße der Gebürge den großen Wald Hautsmor, der am Abende die schönsten Farbenschattirungen bildet, und die verschiedenen Kalksteinbrüche wahrnimmt, stellen sich dem Auge dar. Fremde und Einheimische werden von diesem Anblick bezaubert. Dieser Platz ist jetzt auch der besuchteste von ganz Bamberg, obgleich es starke Nebenbuhler giebt. Oefters finden sich daselbst Abends gegen drey bis vier hundert Menschen ein, die von der höheren oder gebildeteren Klasse der Einwohner sind; man verzehrt gewöhnlich sein Abendmahl daselbst, das unter freyem Himmel, oder doch unter freyer Aussicht besser hier, als zu Hause schmeckt. Auch hat man einmal die Woche den Ohrenschmauß der harmonischen Musik, die zuweilen die Tanzlustigen in Bewegung setzt. Alle Donnerstag wird dort gespeiset. Alle Lebensmittel sind gut, mannichfaltig und hinreichend, woran es an anderen Plätzen öfters gebricht. Es ist eine eigene Sinnlosigkeit, dafür nicht zu sorgen, man würde gerne das Bessere um einen höheren Preis bezahlen, wenn es nur zu haben wäre. An der Bedienung fehlt es bey Hrn. Schmitt gar nicht. Kellnerinnen und Kellner sind stets auf den Beinen, um die Wünsche der Gäste zu erfahren und zu befriedigen. Hr. Schmitt ist keiner von den Gastwirthen, die zu den Gästen sagen: „Rufen Sie den Kellner, oder läuten Sie ihm." Bey einem großen, plötzlichen Andrange ist er selbst zu Diensten, so wie er überhaupt ein artiger Mann ist. Sein Beyspiel sollte in jeder Hinsicht nachgeahmt werden.

Karmeliterbräu

Die Fassade der Brauereigaststätte unter dem Inhaber Josef Stolbinger (um 1910)

Anschrift: Am Knöcklein 5

Gründung: um 1500

Betriebsaufgabe: 1916

Heutige Nutzung: Das Brauhaus wird in den 2020er Jahren – gemeinsam mit dem früheren Klosterkomplex – komplett saniert und für Wohnzwecke umgebaut.

Felsenkeller: Der Felsenkeller der Brauerei liegt südöstlich des Brauhauses und ist in zwei Hauptstollen angelegt. Oberhalb des Gasthauses befand sich die Gartenwirtschaft sowie das Holzgerüst für die Herstellung von Eis, das im Jahr 1924 entfernt wird.

Die Brauerei des ehemaligen Karmeliterklosters auf dem Kaulberg dient lange Zeit der Eigenversorgung der Mönche. Wie aus einem Zinsbuch hervorgeht, gehören 1438 zu den Bediensteten des Klosters auch ein Büttner sowie ein „Weingartenmann". Das eigentliche Brauhaus steht außerhalb des Konventgebäudes und findet um 1500 mit dem dazu gehörigen Bauernhof erstmals Erwähnung. Im Jahr 1664 wird der bislang für das Bierbrauen zuständige Klosterbruder nach Österreich abberufen. An seiner Stelle bittet die Klosterleitung den bürgerlichen Braumeister Friedrich Müß von der benachbarten Brauerei ➜ Röckelein um Unterstützung. Er erhält für jeden Brauvorgang zwei „Königsthaler", dafür muss er im Gegenzug „dem Maltzbereiten und anderen Arbeiten zum Bierprewen" beiwohnen und sich um die Fässer und die Bierlagerung kümmern. Für dasselbe Jahr ist zudem die Ernte von Hopfen belegt, der am westexponierten Hang zur Panzerleite angepflanzt wird. In den folgenden Jahrzehnten lässt die Klosterleitung den Felsenkeller erweitern (1724) und ein neues Brauhaus errichten (1768).

Der zeitgenössisch gestaltete Gastraum der Brauerei um 1900

Im Zuge der Säkularisation geht das Klosterareal an das Königreich Bayern über, das die Gebäude als Kaserne nutzt. Das Brauhaus wird zunächst verpachtet und 1807 zum Verkauf ausgeschrieben. Käufer des „Karmeliterhofs", wie die Braustätte lange Zeit genannt wird, ist Johann Leicht, der in Gaustadt bereits das Obere Gasthaus (➜ Bayerlein) betreibt. Nach seinem Tod (1812) kommt Johann Reges durch die Ehe mit der Witwe Barbara Leicht in den Besitz des Anwesens. Anschließend führen sein Sohn Johann (1854-1876) und sein Enkel Johann Baptist Reges (1876-1894) die Braustätte in die dritte Familiengeneration. Letzterer lässt eine Halle zur Installation eines Göpelwerks errichten (1876), einen Eiskeller anlegen (1881), die Gartenhalle erneuern und die Abortanlagen instandsetzen (1891). Außerdem füllt er ab 1893 Bier in Flaschen ab. Mit Wirkung zum 11. August 1894 meldet Johann Baptist Reges die Brauerei mit der Gartenwirtschaft ab. Die beiden nachfolgenden Besitzer sind der Wirt Paul Neubauer (1894-1897) und dessen Sohn Johann (1897-1902).

Als 1902 die ehemaligen Klostergebäude in Folge eines Grundstückstauschs in den Besitz der Stadt Bamberg gelangen, schreibt die Stadtverwaltung den gesamten Komplex für 80.000 Mark zum Verkauf aus. Der Straubinger Karmeliterkonvent meldet ein kirchliches Vorkaufsrecht an und erwirbt das Kloster mit dem Ziel, die Klerikerstudenten, die bisher in Rom oder Innsbruck studierten, an die philosophisch-theologische Hochschule in Bamberg zu schicken. Wenige Tage bevor am 12. November 1902 der notarielle Kaufvertrag unterzeichnet wird, erwirbt der Konvent auch die dazugehörige Klosterbrauerei für 100.000 Mark. Man folgt damit dem Rat von Freunden, das Brauhaus als lukrative Finanzquelle im Nebenerwerb zu betreiben. Allerdings nehmen die Verluste bald überhand, weshalb die Mönche das Brauhaus im September 1905 wieder veräußern. Erleichtert notiert der Kloster-Chronist: „Gott behüte uns also für alle Zukunft vor dieser trügerischen Erwerbsquelle."

Die letzten Brauereibesitzer sind Otto Erdl und ab 1907 Josef Stolbinger. Der Sohn des Brauereibesitzers Johann Stolbinger aus Geisfeld (heute Brauerei Griess) lässt den Saal renovieren und bewirtschaftet im Sommer den Biergarten mit seinem herrlichen Blick auf die Altenburg. Im April 1916 werden die kriegsbedingten Einschränkungen bei Brenn- und Rohstoffen so gravierend, dass Josef Stolbinger bekannt gibt, den Betrieb zunächst für die Dauer des Krieges ruhen zu lassen. Doch nach dem Krieg werden die Sudkessel nicht mehr befeuert: Joseph Stolbinger zieht nach Reckendorf um und übernimmt dort die Brauerei von Georg Zeck, während er die Karmeliterbräu an Rudolf Diebitsch (➜ Polarbär) veräußert. Im Oktober 1926 wiederum kauft der Konvent das ehemalige Brauereigebäude zurück.

!! Voranzeige !!

Hiemit diene der gesamten Bürgerschaft Bambergs, meiner werten Nachbarschaft, den titl. Bewohnern der Umgebung, insbesonders aber den werten Stammgästen der Brauerei

Karmeliterhof

zur gefl. Kenntnis, daß die genannte Brauerei ab 5. ds. Mts. käuflich in meinen Besitz überging und ich ab Samstag den Betrieb genannten Etablissements selbst übernehmen werde. Ich ersuche das geehrte Publikum um geneigte Unterstützung.

Hochachtungsvollst!

Josef Stolbinger

Brauereibesitzer

(aus Geisfeld)

Brauerei Röckelein

Anschrift: Unterer Kaulberg 36

Gründung: um 1592

Betriebsaufgabe: 1968

Heutige Nutzung: Das Anwesen ist weiterhin gastronomisch genutzt. Einem italienischen Restaurant in den 1980er-Jahren folgte die Kneipe Domterrassen. Seitdem hat es eine Reihe von Pächterwechseln mit verschiedenen Namen gegeben.

Felsenkeller: Bis zum Ende der Brautätigkeit ist der Felsenkeller an der Laurenzistraße 30 in Betrieb. Der Röckeleins-Keller gilt als beliebte Sommerwirtschaft. Parallel zu den alten Stollenanlagen wird Anfang des 20. Jahrhunderts im Tagebauverfahren ein Eiskeller angelegt, der 15 Meter unter Straßenniveau liegt und ein Fassungsvermögen von etwa 1.000 m^3 aufweist. Auf demselben Grundstück befindet sich nach dem Zweiten Weltkrieg auch das Sudhaus. Im Herbst 2003 erfolgen der Verkauf und die Umgestaltung zu Wohnzwecken.

Das Stammhaus der Brauerei Röckelein am Kaulberg (um 1930)

Die Ursprünge der Brauerei Röckelein am Unteren Kaulberg reichen bis in das 16. Jahrhundert zurück. Nachdem das Kloster in Schlüsselau das ehemals brachliegende Grundstück im Jahr 1467 erworben hatte, wird 1587 der Hofbüttner Georg Brecken als Eigentümer des Hauses genannt. Von Fürstbischof Ernst von Mengersdorf (1583-1591) erwirbt er das Anwesen für 300 Gulden. Überliefert ist auch, dass der nachfolgende Büttner, Lorenz Linz, 1592 zu einer Strafe verurteilt wird, weil er ohne Erlaubnis der Grundherrschaft eine Brauerei errichtet hat. Er erhält die Auflage, das Brauhaus abzureißen, was offensichtlich unterbleibt. Eine nicht mehr erhaltene Steintafel, die noch im späten 19. Jahrhundert an dem Gebäude angebracht war, trug das Zei-

Die Brauerfamilie Papsthart um das Jahr 1900: Vor Brauereibesitzer Johann Papsthart haben sich seine Frau Anna und die drei Söhne Friedrich, Christoph und Hans postiert

chen des Büttnergewerbes mit der Jahreszahl 1645. Nur wenige Jahre später (1654) wird dem Anwesen dann offiziell die Braugerechtigkeit erteilt: Antragsteller ist der Bürger Friedrich Müß, der zur gleichen Zeit die Mönche im benachbarten Karmeliterkloster (➜ Karmeliterbräu) beim Bierbrauen unterstützt. Zwischen 1664 und 1677 ist Johann Helget als Besitzer überliefert, danach der mit dessen Witwe verheiratete Johann Stuller (1678-1705). Als Johann Heinrich Schmuck das Anwesen im Jahr 1705 übernimmt, wird er als „Sternwirt am Kaulberg" bezeichnet. Dieser Name steht wohl in Zusammenhang mit dem sechszackigen Braustern, der als Symbol für Eigenbräu verwendet wird.

1775 beginnt die Ära der Familie Röckelein, deren Namen die Brauerei bis zur Betriebsschließung trägt. Der Büttner Johann Röckelein betreibt diese nachweislich bis 1824 und vererbt den Besitz für 17.000 Gulden seinem Sohn Anton. Mit dessen Ableben im Jahr 1842 leitet seine Witwe Barbara die Geschicke des Betriebs weiter und gibt ihn an die dritte Generation über. Franz Röckelein wird 1852 Braumeister, muss aber schon drei Jahre später Konkurs anmelden und die Immobilien samt Ausstattung verkaufen. Dennoch gelingt es, die Brauerei in Familienbesitz zu halten, indem Barbara Röckelein – Schwester von Franz – sich mit dem aus Nürnberg stammenden Brauer Johann Thomas Lämmermann verheiratet. Als dieser wenige Jahre später verstirbt, ehelicht die Witwe erneut. So kommt 1869 der Brauer Adam Maislein in den Betrieb, den er mit großem Fleiß vergrößert. Schon bald zählt die Brauerei Röckelein zu den zehn größten Braustätten der Stadt. Neben der Wirtsstube und dem Felsenkeller auf dem Kaulberg, zu dem auch eine Kegelbahn gehört, schenkt Adam Maislein sein Bier in eigenen Gaststätten aus, die er im Stadtgebiet aufgekauft hat. 1892 tritt er in den Ruhestand und verpachtet den Braubetrieb.

Johann Papsthart, der ursprünglich aus Kolmsdorf stammt, übernimmt die Brauerei zunächst als Pächter. Der frühere Viehhändler war als Lieferant für die Koppenhofkaserne zu etwas Wohlstand gekommen und übernimmt 1896 mit seiner Frau Anna den Betrieb. Im Kaufpreis von 77.200 Mark sind auch der Felsenkeller an der Laurenzistraße 30 enthalten sowie das Inventar, das auf 17.200 Mark taxiert wird. Es ist durchaus typisch für die Zeit des ausgehenden 19. Jahrhunderts, dass Bürger ohne Brauerausbildung in die Bierherstellung einsteigen. Da Johann Papsthart selbst kein gelernter Brauer ist, engagiert er einen Braumeister für die Bierproduktion. Dennoch gelingt es ihm, die Brauerei und die Lagerkapazitäten im Felsenkeller stetig zu vergrößern. Eigene Ausschankstellen in den Restaurationen „Hain" (Michaelsberg 29a) oder „Lohengrin" (Brennerstraße 42) sichern den Absatz. Um die Jahrhundertwende erreicht die Bierproduktion rund 8.000 Hektoliter.

Im Oktober 1918 veräußert Johann Papsthart die Brauerei an seinen Bruder Friedrich, bislang als Metzgermeister in der Wunderburg tätig. Um den Braubetrieb fortzuführen, schickt Friedrich Papsthart einen seiner Söhne zum Studium nach München, das dieser als diplomierter Brau- und Malzmeister abschließt. Nach dem Tod von Friedrich Papsthart im Januar 1938 sollen die Brüder Hanns und Richard die Nachfolgerschaft übernehmen, doch als Richard im Krieg fällt, wird Hanns zum alleinigen Inhaber. Ein alliierter Luftangriff am 22. Februar 1945, der auch die benachbarte Brauerei ➜ Kleebaum trifft, beschädigt die Brauerei Röckelein

schwer. Im Zuge des Wiederaufbaus modernisiert Hanns Papsthart das Gebäude und nimmt umfangreiche Umbauten vor. So erhält das Vorderhaus, in dem sich einst die Gastwirtschaft, die Küche und die Gassenschänke befanden, sein heutiges Aussehen; auch die alte Gerstenweiche aus dem Jahr 1725, die nachweislich bis 1936 in Betrieb war, wird dabei wohl aufgegeben.
Auf dem Kellergrundstück errichtet Hanns Papsthart ein neues Sudhaus und verlegt den Braubetrieb vom Unteren Kaulberg an die Laurenzistraße. 1956 wird ein Sudkessel mit einem Fassungsvermögen von 7.000 Litern in Betrieb genommen. Unter dem Sudhaus befinden sich auch die mächtigen Lager- und Eiskeller, die im Winter wöchentlich mit gebrochenem Eis gefüllt werden, wozu Johann Papsthart eigens Teiche erworben hat (zwischen Bamberg und Stegaurach westlich der B 22 gelegen). Im Ausschank gibt es ein Märzenbier, das Domquell-Pils, ein Rauchbier und saisonal einen Bock.
Hanns Papsthart geht 1968 in den Ruhestand, weshalb die Brauerei mangels Nachfolgerschaft aufgelassen wird. Die Immobilien werden an die Münchener Löwenbräu verkauft, die bis 1982 an der Laurenzistraße ein Bierlager unterhält. Als vier Jahre später der städtische Bausenat einen positiven Vorbescheid zum Neubau einer Wohnanlage mit 22 Einheiten erteilt, gerät der Röckeleins-Keller in die öffentliche Diskussion. Der damalige Oberbürgermeister Paul Röhner setzt sich vehement für den Erhalt des Anwesens ein und kann dabei auf die Rückendeckung aller Fraktionen bauen. Auch unter diesem Druck scheitert das Bauprojekt, stattdessen wird im August 1986 ein Kaufvertrag mit der Familie Wörner (➜ Kaiserdom) geschlossen. Die Pläne, den Röckeleins-Keller wieder als Ausflugsziel zu etablieren, scheitern jedoch. Bis auf kurze Unterbrechungen wird das Anwesen nicht mehr gastronomisch genutzt.
Im August 2003 wird das Anwesen mit dem Sudhaus dann doch an einen Investor verkauft. Im Gegensatz zum gleichen Vorhaben 20 Jahre zuvor bleibt dies von der Öffentlichkeit jedoch weitgehend unbeachtet. Das Stammhaus der Brauerei Röckelein am Unteren Kaulberg behält indessen seine Funktion als Gaststätte. Und auch den herrlichen Blick von der Terrasse auf den Dom, der auf alten Bierkrügen der Brauerei abgebildet ist, kann man von dort heute noch genießen.

Vom Röckeleins-Keller genossen die Gäste einen wunderbaren Blick zur Altenburg

Das gute Bier ...
Zum Transport ihrer Bierfässer ersteigerte die Brauerfamilie Papsthart stets ausgemusterte Pferde aus der Wunderburger Reiterkaserne. Wie sich Bäckermeister Alfred Hoh von der benachbarten Bäckerei erinnerte, kehrte in den 1920er-Jahren eine Reiterkolonne von einem Manöver zurück. Begleitet von Marschmusik ritten die Soldaten auf ihren Pferden den Kaulberg talwärts in die Stadt und kamen an der Brauerei Röckelein vorbei. Dort stand gerade ein Pferdegespann, beladen mit einem großen Fass, aus dem Bier durch einen Schlauch in den Keller geleitet wurde. Als die Brauereipferde die Marschmusik hörten, reihten sie sich – wie sie es lange Zeit gewohnt waren – eigenmächtig am Ende des Zugs ein. Dem Brauer, der im Keller die Fässer füllte, fuhr ein gehöriger Schreck in die Glieder. Er rannte in Gummistiefeln den Kaulberg hinab, um seine Pferde wieder einzufangen. Das Bier aus dem Fass lief den Rinnsteig hinunter und die Schaulustigen hatten ihren Spaß.

Die Braustätten im Sand

Brauerei Schlenkerla

Das Stammhaus der Heller-Bräu, genannt „Schlenkerla“, ist bei Einheimischen wie Touristen gleichermaßen bekannt

Anschrift: Dominikanerstraße 6 (später Oberer Stephansberg 27)

Gründung: nach 1485

Felsenkeller: 1750 gehört zur Brauerei ein Felsenkeller auf dem „obersten Kaulberg“ (Laurenzistraße 28), der im Rahmen einer Erbteilung abgetreten werden muss. Bereits 1801 bringt Josef Heller das Anwesen wieder in seinen Besitz. Nach dem erneuten Verkauf vier Jahrzehnte später erwirbt Konrad Graser einen Felsenkeller am Oberen Stephansberg 13. Ab 1896 wird auf dem Grundstück Nummer 33 der „Hellers-Keller“ bewirtschaftet. Spätere Zukäufe arrondieren den Besitz, der sich mittlerweile über die Hausnummer 27 bis 35 erstreckt. Auf diesen Grundstücken befinden sich heute die Produktionsgebäude samt Brauhaus, Mälzerei und Füllerei sowie die Verwaltung.

Eine Einkehr im „Schlenkerla“ gehört für viele Fremde zum festen Bestandteil eines Besuchs der Bamberger Altstadt. Vor allem in den Sommermonaten strömen die Touristen auf ihrem Weg vom Dom zum Alten Rathaus in die altehrwürdige Schankstätte, bevor sie mit einem Karton Bamberger Rauchbier ausgerüstet die Heimreise antreten. Aber auch für eingesessene Bamberger ist die Gaststätte in der Dominikanerstraße weiterhin ein beliebter Treffpunkt. Bereits 1485 ist für das Haus „Zum Blauen Löwen“ eine Büttnerei bezeugt, die von Peter und Peters Vogler betrieben wird. Wenige Jahre später müssen sie ihr Haus mit Hofreit für ein Darlehen von 37 Gulden an ihren Schwager Michael Beugler, Büttner zum ➜ Einhorn, verpfänden. Der erste Nachweis für eine Gaststätte findet sich zu Beginn des 16. Jahrhunderts, als das Wirtshaus zum „Blauen Löwen“ im Jahr 1538 dem Büttner Asmus Schneider gehört.

Der Bierkeller auf dem Stephansberg, hier eine Aufnahme von 1909, wird bis Anfang der 1930er-Jahre bewirtschaftet. Hinter dem Zaun verläuft der Aufgang zum Spezialkeller

Während des Dreißigjährigen Kriegs wird das Anwesen in der Dominikanerstraße zerstört, es folgt der Wiederaufbau des Vorderhauses und die Erweiterung um ein Rückgebäude (1662). Spätestens um 1678 ist der „Blaue Löwe" wieder eine belebte Gaststätte. Zu dieser Zeit sind die Büttner Jakob Schneider, der Hofmundschenk Martin Becholt und der mit dessen Tochter verheiratete Georg Zimmermann als Eigentümer überliefert. Im November 1714 gerät das Anwesen in die Zwangsversteigerung, wobei das Haus mit Braurecht und Braupfannen für 1.500 Gulden den Besitzer wechselt. Die bis heute gültige Unternehmensbezeichnung „Heller-Bräu" geht auf den Brauer Johann Wolfgang Heller zurück, der 1737 Elisabeth Strüpf heiratet und mit ihr die Gaststätte betreibt. Der geschäftstüchtige Braumeister errichtet das rückwärtige Brauhaus an der heutigen Kasernstraße und nutzt einen Lagerkeller auf dem Kaulberg. Als Johann Wolfgang Heller am 26. Januar 1770 verstirbt, geht das Anwesen an seinen Sohn Adam über. In der anstehenden Erbteilung muss er den Felsenkeller mit Feld und Garten an seine Schwester abtreten. Zwei Jahre später verheiratet sich Adam Heller mit Margareth Dettelbacher, deren Vater Braumeister im → Brehm war. Doch die Ehe währt nicht lange; Adam Heller verstirbt im Alter von nur 34 Jahren und hinterlässt das Unternehmen seiner Witwe Margareth. Diese führt den Braubetrieb fort, bis ihr Sohn Josef Heller 1797 diesen übernehmen kann. Gemeinsam mit seiner Ehefrau Anna Maria, die aus der Brauerei → Engel stammt, leitet er den Braubetrieb in der dritten Generation. Eine seiner ersten Investitionen ist der Rückkauf des besag-

Die Gastwirtschaft in der Dominikanerstraße (links) und der Eingang zum Bierkeller auf dem Oberen Stephansberg (um 1905)

Matthias Trum, Brauer in sechster Familiengeneration

ten Felsenkellers an der Laurenzistraße. 1818 werden ihm bei einem Einbruch aus diesem Keller 33 Zinndeckel und sechs Schoppengläser gestohlen. Daraus lässt sich schließen, dass Josef Heller dort nicht nur Bier lagert, sondern dieses im Sommer auch vor Ort verzapft. Zu dieser Zeit verbraucht er in seinem Brauhaus etwa 330 Scheffel Malz; damit liegt die „Heller-Bräu" im Durchschnitt aller damals betriebenen Braustätten.

Wenige Jahre nach dem Ableben von Josef Heller wird sein Sohn Andreas neuer Braumeister. Doch ihm ist nur ein kurzes Dasein beschieden; er verstirbt im Alter von 31 Jahren. Die junge Witwe Elisabeth Heller heiratet zwei Jahre nach dem Tod ihres Mannes den aus Giech stammenden Brauer Georg Roth, der die Braustätte für die nächsten beiden Jahrzehnte leitet. Anschließend verpachtet er sie an Johann Gerner, ehe sie käuflich an diesen übergeht.

Im Jahr 1866 beginnt in der Brauerei die Ära der Familie Graser, deren Nachfahren heute noch im Besitz der Braustätte sind. Der aus Schönbrunn stammende Brauer Konrad Graser, seit 1840 Pächter der Brauerei auf dem ➜ Michaelsberg, erwirbt 1866 das Brauhaus in der Dominikanerstraße sowie einen Felsenkeller am Oberen Stephansberg 13. Ab 1875 übernimmt sein Sohn Andreas den Braubetrieb für die folgenden drei Jahrzehnte. Zu seinen wichtigsten unternehmerischen Entscheidungen gehört 1896 der Kauf des Felsenkellers der ehemaligen Brauerei ➜ Pfau am Oberen Stephansberg 33. Zur Jahrhundertwende übersteigt der jährliche Ausstoß erstmals 2.000 Hektoliter.

Nach dem Tod von Andreas Graser führt sein Sohn Michael Graser das Unternehmen in die dritte Familiengeneration. Konsequent wie kaum ein anderer Braumeister verfolgt er die Fortentwicklung des Unternehmens: 1909 kauft er zum bestehenden Felsenkeller das Nachbaranwesen Oberer Stephansberg 31 (früher ➜ Schuberths-Keller) hinzu. Er vereint die beiden Grundstücke und vergrößert die Sommerwirtschaft erheblich. Auch die Gaststätte in der Dominikanerstraße baut Michael Graser aus. Dazu pachtet er vom bayerischen Staat die sogenannte „Dominikanerklause". Seinen wichtigsten Entschluss zum Fortbestand des Unternehmens verwirklicht er im Jahr 1936: Auf den beiden Grundstücken am Oberen Stephansberg lässt er ein neues Sudhaus errichten, später folgt der Bau einer Flaschenfüllanlage mit Kühlraum. Mit dem Tod von Michael Graser am 4. Oktober 1943 verliert die Brauerei einen großen Vordenker.

Zwei Frauen manövrieren die traditionsreiche Braustätte durch die schwere Zeit der Nachkriegsjahre. Unterstützung findet die Witwe Margarete Graser in ihrer Tochter Elisabeth, die mit Jakob Trum verheiratet ist. Die beiden neuen Besitzer erwerben 1950 das Eckgrundstück Oberer Stephansberg/Sternwartstraße, das sich den bereits im Besitz befindlichen Grundstücken unmittelbar anschließt. Auf dem Areal wird 1971 ein modernes Brauhaus mit einer eigenen Mälzerei integriert, die bis zu diesem Zeitpunkt in der Dominikanerstraße betrieben wurde.

Seit 2003 ist Matthias Trum, Enkel von Jakob und Elisabeth Trum, der Chef im „Schlenkerla". Der diplomierte Betriebswirt und Braumeister führt die Tradition in der sechsten Generation fort und hat den Betrieb nach modernsten Gesichtspunkten aufgestellt. Mit enormem Aufwand hat er die Lagerkapazitäten in den historischen Felsenkellern am Stephansberg modernisiert und vergrößern lassen und dort auch Keimkästen für die Malzherstellung eingerichtet. Das Stammhaus im Sand wurde 2007 um einen Biergarten im Dominikanerhof ergänzt und mit einer neuen Küche ausgestattet (2010).

Im Brauhaus auf dem Stephansberg entstehen heute neben dem traditionellen Märzenbier auch ein Weizen- und mehrere Bockbiere. Darüber hinaus umfasst das Sortiment ein Rotbier, ein Schwarzbier, ein Fastenbier und ein Helles sowie weitere Sondereditionen. Das in Bamberg und Umgebung einst weit verbreitete, nahezu alkoholfreie Nachbier hat Matthias Trum in der Marke „Heinzlein" wieder auf den Markt gebracht. Aus dem Sudbuch seines Ururgroßvaters Konrad Graser hat er zudem weitere Biere nach alten Rezepten neu entstehen lassen, die seit 2025 unter dem Namen „Graser" im Handel erhältlich sind. Zum dynamischen Wachstum des traditionsreichen Unternehmens trägt eine aktive Expansionsstrategie bei: Jenseits des lokalen und überregionalen Marktes hat Matthias Trum den Export des Bieres in fast 50 Länder stark ausgeweitet – in den USA füllt beispielsweise ein Kooperationspartner das in Containern gelieferte Bier vor Ort in Dosen ab. Das „Schlenkerla" trägt somit wesentlich dazu bei, den Ruf Bambergs als Stadt außergewöhnlicher Bierspezialitäten in die Welt zu tragen.

Warum das „Schlenkerla" schlenkert

Der Name der Brauereigaststätte geht auf den Braumeister Andreas Graser (1843-1905) zurück. Wie überliefert ist, sollen dem tüchtigen Brauer beim Ausladen von Fässern die Pferde durchgegangen sein. Dabei wurde er vom Fuhrwerk überrollt und am Bein schwer verletzt. Seit diesem Unfall hinkte er beim Gehen und „schlenkerte" mit seinen Armen. Dieses unverwechselbare Markenzeichen verlieh dem Andreas Graser seinen markanten Spitznamen, der sich später auf das Gasthaus übertragen hat. Die erste Erwähnung des Namens „Schlenkerla" für die Brauereigaststätte ist für das Jahr 1894 belegt.

Brauerei Schlüssel

Ansicht des Brauereigebäudes um 1910

Anschrift: Obere Sandstraße 20

Gründung: nach 1520

Betriebsaufgabe: 1921

Heutige Nutzung: Lange Zeit bleibt in dem Anwesen das Gasthaus „Zum Schlüssel" erhalten, danach wird das Erdgeschoss als Kneipe genutzt. Seit vielen Jahren wartet das Anwesen – notdürftig gesichert – auf seine Renovierung.

Felsenkeller: Über seine Schwiegermutter, die Büttnerswitwe Margarete Seelmann (➜ Blauer Löwe), gelangt Johann Lieb 1750 in den Besitz eines Felsenkellers am Oberen Stephansberg 36. Durch verwandtschaftliche Beziehungen gerät dieser jedoch bald an die Brauerei ➜ Weißes Lamm. Um 1825 erbt der Schlüssel-Wirt Johann Baptist Jäck die Felsenkeller der väterlichen Braustätte zum ➜ Bauernwirt (Oberer Stephansberg 39 und 41). Der Schlüssel-Keller wird bis zum Ende der Brautätigkeit bewirtschaftet.

Hinter der relativ unscheinbaren Fassade des Anwesens Obere Sandstraße 20 befindet sich bis zum Jahr 1921 die Brauerei „Zum Schlüssel". Der Hausname, nach dem auch die Braustätte benannt war, taucht schon im 15. Jahrhundert auf, aber erst ab 1520 ist das Anwesen durchgehend im Besitz von Büttnern. Diese üben darin ihr Handwerk aus und versorgen Gäste auch mit Wein und später mit selbstgebrautem Bier. Einen interessanten Hinweis auf die gastronomische Nutzung des Anwesens liefert eine Notiz aus dem Jahr 1525: Demnach erhält der Besitzer Hermann Fischer eine Entschädigungszahlung von 20 Pfund und 12 Pfennigen, da ihm städtische Wachleute 52 Maß Wein entwendet und diese unter dem Stadttor getrunken hatten.
Spätestens im 17. Jahrhundert wandelt sich die Weinschänke zu einer Braustät-

te. Entscheidenden Anteil daran dürfte der aus Rattelsdorf stammende Büttner Andreas Schadbeck haben, der das im Dreißigjährigen Krieg zerstörte Nachbarhaus hinzukauft und das Anwesen damit erheblich vergrößert. Die weiteren Besitzer sind der mit der Witwe verheiratete Hans Bayer, der fürstliche Braumeister Bartholomäus Hatzelt sowie der aus Sassendorf stammende Büttner Johann Hübschmann. Nach Georg Göppert wird der „Schlüssel" von Büttner Melchior Wittmann (1677-1708) bzw. seinem Sohn Hans Georg (1708-1711) betrieben. Dessen Witwe heiratet schließlich den Wirtssohn aus dem ➜ Mondschein, den Büttner Johann Kauer, der 1731 auf einer Reise nach Rom verstirbt.

Einen wichtigen Impuls für die weitere Entwicklung der Braustätte stellt die Besitzzeit des Büttners Johann Lieb dar. Er entstammt der Gaststätte ➜ Jäck am Maxplatz und heiratet im Alter von 21 Jahren Katharina Seelmann, die Tochter des ➜ Blaulöwen-Wirtes Andreas Seelmann. Zur Mitte des 18. Jahrhunderts lässt er den Hauskeller umbauen, worauf die im Eingangsbereich eingemeißelten Initialen „I 1748 L" hinweisen. Etwa zur selben Zeit wird Johann Lieb auch als Eigentümer eines Felsenkellergrundstücks auf dem Stephansberg genannt. Mit seinem Tod übernimmt der Schwiegersohn, Wolfgang Litzenberger, die Leitung des Brau- und Gasthauses. In der Erbteilung zahlt er 4.000 Gulden, unter anderem für einen Braukessel und ein 100-Eimer-Fass. Nach nur fünf Jahren veräußert Wolfgang Litzenberger das Anwesen an seinen Schwager Peter Lieb, den Sohn des Vorbesitzers Johann Lieb. Dieser führt das Brauhaus für die nächsten drei Jahrzehnte (1766-1797) und übergibt den „Schlüssel" an seinen Sohn Leonhard (1799-1812).

Um 1810 wird Johann Baptist Jäck Braumeister im „Schlüssel". Mit einem Malzverbrauch von etwa 280 Scheffeln zählt seine Braustätte zu den mittelgroßen Betrieben in Bamberg. Von seinem Vater Johann Jäck (➜ Bauernwirt) übernimmt er später zwei Felsenkellergrundstücke auf dem Oberen Stephansberg, die bis zum Ende der Brautätigkeit genutzt werden. 1835 übernimmt Johann Baptist Jäck die

Der auf zwei Ebenen angelegte Schlüssel-Keller um 1900

Das Kellerhaus am Oberen Stephansberg. Rechts daneben der Felsenkeller der Brauerei ➜ Fässla (um 1910)

Geschäftseröffnung u. Empfehlung

Wir bringen hiermit zur allgemeinen Kenntnis, daß wir die

„Brauerei zum Schlüssel"

obere Sandstraße 20, obere Sandstraße 20,

käuflich erworben haben und weiterführen.
Wir werden bestrebt sein durch Herstellung

tadellosester, wohlbekömmlicher Lager-Biere

und durch

Führung einer vorzüglichen Küche

die Zufriedenheit der uns beehrenden Gäste vollauf zu erlangen.
Die Eröffnung unserer renovierten Lokalitäten findet

Samstag, den 13. ds. Mts.

statt und bringen wir vorerst

ff. Lager-Bier aus der Brauerei Michaelsberg zum Ausschank.

Wir bitten unser Unternehmen durch recht zahlreichen Besuch gütigst zu unterstützen, zeichnen

Hochachtungsvoll

L. Sendner & G. Petzler.

Im November 1909 übernimmt Leonhard Sendner die Brauerei

Der letzte Braumeister im Schlüssel: Leonhard Sendner (Dritter von rechts) neben seiner Frau Kunigunde und den gemeinsamen Kindern Fritz, Annemarie, Theresa und Paul

Wirtschaft im Gaustadter ➔ Fischerhof und veräußert die Schlüssel-Brauerei. Die nachfolgenden Besitzer sind Michael Krug (1835-1875) und Franz Behr (1876-1878). Ab 1878 braut Franz Schneider das Bier im „Schlüssel". Kurz nach der Übernahme des Gast- und Brauhauses lässt er zahlreiche bauliche Änderungen vornehmen, um seinen Betrieb modernen Erfordernissen anzupassen. Dazu gehören der Bau einer rauchfreien Doppeldarre (1885), die Errichtung neuer Toilettenanlagen (1890) und die Verlegung der Küche in den rückseitigen Teil des Hauses (1896), wodurch die Gaststube vergrößert werden kann. Im Gegensatz zu vielen anderen Brauereien nimmt der Bierausstoß im Laufe

der Jahre langsam ab: 1904 erreicht die Brauerei noch einen Ausstoß von knapp 1.800 Hektolitern pro Jahr, und es gelingt Franz Schneider offenbar nicht, den Betrieb weiterhin rentabel zu führen. Schulden für gekauftes Malz führen zum Konkurs, weshalb das Anwesen in der Sandstraße, die beiden Felsenkellergrundstücke auf dem Stephansberg sowie ein Acker am Friedrichsbrunnen in die Zwangsversteigerung gehen.
Mit einem Höchstgebot von 66.100 Mark wird der aus Thüngfeld stammende Braumeister Leonhard Sendner neuer Eigentümer. Nach seinen Lehr- und Wanderjahren, die er bei Brauereien in Schlüsselfeld, Kitzingen, Gelsenkirchen und Mannheim verbringt, kehrt er in die fränkische Heimat zurück und übernimmt mit 28 Jahren die Geschicke im „Schlüssel". Am 4. November 1909 meldet Leonhard Sendner bei den städtischen Behörden seine Brauerei an. Da er anfangs noch kein eigenes Selbstgebrautes auf Vorrat hat, kommt zunächst Bier aus der Brauerei ➔ Michaelsberg zum Ausschank. Im darauffolgenden Jahr lässt er für seine Stammgäste, die „Schützengesellschaft 1865 e.V.", einen Schießstand im Obergeschoss einrichten.
Die Nachfolge für den Betrieb scheint mit Sohn Fritz, der bei der St. Georgen-Bräu in Buttenheim zum Brauer ausgebildet wird, bereits gesichert – doch er wird mit Kriegsbeginn zum Militär einberufen und fällt an der Front. Mit Ende des Sommers meldet Leonhard Sendner am 15. September 1921 den Brau- und Wirtschaftsbetrieb ab. Bereits im darauffolgenden Jahr zieht ein Lebensmittelladen in die früheren Gasträume ein, wobei das ehemalige Brauhaus bis in die 1950er-Jahre als Räucherei dient.

Brauerei Wilder Mann

Anschrift: Untere Sandstraße 9

Gründung: um 1540

Betriebsaufgabe: 1885

Heutige Nutzung: Im Erdgeschoss wird über viele Jahre hinweg ein asiatisches Restaurant betrieben, gegenwärtig befindet sich darin die Bar „Plattenladen".

Felsenkeller: Von der Brauerei ➜ Steinernes Haus erwirbt der Braumeister Johann Baptist Ehrlich das Kellergrundstück an der Unteren Sandstraße 53.

Die Gaststätte „Zum Wilden Mann" in der Unteren Sandstraße um 1910

An der Ecke der Schrottenberggasse zur Unteren Sandstraße, schräg gegenüber dem ➜ Mondschein, befindet sich das Gasthaus „Zum Wilden Mann". In dem stattlichen Anwesen, das 1331 im Besitz von Friedrich Küchenmeister erstmals Erwähnung findet, ist seit dem 16. Jahrhundert durchgehend eine Büttnerei anzunehmen. Die Hausbezeichnung tritt jedoch erst um 1700 auf.

Um 1720 besitzt der Hofmundschenk Johann Grohe das zweigeschossige Wohnhaus sowie das dazugehörige Brauhaus mit Stadel, Nebengebäude und Hof. In den nächsten Jahrzehnten wechseln mehrfach die Besitzer, ehe der aus Drosendorf stammende Büttner Lorenz Wich 1802 den „Wilden Mann" für 4.800 Gulden erwirbt und die Braustätte über drei Jahrzehnte betreibt. Sein Nachfolger Johann Baptist Ehrlich (1832-1844) fügt dem Brauereibesitz das Grundstück Untere Sandstraße 53 hinzu, dessen Felsenkeller vorher von der Brauerei ➜ Steinernes Haus genutzt wurde.

Ab 1844 führt der aus Kirchschönbach bei Prichsenstadt stammende Büttner Anton Stumpf die Braustätte fort, der die Witwe von Johann Baptist Ehrlich heiratet. Er selbst gibt den „Wilden Mann" später an seine außereheliche Tochter Kunigunda Kindner weiter. Als diese 1866 den Brauer Georg Leicht heiratet, tritt der letzte Braumeister im „Wilden Mann" seinen Dienst an. Georg Leicht stammt aus dem Brauhaus in Bug (➜ Aumüller). Im ersten Jahr stellt er rund 600 Hektoliter Bier her, bis 1881 reduziert sich der Ausstoß auf nur noch 300, womit die Braustätte die kleinste in Bamberg ist. Mit dem Tod von Georg Leicht 1885 dürfte der Braubetrieb komplett eingestellt worden sein. In den Folgejahren wird die Gaststätte „Zum Wilden Mann" weiter betrieben; zunächst kommt Bier der Brauerei ➜ Prinz Karl zum Ausschank, 1922 übernimmt Georg Wörner (➜ Kaiserdom) das Haus. Bis zum heutigen Tag wird das ehrwürdige Anwesen gastronomisch genutzt, der „Wilde Mann" jedoch hat seinen jahrhundertealten Namen verloren.

Brauerei Fränkischer Hof

Anschrift: Untere Sandstraße 14

Gründung: 1810

Betriebsaufgabe: wohl 1845

Heutige Nutzung: Über das Ende der Brautätigkeit hinaus wird das Gasthaus an der Sandstraße unter wechselnden Eigentümern weiter betrieben. 1875 erhält es von Gastwirt Georg Rudel den Namen „Blaue Glocke", den es weit über ein Jahrhundert behält. Gegenwärtig befindet sich darin die Kneipe „Zapfhahn".

Das Anwesen in der Unteren Sandstraße wird bis heute gastronomisch genutzt

Die Historie des Brauhauses zum „Fränkischen Hof" im Anwesen Untere Sandstraße 14 lässt sich heute nur noch lückenhaft rekonstruieren. Das liegt vor allem daran, dass dort zwar ein Brauhaus stand, welches aber nie von einem konzessionierten Brauer betrieben wurde. Somit wird die Braustätte auch nicht in den Archivalien der Bamberger Brauervereinigung geführt.

Als gesichert kann gelten, dass der aus Pettstadt stammende Bierbrauer und Weinwirt Sebastian Ley das Haus im Jahr 1737 von den Rösch'schen Erben erwirbt und darin eine Gastwirtschaft eröffnet. Diese wird zunächst als „Pettstadter Wirtshaus" beschrieben. Um 1780 taucht die Bezeichnung zum „Goldenen Adler" auf, manchmal wird es auch als „Wasenwirtshaus" bezeichnet.

Es ist der Gastwirt Michael Kindner, der 1810 im rückwärtigen Teil des Grundstücks ein Brauhaus errichten lässt. Allerdings besitzt Kindner keine Braukonzession. Dies führt schnell zum Konflikt mit Vertretern der ansässigen Brauerzunft. Polizeilich wird ihm verboten, Bier zu brauen und dieses über die Gasse auszuschenken. Im April 1811 beschweren sich die Brauer erneut über Michael Kindner, da dieser weiterhin Bier über die Straße verkauft. Kindner zieht vor Gericht, doch dieses bestätigt im Januar 1812 das bestehende Verbot. In einem letzten Schritt beschwert sich der Gastwirt vor dem Geheimen Rat in München gegen die Bamberger „Bräuerzunft wegen Gewerbs-Beeinträchtigung". Doch auch die höchste richterliche Instanz des Königreichs Bayern bestätigt nur die bisherigen Gerichtsurteile. Die Richter raten Kindner, er solle beim Ministerium des Innern eine Braukonzession auf dem Gnadenweg anstreben, denn „auf dem Rechts Wege könne ihme eine solche keineswegs zugesprochen werden". So bleibt Michael Kindner in der Folgezeit weiterhin ohne Konzession, weshalb er in der Brauerliste von Johann Albert Joseph Seifert aus dem Jahr 1817 nicht erscheint. Nach der Verheiratung seiner Tochter Kunigunde mit dem aus Kirchenschönbach bei Würzburg stammenden Anton Gehring im Januar 1819 scheint wieder Bewegung in das Braugeschäft zu kommen. 1823 versteuert der neue Eigentümer die Menge von 71,92 Scheffel Malz. Damit ist das Brauhaus eines der kleinsten der Stadt.

1844 erwirbt Johann Stiegelschmitt das Anwesen und führt den Gasthof unter dem Namen „Fränkischer Hof" fort. Im folgenden Sudjahr verbraucht er für die Bierherstellung die Menge von 113,2 Scheffel Malz (entspricht etwa 380 Hektoliter Bier). In einer Steuerliste wird auch hier vermerkt, dass Johann Stiegelschmitt keine Braukonzession hat und deshalb nicht zur hiesigen Brauerzunft gehört. 1846 ruht der Braubetrieb komplett. Als Johann Stiegelschmitt 1851 das gesamte Anwesen mit Wohn- und Gasthaus, Ställe für 36 Pferde, eine Scheune und eine Kegelbahn zum Verkauf anbietet, wird das Brauhaus bereits nicht mehr erwähnt. Den heute noch bekannten Namen „Blaue Glocke" bekommt die Gastwirtschaft im Mai 1875 unter dem Gastwirt Georg Rudel.

Brauerei Ambräusianum

Anschrift: Dominikanerstraße 10

Gründung: 2004

Während in und um Bamberg in den letzten Jahrzehnten viele Brauer ihre Betriebe schließen mussten, ist Ambros Michael Mahr einen anderen Weg gegangen – und hat im Jahr 2004 eine Gasthausbrauerei im Herzen der Altstadt eröffnet. So kam es genau genommen zur ersten Brauereineugründung in Bamberg seit rund 130 Jahren. Damit wurde der Gastronom für Bamberg zu einem echten Pionier, denn nach Jahren des Rückgangs entstanden nach der Jahrtausendwende wieder einige weitere Mikrobrauereien.

Aus den bescheidenen Anfängen hat sich das Ambräusianum – der Name leitet sich vom Vornamen des Eigentümers ab – in der lokalen Gasthausszene mittlerweile

Das im Jahr 2004 eröffnete Ambräusianum am Fuß des Katzenbergs

Die Belegschaft in der Schnapsbrennerei Mahr im Jahr 1895

etabliert. Viele Touristen und Einheimische schätzen das Ambiente, die heimischen Speisen und das angebotene Bier. Hinsichtlich der Ausstoßmenge ist das Ambräusianum eine der kleinsten Braustätten Bambergs – gefragt ist hier eben nicht die Größe, sondern das Detail. So ist die Gasthausbrauerei mittlerweile fester Bestandteil von thematischen Stadtführungen, die sich mit dem Thema Bier beschäftigen. Die Teilnehmer lassen sich vor Ort den Brauprozess erklären und dürfen ihre Sinne für das Bier sowie seine Geschmacksvarianten schärfen. Drei verschiedene Biersorten werden angeboten: ein Helles, ein Ungespundetes und ein Weizenbier, außerdem gibt es saisonal weitere Biere.

Obwohl die Brauerei selbst erst wenige Jahre alt ist, hat das Haus in der Dominikanerstraße 10 eine lange Tradition bei der Getränkeherstellung vorzuweisen: Im Jahr 1809 erwirbt Georg-Ambros Mahr das Anwesen im Sand und richtet darin 1818 eine Schnapsbrennerei ein. Als ehemaliger Leibarzt am kaiserlichen Hof in Wien nutzt er sein Wissen in der Destillation zur Herstellung von Likören, die weit über Bamberg hinaus verkauft werden. Über fünf Generationen hinweg entwickelt sich die Firma Mahr zur führenden lokalen Marke für Schnäpse und Branntweinerzeugnisse. So erwirbt beispielsweise Theodor Mahr am 25. Augst 1917 für seine „Dampfdestillerie und Fruchtbrennerei, Likör- Essig- und Senffabrik" den Titel des Hoflieferanten.

Erst in den 1960er-Jahren endet aufgrund fehlender Nachfolgerschaft die lange Tradition der Schnaps- und Likörherstellung. Während das Haus im Besitz der Familie Mahr geblieben ist, wurden die Räumlichkeiten im Erdgeschoss in der Folge als Gaststätte genutzt und verpachtet. Seit 2004 führt Ambros Michael Mahr die Tradition seines Ururururgroßvaters in der Herstellung alkoholischer Getränke fort.

Brauerei Grüner Wald

Anschrift: Obere Sandstraße 18

Gründung: nach 1628

Betriebsaufgabe: 1915

Heutige Nutzung: Über das Ende der Brautätigkeit hinaus wird das Haus gastronomisch genutzt und später von der ➜ Hofbräu AG erworben. Im ehemaligen Hauskeller finden heute die Veranstaltungen des Jazz-Kellers statt, in der früheren Gaststube wird die Kneipe Stilbruch betrieben.

Felsenkeller: Am Jakobsberg 6 betreiben die Besitzer der Brauerei einen Felsenkeller. Nach der Schließung übernimmt die Stadt Bamberg das Anwesen und vermietet es an die Pächter der Brauerei ➜ Michaelsberg.

Eine der vielen in der Sandstraße lokalisierten Brauereien war die Braustätte „Zum Grünen Wald", aus der später die „Gesellschaftsbrauerei" bzw. die „Genossenschaftsbrauerei" hervorging. Gebraut wurde im Anwesen Obere Sandstraße 18 bis in das Jahr 1915. Baugeschichtlich besteht dieses Gebäude aus vormals drei eigenständigen Grundstücken, die 1573 zu einem zusammengelegt werden. Bald darauf taucht als Hausname die Bezeichnung „Zum Wald" bzw. „Zum Grünen Wald" auf. Die durchgehende Besitzerreihe von Büttnermeistern beginnt im Jahr 1628. Spätestens zum Ende des 17. Jahrhunderts, als der vormalige ➜ Mond-

Zum Zeitpunkt dieser Aufnahme (ca. 1935) gehört das Anwesen der ➜ Hofbräu AG Bamberg

schein-Wirt Johann Kauer den „Grünen Wald" in seinen Besitz bringt, kann man von einer Brautätigkeit ausgehen. Für die nächsten vier Generationen wird die Braustätte von dieser bekannten Brauerfamilie geführt. Erst mit dem Tod von Johann Balthasar Kauer am 9. Januar 1748 geht die Ära der Familie Kauer hier zu Ende. Um 1763 wird erstmals ein dazu gehöriges Felsenkellergrundstück mit einer „angelegten Kegel-Bahn, nebst einer schönen Stube, und Garten" erwähnt.

Die jüngere Unternehmensgeschichte beginnt 1817, als der Bischberger Michael Reichert die Brauerwitwe Margarete Zweyer heiratet und den Betrieb übernimmt. Mit einem Verbrauch von rund 330 Scheffeln Malz gehört die Braustätte zu den größeren in Bamberg. Umfangreiche Umbaumaßnahmen im Jahr 1824 führen wohl dazu, dass eine eingeschworene Gemeinschaft Bamberger Bürger den „Grünwald" zu ihrem Stammlokal macht und im Oktober 1826 die „Wintergesellschaft zum Grünwald" gründet. Ihr Ziel ist es, sich während der Wintermonate zu geselligen Zusammenkünften zu vereinigen. Vier Jahre später beschließen die Mitglieder eine Namensänderung und bezeichnen sich fortan als Gesellschaft „Concordia". Im März 1832 verlegt die „Concordia", nach der später das Wasserschloss an der Regnitz benannt werden wird, ihren Sitz in die Brauerei ➜ Kleebaum.

Seinem Sohn Sebastian ermöglicht Besitzer Michael Reichert später den Kauf der Brauerei ➜ Kronprinz in der Langen Straße, während er seinem Sohn Joseph 1862 den „Grünwald" überlässt. Dieser tätigt, ähnlich wie sein Vater, weitsichtige Investitionen: Zuerst lässt er im Brauhaus eine neue Darre einrichten (1872), anschließend installiert er eine Dampfmaschine zum Betrieb einer Maische- und Bierpumpe (1874). Als Joseph Reichert am 20. Dezember 1883 unverheiratet verstirbt, hinterlässt er ein Vermögen. Er stiftet 100.000 Mark für die „Rettungsanstalt für verwahrloste Knaben St. Joseph" auf dem Jakobsberg, spendet 8.000 Mark für den Ausbau des Turmes an der Elisabethenkapelle und bedenkt die Freiwillige Feuerwehr mit weiteren 2.000 Mark.

Seine Erben verkaufen das Brauhaus im Sand und den Felsenkeller auf dem Jakobsberg für 131.000 Mark an die Brüder Georg und Heinrich Roth aus Bamberg. Für die Bierherstellung engagieren sie einen Brauer aus der Kulmbacher Aktienbrauerei und benennen ihr Unternehmen in „Gesellschaftsbrauerei Bamberg" um.

Ich beehre mich hiedurch ergebenst anzuzeigen, dass das

Brauerei-Geschäft der Herren G. & H. Roth dahier

mit dem heutigen Tage in meinen Besitz übergegangen ist und dasselbe unter der Firma

Gesellschafts-Brauerei Bamberg
S. BAUER

weiter fortführen werde.

Das meinen Herren Vorgängern geschenkte Vertrauen bitte ich auch auf mich gütigst zu übertragen.

Hochachtungsvollst
S. Bauer.

Zum 1. Dezember 1886 übernimmt Salomon Bauer den Braubetrieb

Gemeinsam legen sie den Grundstein für eine neue Großbrauerei, wofür sie zunächst die Kapazitäten der Eis- und Lagerkeller erheblich vergrößern. Mit einem Ausstoß von fast 12.000 Hektolitern steigt die Gesellschaftsbrauerei 1885 zur zweitgrößten Braustätte Bambergs auf. Nicht einmal drei Jahre nach dem Erwerb verkaufen die Brüder Roth die Brauerei im November 1886 an Salomon Bauer aus Giebichenstein bei Halle. In seinen Räumlichkeiten gründen sich die Maler- und Tüncherinnung sowie der Zitherbund Bamberg, außerdem dient der Keller auf dem Jakobsberg der „Schützengesellschaft Edelweiß" als Vereinslokal. Als Salomon Bauer im März 1904 unerwartet verstirbt, veräußert seine Witwe den Betrieb mitsamt Kelleranwesen für 230.000 Mark an Hermann Dreßel aus Coburg. Zu dieser Zeit ist die jährliche Produktionsmenge auf 5.400 Hektoliter Bier zurückgegangen. Bereits 1907 muss der neue Eigentümer Konkurs anmelden, und eine Gesellschaft von Gläubigern übernimmt die Brauerei.

Einen neuen Impuls erhält der Braubetrieb, als der lokale Gastwirtsverein den Beschluss fasst, ein Brauhaus auf genossenschaftlicher Basis zu führen und das Bier über seine Mitglieder auszuschenken. Ziel ist es, sich vom Preisdiktat der Großbrauer unabhängig zu machen. Im Oktober 1909 investiert eine Gruppe von 29 Gastwirten insgesamt 125.000 Mark und gründet die „Genossenschaftsbrauerei für Bamberg und Umgebung GmbH". Doch der anfängliche Erfolg findet schnell ein jähes Ende: Zunächst gerät der Buchhalter in Verdacht, 20.000 Mark unterschlagen zu haben, ehe die Genossenschaft 1914 Konkurs anmelden muss. Zahlreiche Mitglieder und Teilhaber erleiden große Verluste. Ein Brand im Brauhaus an der Sandstraße zerstört 1915 das Sudhaus mit Kühlschiff.

Zinndeckel der Genossenschaftsbrauerei (nach 1909)

Altes Flaschenetikett der Genossenschaftsbrauerei

Brauerei Einhorn

Anschrift: Obere Sandstraße 24

Gründung: nach 1366 (Wiedereröffnung 2021)

Felsenkeller: Der Felsenkeller auf dem Jakobsberg 6 wird bereits 1750 erwähnt und bis zur Schließung der Brauerei bewirtschaftet. Zur Aufweitung der engen Storchsgasse muss im Frühjahr 1956 ein Teil des Kellerhauses weichen. 1982 wird die traditionelle Sommerwirtschaft auf dem Jakobsberg unter dem neuen Eigentümer, der Münchner Hacker-Pschorr Bräu, wieder eröffnet. Noch heute ist das Anwesen gastronomisch genutzt und trägt weiterhin den traditionellen Namen „Einhornskeller".

Das Brauereianwesen in der Oberen Sandstraße (ca. 1935)

Die Brauerei Einhorn im Sand zählt zu den ältesten und traditionsreichsten Braustätten Bambergs. Entsprechend weit reicht die Historie des Anwesens in der Oberen Sandstraße 24 zurück, das bereits 1366 als „putnerhaus" (= Büttnerhaus) beschrieben wird. Über die folgenden 600 Jahre bleibt das Haus nahezu durchgehend im Besitz von Büttnern und Brauern. Erhaltene Rechnungen des Stadtbauhofes aus dem Jahr 1441 belegen beispielsweise Gebührenzahlungen an den Kranichheber für das Ausladen von Fässern. Wenige Jahre später ist der Büttner Michael Beugler als Eigentümer des Hauses überliefert, der mit seiner Frau Margarete die Wirtschaft „Zum Eichhorn" betreibt.
Um 1587 gehört das Anwesen dem Büttner Hans Danzel. Dieser muss im Jahr 1602 sein Haus an den Haßfurter Bürger Leonhart Banter verpfänden, da er Forderungen in Höhe von 225 Gulden für eine Lieferung Gerste nicht erfüllen kann. Am 17. Januar 1717 gerät das Wirts- und

Brauhaus in das Eigentum des Büttners Johann Kaspar Eremit, Sohn des Brauers im ➜ Goldenen Einhorn. Im Kaufpreis von 770 Gulden sind das große Feuerrecht, Kessel, Brauzeug, Dorles, drei Kufen und ein 20-Eimer-Fass enthalten. Zu dieser Zeit tritt erstmals die Bezeichnung „Zum Einhorn" auf.

Im Jahr 1743 beginnt die drei Generationen dauernde Ära der Brauerfamilie Rückel. Der aus Marktbibart stammende Büttner Christoph Rückel erwirbt das Anwesen und nutzt einen Felsenkeller auf dem Jakobsberg. Er führt die Braustätte bis zu seinem Tod fort. Auf dem Erbweg übernimmt sein Sohn Heinrich Rückel (1770-1807) das Brauhaus, ehe er es seinem Sohn Martin (1807-1823) vererbt. Doch als dieser im Alter von nur 40 Jahren verstirbt, geht der gesamte Besitz an seine zweite Ehefrau Kunigunde über. Die Witwe bleibt nicht lange alleine, sondern ehelicht den Amtmann und Patrimonialrichter Christoph Franz Herrmann, der später in den Landrat von Oberfranken berufen wird. Für die folgenden Jahre verpachten die Eheleute den Braubetrieb zunächst an den Brauer Johann Sennefelder, dann an den aus Reichmannsdorf stammenden Jakob Schlegel. Wohl mit dem Tod von Christoph Franz Herrmann im Jahr 1850 übernimmt Jakob Schlegel das Anwesen käuflich. Als dieser 1857 verstirbt, ist sein Sohn Karl, der später die Brauerei übernehmen wird, erst neun Jahre alt. Die Witwe Kunigunde Schlegel verheiratet sich daraufhin mit dem Brauergesellen Pankraz Seeber. Er verlegt die bisherige Küche in den hinteren Gebäudeteil und vergrößert dadurch die Gaststube erheblich.

1873 tritt Karl Schlegel im Alter von 25 Jahren das väterliche Erbe an und investiert in die Vergrößerung des Betriebs. Auf dem Kellergrundstück errichtet er ein Kellerhaus, außerdem lässt er das Anwesen

Frühjahrsputz auf dem Einhorns-Keller: Die Pächterfamilie bereitet sich auf den Beginn der Kellersaison vor (um 1900)

in der Sandstraße unterkellern, die Gärkammern modernisieren (1884) und im Brauhaus ein neues Kühlschiff installieren (1898). Um die Jahrhundertwende be-

„Endlich wieder: Vollbier" verkündet das Schild am Ausschank in der Sandstraße. Mit der Währungsreform im September 1948 kommt das Vollbier zurück – die Maß kostet 78 Pfennig

trägt der Jahresausstoß etwas mehr als 3.000 Hektoliter Bier. Wie den städtischen Gewerbelisten zu entnehmen ist, übergibt Karl Schlegel am 2. März 1904 die Brauerei mit Gastwirtschaft seinem Sohn Leonhard. Eine seiner ersten Investitionen betrifft den Kauf eines repräsentativen Auslegers für die Gasthausfront, den der Kunstschmiedemeister Bosch um ein kleines Einhorn ergänzt. Im Jahr 1915 finanziert Leonhard Schlegel außerdem den Neubau eines Brauhauses, das mit moderner Brauereitechnik ausgestattet wird. Dazu gehören ein Sudhaus und ein Kühlschiff, während die bislang betriebene Mälzerei aufgegeben wird. Der durch den Ersten Weltkrieg bedingte Mangel an Rohstoffen führt jedoch dazu, dass das Brauhaus schon bald wieder außer Betrieb gesetzt wird. Für einige Zeit bezieht die Gaststätte ihren Gerstensaft von der Brauerei ➜ Michaelsberg. Erst 1925 kehrt wieder Normalität in das Unternehmen ein.

Nach dem Tod von Leonhard Schlegel am 30. November 1932 gibt seine Witwe Margarethe die betriebene Landwirtschaft in der Gaustadter Flur auf, die bis dahin einen Teil des Eigenbedarfs an Gerste und Hopfen gedeckt hatte. Der Fortbestand der Braustätte scheint durch den gemeinsamen Sohn Karl gesichert. Doch nur zwei Jahre später verstirbt dieser, sodass Margarethe Schlegel das Gasthaus alleine weiterführt. Unterstützung findet sie in ihrem jüngsten Sohn Edmund. Gemeinsam halten sie den Braubetrieb bis zur kriegsbedingten Stilllegung im Jahr 1944 aufrecht.

Nach der Währungsreform verpachtet Margarethe Schlegel das Anwesen in der Oberen Sandstraße sowie den Felsenkeller auf dem Jakobsberg an den Braumeister Lorenz Doppel. Dieser nimmt im Februar 1950 den Braubetrieb wieder auf und setzt damit die über fünfhundertjährige Brautradition im „Einhorn" fort. Im Juli 1952 wird der Besitz an Edmund Schlegel vererbt, der die Gebäude drei Jahre später an Lorenz Doppel verkauft. Fortan firmiert die Braustätte unter der Bezeichnung „Lorenz Doppel und Einhornbräu". Mit dem fertiggestellten Neubau seines Brauhauses auf dem Kaulberg im Januar 1961 und der Firmierung als Brauerei ➜ Doppel endet die vielhundertjährige Brautradition im „Einhorn".

Als Richard Doppel den vom Vater übernommenen Braubetrieb auf dem Kaulberg 1972 einstellt und an die Hacker-Pschorr Bräu AG verkauft, geht das Haus im Sand ebenfalls an den Braukonzern aus München über. Die gastronomische Nutzung bleibt als Restaurant und Kneipe unter wechselnden Betreibern erhalten, wobei die Bausubstanz zunehmend

Das Kellerhaus (links) auf dem Jakobsberg wird 1956 teilweise abgerissen, um die schmale Storchsgasse aufzuweiten

leidet. Ab 2005 steht das altehrwürdige Gebäude leer und verfällt zusehends, ehe es 2013 durch das Familienunternehmen Müller & Söhne aufgekauft wird. In den folgenden Monaten erfährt das Vorderhaus eine aufwändige und denkmalgerechte Komplettsanierung, sodass Ende des Jahres wieder der Gastbetrieb im neu eröffneten „Ahörnla" aufgenommen werden kann. Zu dieser Zeit beschäftigt sich Florian Müller als Eigentümer bereits mit der Wiederbelebung der Brautradition, die er acht Jahre später realisieren kann: 2021 nimmt er eine Sudhausanlage der Bamberger Firma Kaspar Schulz in Betrieb. Seitdem fließt aus den Hähnen der Gastwirtschaft wieder Bier aus dem eigenen Haus – ein Rotbier und ein Helles. Das mehrstöckige Brauhaus mit seinem herrlichen Blick auf die Altstadt bei Führungen erlebbar zu machen, Verständnis für den Brauprozess zu fördern und im stilvollen Ambiente Bier- oder Gin-Tastings zu bieten – das sind wichtige Anliegen im Sinne des Gastronomen und Brauereibesitzers Florian Müller.

Bierfilz der Brauerei mit dem Einhorn als Symboltier der Braustätte

Seit 2021 kommt im „Ahörnla" wieder Bier aus dem eigenen Brauhaus aus dem Hahn

Brauerei Ringlein

Das Ringlein ist heute Gasthaus mit angegliedertem Hotel

Anschrift: Dominikanerstraße 9

Gründung: um 1588

Betriebsaufgabe: 1958

Heutige Nutzung: Das Gasthaus der Brauerei Ringlein ist bis heute erhalten geblieben. In den 1980er-Jahren wird das Anwesen aufwändig umgebaut und um einen Hotelkomplex mit Tiefgarage erweitert. Dabei wird das alte Brauhaus aus dem 16. Jahrhundert abgerissen.

Felsenkeller: Am Oberen Stephansberg 45 liegt bis zur Betriebsschließung der Felsenkeller der Brauerei Ringlein. Dieser wurde im Jahr 1804 vom säkularisierten Dominikanerkloster aufgekauft. Die Gebäudesituation aus dieser Zeit mit Kellerhaus und Garten ist heute noch gut zu erkennen.

Das Anwesen der Brauerei Ringlein an der Dominikanerstraße bestand einst aus fünf verschiedenen Grundstücken, die im Laufe der Jahrhunderte zu einem zusammengefasst wurden. Bis ins späte 16. Jahrhundert ist in dem Anwesen eine Backstube belegt. Erst um 1588 richtet Georg Ringlein, dessen Namen die Brauerei für die folgenden vier Jahrhunderte tragen soll, eine Büttnerei ein. Wie so oft wird mit dem Funktionswandel eines Gebäudes auch der Name des Besitzers beibehalten. In den anschließenden Jahrzehnten üben wechselnde Besitzer in der heutigen Dominikanerstraße 9 das Büttnerhandwerk aus, und es ist davon auszugehen, dass seit dem ausgehenden 16. Jahrhundert auch regelmäßig Bier angesetzt wird. Als sich die Tochter des Büttners Hans Georg Dippold mit Georg Leonhard Kauer vermählt, geht die Braustätte – unter Zuzahlung von 2.500 Gulden – ab 1755 in den Besitz der eingesessenen Bamberger Brauerfamilie Kauer über. Anschließend

Sichtlich Freude haben die Kinder von Braumeister Georg Peßler, Hanns (links) und Bert, beim Ritt auf den Brauereipferden. Rechts der Kutscher Stefan Kaupper

Georg Peßler aus Saltendorf war 43 Jahre lang Braumeister im Ringlein

wird die Braustätte von Johann Baptist bzw. Josef Kaspar Kauer weitergeführt. In diese Zeit fallen auch umfangreiche Modernisierungsmaßnahmen an den Gebäuden (1782-1785) sowie der Erwerb des Kellergrundstücks auf dem Oberen Stephansberg 45.
Am 28. April 1824 erwirbt Georg Krampert die Brauerei „Zum Ringlein" für 14.500 Gulden. Er steigert den Bierausstoß erheblich und macht die Braustätte zu einer der größten in der Stadt. Nach seinem Tod 1849 führt zunächst seine Witwe Eva und ab 1862 der gemeinsame Sohn Johann den Betrieb fort. Johann Krampert bleibt auch noch als Geschäftsführer im Brauhaus tätig, als die Brauerei 1865 an den Bäckermeister Michael Müller verkauft wird. Nur drei Jahre später eröffnet dieser jedoch eine Bäckerei in der Nürnberger Straße gegenüber der Koppenhofkaserne, weshalb das „Ringlein" erneut zum Verkauf steht.
Neuer Eigentümer wird Kaspar Graser, dessen Bruder Andreas die direkt gegenüber liegende Brauerei ➜ Schlenkerla führt. Nach seinem Tod im November 1884 kauft der Gärtnermeister Georg Schley den Besitz, zu dem neben der Brauerei und dem Felsenkeller auch die Gastwirtschaft „Zum grünen Thal" in Gaustadt (später „Volksgarten") gehört. Er überträgt die Brauerei an seinen Schwiegersohn Michael Güßbacher aus Stübig. Unter ihm erreicht die Brauerei im Jahr 1902 einen Bierausstoß von etwa 3.000 Hektolitern.
1911 gerät der Braubetrieb in Konkurs und geht in die Zwangsversteigerung. So kommt Georg Peßler aus Saltendorf an das „Ringlein" und ist hier über 43 Jahre hinweg als Braumeister tätig. Ähnlich wie sein Cousin und Namensvetter Georg Peßler von der Brauerei ➜ Michaelsberg zeichnet er sich als engagierter Brauer aus: Gleich nach dem Erwerb des Anwesens investiert er in ein neues Brauhaus, 1927 modernisiert er die Malz- und Hopfendarre. Gemeinsam mit seiner Frau Margarete bietet er Übernachtungsmöglichkeiten an und bewirtet seine

Mit dem Fuhrwerk wird ein Fass Bier vom Keller am Stephansberg zur Brauerei transportiert

Gäste in der Dominikanerstraße oder im Sommer auf dem Felsenkeller am Oberen Stephansberg 45. Zu den Stammgästen der Brauereigaststätte gehören neben dem Stammtisch „Schenkhocker" oder dem „Radclub Adler 1907" auch die Handballer des 1. FC Bamberg sowie die sogenannten „China-Krieger". Als Georg

Peßler am 6. Oktober 1954 verstirbt, führt sein Sohn Hanns, ein gelernter Brauer, die Bierherstellung für weitere vier Jahre fort. Eine berufliche Neuorientierung führt jedoch bald zum Wegzug aus Bamberg. Die Witwe Margarete Peßler beschließt deshalb, den Brauereibetrieb auch in Hinblick auf dringend notwendige Investitionen zu schließen, und verpachtet die Gastwirtschaft an die Brauerei Schindler in Forchheim. Nach ihrem Tod 1969 wird das Anwesen verkauft.

Im Zuge eines umfangreichen Aus- und Umbaus zum Hotel mit Tiefgarage gehen zwischen 1985 und 1987 große Teile der ursprünglichen Bausubstanz verloren, darunter das alte Brauhaus, die Darre und der Eiskeller. Lediglich das frühere Eingangsportal zum Brauhaus mit der Jahreszahl 1545 blieb dabei erhalten und wurde an der Ringleinsgasse in den Neubau integriert. Im gleichnamigen Hotel Ringlein wird heute noch die Gastlichkeit gepflegt, von der jahrhundertealten Tradition der Brauerei ist aber lediglich der Name übriggeblieben.

Brauerei Mondschein

Anschrift: Untere Sandstraße 16

Gründung: um 1616

Betriebsaufgabe: 1884

Heutige Nutzung: Das Anwesen wird heute noch gastronomisch genutzt.

Felsenkeller: Der Felsenkeller der Brauerei befindet sich in der Unteren Sandstraße 59. Auch das benachbarte Grundstück mit der Hausnummer 61 gehört ab 1857 zur Brauerei.

Das Anwesen hat seine Ursprünge im 14. Jahrhundert und befindet sich 1616 erstmals im Besitz eines Büttners. Wann mit dem Brauen von Bier begonnen wird, lässt sich nicht exakt nachvollziehen – möglicherweise ist es unter Leonhard Erbar, dem ersten Büttner im „Mondschein". Um 1725 wird dann explizit ein Brauhaus erwähnt. Es gehört dem Büttner Hans Pöhlmann, der das dazugehörige Vorderhaus mit sechs Zimmern und drei Kammern bewohnt.

Zur Mitte des 18. Jahrhunderts wird die Braustätte von Melchior Steigner und danach von seinem Sohn Johann betrieben. Im Jahr 1783 errichtet dieser einen Neubau und beantragt die Erteilung der sogenannten „Schildgerechtigkeit". In seiner Bittschrift legt er dar, dass in der „überaus gangbaren und weiten Straße im Sande" lediglich die benachbarte Gastwirtschaft „Zum Schwarzen Raben" (Obere Sandstraße 11) die Schildgerechtigkeit besitze, während die nächsten Gastwirtschaften dieser Art erst auf dem Kaulberg bzw. im Steinweg anzutreffen seien. Aufgrund von Einwänden aus der Nachbarschaft, wohl auch vom Raben-Wirt, wird sein Antrag zunächst abgelehnt und erst im Jahr 1785 positiv beschieden. In diese Zeit fällt der Erwerb eines Felsenkellergrundstücks (Untere Sandstraße 59); dieses wird später um das benachbarte Grundstück Nummer 61 erweitert.

Die Mondschein-Wirtin Martha Stichelschmidt auf einem Gemälde (um 1820)

1798 gerät das Brauhaus in die Zwangsversteigerung und geht für 5.225 Gulden an den jungen Büttner Johann Stichelschmidt aus Herrnsdorf. Der Bierausstoß für das Jahr 1817 beträgt stattliche 857 Hektoliter Bier – damit ist die Brauerei hinsichtlich der Ausstoßmenge die drittgrößte Braustätte Bambergs. Johann Stichelschmidt verstirbt am 25. März 1827 und vererbt das Anwesen seiner Witwe Martha.

Im November 1840 verheiratet sich der Rotgerbersohn Georg Ultsch mit Rosalie Albrecht und übernimmt im selben Jahr die Braustätte im Sand. Aus der Ehe gehen sechs Kinder hervor, von denen zwei Söhne nach Nordamerika auswandern und der jüngste sein Glück als Brauer in den USA versucht. Georg Ultsch selbst ist Brauer aus Leidenschaft: Auf der Versammlung der bayerischen Bierbrauer 1862 in Nürnberg engagiert er sich vehement für die Aufhebung der Biersteuer. Im gleichen Jahr wirkt er zudem an der Ausstellung des Bamberger Gartenvereins mit und wird dort für die hohe Qualität des von ihm angebauten Hopfens gewürdigt. Nach seinem Tod 1866 übernimmt sein Sohn Adam den Braubetrieb im „Mondschein". Als Adam Ultsch im Dezember 1884 verstirbt, sucht seine Familie nach einem Käufer für die Brauerei, allerdings ohne Erfolg.

Im Juli 1886 erwirbt Michael Zink, bislang Pächter in der ➜ Karmeliterbräu, das Anwesen zur Führung einer Gastwirtschaft. Wenige Jahre später erwirbt er das Brauhaus in Bug (➜ Aumüller), während der Mondschein zunächst an die ➜ Hofbräu AG verkauft wird und 1902 an den Gastwirt Anton Mohr übergeht.

Zinndeckel eines Bierkrugs

Brauerei Taucher

Anschrift: Lugbank 5

Gründung: nach 1490

Betriebsaufgabe: 1871

Heutige Nutzung: Um 1881 wird im Erdgeschoss ein Laden eingerichtet. Später erwirbt Wilhelm Hauck (➜ Steinernes Haus) das Anwesen, der es umbauen lässt und 1893 an den Gastwirt Georg Weierich veräußert. Heute beherbergt das Anwesen das gleichnamige Hotel.

Felsenkeller: 1716 erwirbt Hans Giehl das Grundstück am Oberen Stephansberg 26 für 150 Gulden und lässt einen Felsenkeller anlegen. Um 1798 ist Franz Rebhan kurzzeitig im Besitz eines Grundstücks am Oberen Stephansberg 14, zu dem ein zweistöckiges Häuschen mit Felsenkeller und ein Viertel Morgen Hopfengarten gehören. Danach besitzt er einen Felsenkeller auf dem Jakobsberg 25 (später Brauerei ➜ Michaelsberg).

Das Anwesen in der Lugbank 5, heute besser bekannt unter dem Namen „Hotel Weierich", wird ab dem 15. Jahrhundert durchgehend von Büttnern bewohnt, was eine frühe gastronomische Nutzung vermuten lässt. Dem Kübelmacher Martin Paul folgen ab 1521 der Büttner Hans Schley sowie der mit der Witwe verheiratete Hans Stengel als Eigentümer nach. Ihren bis zur Betriebsaufgabe verwendeten Namen erhält die Brauerei von Albert Taucher, „Büttner am Schley-Brunnen". Er ist 1570 als Besitzer des Anwesens überliefert und vererbt nach seinem Tod den Besitz an seine Frau Kunigunde.

In der Folgezeit wird Sebastian Mayer als „Weinbüttner in der Luchpenk" genannt. Nach ihm übernimmt mit Matthes Taucher wohl ein Nachfahre des Namensgebers die Braustätte. Unter seiner Betriebsführung bricht am 10. Dezember 1657 ein Feuer aus. Weil der Fahrknecht des St. Elisabethen-Spitals, Heinrich Weltsch, als erster mit einer Wasserfuhre an der Brandstelle eintrifft, erhält dieser später eine Belohnung in Höhe von einem Gulden zugesprochen. 1669 heiratet der aus Böhmen stammende Büttner Christian Ludwig in den Betrieb ein. Kurze Zeit später nimmt er an dem Anwesen erhebliche Umbaumaßnahmen vor, worauf die Initialen „C 1677 L" an der nördlichen Hausdurchfahrt hinweisen.

Über den Traualtar gelangen auch die beiden nachfolgenden Eigentümer in den Besitz des Anwesens: Zuerst heiratet Johann Wolf 1698 die Witwe von Christian Ludwig, dann ehelicht Johann Giehl aus Burgebrach im Jahr 1713 die zweite Frau des Vorbesitzers. Unter diesem nimmt der Braubetrieb im „Taucher" einen erheblichen Aufschwung: Für 150 Gulden erwirbt er ein Grundstück auf dem Oberen Stephansberg und legt einen Felsenkeller an. Außerdem lässt er das Anwesen in der Lugbank in seinem heutigen Aussehen errichten.

Für die kommenden zwei Generationen wird das Gast- und Brauhaus „Zum Taucher" von der Familie Rebhan bewirtschaftet: Mit dem Kauf des Anwesens und dem Erwerb des Meistertitels 1736 verheiratet sich der Büttner Johann Rebhan am 23. Januar desselben Jahres mit Ottilie Hofmann. Als diese früh verstirbt, nimmt er die Brauertochter Maria Magdalena Lieb zur Frau. Aus dieser Ehe geht auch der gemeinsame Sohn Franz hervor, der später die Braustätte in der Lugbank übernehmen soll. Da der zukünftige Brauereibesitzer beim Ableben seines Vaters aber erst 13 Jahre alt ist, leitet die Witwe Maria Magdalena Rebhan den Betrieb bis zur Übernahme ihres Sohnes weiter. Im Alter von 22 Jahren tritt Franz Rebhan dann das väterliche Erbe als Braumeister an, das er für die folgenden vier Jahrzehnte fortführt. Zur Lagerung und Kühlung seines Bieres erwirbt er ein Felsenkellergrundstück auf dem Jakobsberg (1804). Mit einem jährlichen Ausstoß von lediglich 330 Hektolitern Bier gehört das Brauhaus zu den kleinsten in Bamberg. Am 7. Juli 1816 verstirbt Franz Rebhan. Seine Witwe Magdalene hält den Brau- und Gasthausbetrieb für die nächsten 28 Jahre aufrecht.

Ab 1844 übernimmt Johann Baptist Lesch die Leitung im Gast- und Brauhaus „Zum Taucher". Er lässt auf dem Grundstück einen Neubau anlegen und verlegt dabei das Brauhaus von der Schranne an die Lugbank. Doch der Braumeister kann seine Investition nicht lange nutzen, denn er verstirbt bereits 1852. Das Eigentum geht somit an seine Witwe Kunigunde über, die es für weitere zwölf Jahre bewirtschaftet. Als letzter Brauer im „Taucher" gilt Heinrich Leicht. Der Sohn des Brauers Johann Baptist Leicht (➜ Bayerlein) verkauft 1864 sein Wirtschaftsgut mit Brauhaus in Knetzgau und übernimmt mit 38 Jahren das Brauhaus in der Lugbank. Allerdings kann er die Braustätte nicht entscheidend voranbringen, vielmehr richtet er im Jahr 1871 eine große Weinwirtschaft ein. Dabei wird der Braubetrieb ganz offensichtlich eingestellt.

Die Braustätten von der Langen Straße bis zur Kapuzinerstraße

Brauerei Sternla

Anschrift: Lange Straße 46

Gründung: 2019

Das Sternla in der Langen Straße

Uwe Steinmetz führt das Gasthaus seit 1999

Dass die Brautradition in der Langen Straße mehr als 100 Jahre nach ihrem Ende wiederaufgelebt ist, ist dem gelernten Industriemechaniker und späteren Koch Uwe Steinmetz zu verdanken. Der gebürtige Bamberger übernimmt 1999 von der ➜ Brauerei Maisel das eingesessene Gasthaus Sternla zunächst als Pächter, das er schließlich 2008 kauft. Schon bald entwickelt er die Vision, in seiner Wirtschaft eigenes Bier zu brauen. Erste Versuche beginnen mit einer sogenannten „Hopfensau", einer Mikro-Brauerei von 50 Litern Fassungsvermögen. Die Faszination für das Brauen im kleinen Stil bildet dann den Grundstein für die weitere Expansion – und im Jahr 2019 ist es so weit: Kurz vor dem Lockdown durch die Corona-Pandemie beauftragt Uwe Steinmetz die österreichische Firma Sudkraft mit dem Bau eines Brauhauses im hinteren Gebäudeteil. Auf dieser Anlage stellt er mit seinem Team mittlerweile rund 1.200 Hektoliter Bier jährlich her, die ausschließlich im eigenen Wirtshaus angeboten werden. In der Gaststätte kommen ein Export und ein Märzen zum Ausschank, saisonal wechselnde Biere ergänzen das Sortiment. Neben gutem Bier und fränkischer Küche liegt dem Brauereibesitzer viel daran, seine Leidenschaft für den Gerstensaft anderen näherzubringen. Er bietet Termine zur Verkostung oder mehrstündige Braukurse an. Und weil ihm trotz modernster Brautechnik die Weitergabe von Traditionen wichtig ist, gibt es einmal jährlich auch eine Schafkopfschule für Kinder.

Während die Bierherstellung im Sternla also relativ neu ist, reicht die Geschichte als Gaststätte viele Generationen zurück. Bereits 1772 ist der Gastwirt Michael Leykam als Eigentümer des Hauses überliefert, im Jahr 1818 schenkt Joseph Dietl im Anwesen „neben der Langgaß-Kaserne" Wein aus, wie es in einer zeitgenössischen Quelle heißt. 1842 leitet sein Neffe Johann Martin den Betrieb, unter dessen Führung erstmals die Bezeichnung „zum Stern", später „zum Sternlein" auftaucht. Nach dem frühen Tod von Johann Martin (1850) verheiratet sich seine Witwe mit dem Büttner Matthäus Gunzelmann, ehe ihr Sohn aus erster Ehe, Justin Martin, 1872 als gelernter Brauer in die Leitung der Gastwirtschaft einsteigt. Im Februar 1874 steht das „Gasthaus zum Sternchen mit Wein-, Bier- und Kaffeewirtschaft" in der örtlichen Tageszeitung für 15.000 Gulden

Die Brauanlage ist das Herzstück im Sternla

zum Verkauf ausgeschrieben. Demnach umfasst das Anwesen neben den Wirtschafts-, Gast- und Wohnräumen auch große Stallungen, einen Hofraum, einen Wirtschaftsgarten, einen Brunnen und einen Keller. Obwohl sich die Räumlichkeiten laut Annonce zum Betrieb eines größeren Handelsgeschäftes eignen, bleibt die Gaststätte bestehen und wird 1875 sogar um eine Bierhalle an der Westseite des Hofs erweitert. Anschließend weckt die Gaststätte in der Lange Straße 46 die Begehrlichkeiten der Brauereibesitzer: Im Mai 1882 kauft der Gaustadter Brauer Heinrich Zang (➜ Bayerlein) das Sternlein für die Summe von 36.000 Mark, um hier sein Bier auszuschenken. Nach weiteren Besitzerwechseln übernimmt 1909 Rudolf Maisel die Gaststätte. Über ein Jahrhundert hinweg werden im „Sternla" Biere der Bamberger ➜ Maisel-Bräu verzapft, ehe der Braubetrieb an der Moosstraße 2008 Insolvenz anmelden muss. Dies wiederum ebnet dann den Weg für Uwe Steinmetz und sein eigenes Sudhaus im „Sternla".

Bärenbräu

Die Gaststätte der Bärenbräu in der Langen Straße im Jahr 1899

Anschrift: Lange Straße 23 (später Jakobsberg 20)

Gründung: ab 1499

Betriebsaufgabe: 1906

Heutige Nutzung: Nach der Betriebsverlagerung der Brauerei auf den Jakobsberg wird in dem Anwesen Lange Straße 27 zunächst die Wirtschaft „Zum Bären" fortgeführt. Ab 1955 befindet sich darin das Fachgeschäft für Porzellan, Glas und Kunstgewerbe Peter Pretti. Bis heute wird das Erdgeschoss für den Einzelhandel genutzt.

Felsenkeller: Der Felsenkeller der Brauerei liegt seit dem 18. Jahrhundert unter dem Anwesen Jakobsberg 20 (mit zahlreichen Erweiterungen).

Hinter der Fassade des Anwesens Lange Straße 23 befindet sich über viele Jahrhunderte die Braustätte „Zum Schwarzen Bären". Das Haus wird 1447 im Besitz von Conz Leupolt erwähnt, noch vor der Jahrhundertwende geht der Kübelmacher Hans Eichhorn seinem Gewerbe nach. Da es bis zum Ende der Brautätigkeit stets im Besitz von Büttnern verbleibt, ist eine frühzeitige Verleihung des Braurechts anzunehmen.
Die jüngere Brauereigeschichte beginnt im frühen 18. Jahrhundert: Im Jahr 1732 ist der aus Scheßlitz stammende Büttner Hans Güthlein Eigentümer des Anwesens, zu dem ein Darr- und Brauhaus gehören. Nach seinem Tod wird das Haus durch ein Feuer erheblich beschädigt, weshalb seine Witwe Maria Ursula eine Brandentschädigung in Höhe von 1.333 Gulden erhält. Als nächste Besitzer sind die Büttner

Das Kellerhaus über dem Felsenkeller auf dem Jakobsberg nach einer Zeichnung von etwa 1885

Anton Bundschuh (1774-1789), Linhard Kauer (1789-1800) sowie Michael Wagner überliefert. Unter seiner Führung wird erstmals der Felsenkeller am Jakobsberg 20 erwähnt, der möglicherweise schon vorher zu Lagerzwecken genutzt wurde. Nahezu vier Jahrzehnte bleibt Michael Wagner Braumeister im „Schwarzen Bären". Er verstirbt im Alter von 64 Jahren, und seine Witwe Anna Maria heiratet 1839 den Braumeister Karl Schrenker, der die Braustätte bis ins Jahr 1862 betreibt. Zu dieser Zeit zählt die Brauerei – gemessen am Malzverbrauch – zu den größten Braustätten Bambergs. Mit 58 Jahren veräußert Karl Schrenker die Braustätte an den aus Gaustadt stammenden Michael Reges. Dieser wird kurz darauf der Steuerhinterziehung überführt und zu einer Strafe von 100 Reichstalern verurteilt. Zur Unterhaltung seiner Gäste errichtet er auf dem Felsenkellergrundstück eine Kegelbahn im neugotischen Stil.

Den entscheidenden Impuls für die weitere Entwicklung erhält die Braustätte, als die Witwe Anna Reges 1868 den Betrieb an Ferdinand Carl Prieger verkauft. Prieger stammte aus Bad Kreuznach und war als Textilkaufmann in Manchester zu Wohlstand gekommen. Von seiner Schwiegermutter hatte Prieger zudem das Ökonomiegut Schloss Gereuth bei Untermerzbach überschrieben bekommen. Ganz offensichtlich erscheint Prieger der Kauf einer Brauerei in Bamberg als lohnenswertes Investment, und so lässt er zunächst das rückseitige Brauhaus (heute Hellerstraße 8) neu bauen und bringt die technische Ausstattung im Sudhaus auf den neuesten Stand. 1876 verkauft Prieger den Betrieb an seinen bisherigen Brauereiverwalter, den

Altes Flaschenetikett der Brauerei

Im Juni 1903 heiratet Ludwig Rübsam in zweiter Ehe die Witwe Anna Maria Krapp, geborene Lämmermann

Im ausgehenden 19. Jahrhundert gehören zur Brauerei in der Langen Straße (Bildmitte) auch eine Mälzerei an der Ludwigstraße (links) sowie ein Felsenkeller mit großem Biergarten und Pichhalle (rechts)

29-jährigen Ludwig Rübsam aus Fulda. Mit seiner Erfahrung als früherer Direktor der Kronenbrauerei in Wiesbaden trifft Rübsam weitsichtige Entscheidungen, die in Bamberg absolut neu sind: Als erste Braustätte Bambergs lässt er Bier in Flaschen abfüllen (1877), er installiert auf seinem vergrößerten Bierkeller auf dem Jakobsberg elektrisches Licht (1884), und er erweitert seinen Betrieb um eine leistungsfähige Malzfabrik an der Ludwigstraße (1887).

Geschäfts-Empfehlung.

Hierdurch beehre ich mich anzuzeigen, daß ich die dem Herrn F. C. Prieger gehörige

Dampfbrauerei „zum Bären"

unter Heutigem käuflich erworben habe und dieselbe in bisheriger Weise fortführen werde.

Indem ich für das der alten Firma geschenkte Vertrauen besten Dank sage, bitte ich dasselbe auch auf die meinige übertragen zu wollen und empfehle mich

Hochachtungsvoll

L. Rübsam.

Im August 1876 übernimmt Ludwig Rübsam die Bärenbräu von Ferdinand Carl Prieger

Zielstrebig verfolgt Rübsam die weitere unternehmerische Expansion: Da das Brauhaus in der Hellerstraße die steigende Bierproduktion nicht mehr bewältigen kann, erwirbt er auf dem Jakobsberg systematisch eine Vielzahl weiterer Grundstücke. Zum bestehenden Felsenkeller (Jakobsberg 20) kauft er die benachbarten Anwesen 22 (1887), 18 (1895) und 24 (1897) hinzu. Um die Jahrhundertwende hat Rübsam ausreichend Grundbesitz erworben, um eine moderne Großbrauerei zu verwirklichen. 1900 verlegt er den Braubetrieb aus der Hellerstraße in das neu errichtete Backsteingebäude auf dem Jakobsberg. Auf der gegenüberliegenden Straßenseite (Oberer Stephansberg 27) entsteht die Bierschankwirtschaft „Bräustübl" mit einem groß angelegten Biergarten, der wegen seines Ausblicks zur Altenburg gerühmt wird. Nur ein Jahr

nach dem Neubau erhält die Bärenbräu einen neuen Dampfkessel – dieser wiegt 550 Zentner und wird von 24 Pferden vom Bahnhof auf den Jakobsberg transportiert. Hinter der ➜ Hofbräu AG steigt die Bärenbräu mit einem Ausstoß von mehr als 20.000 Hektolitern Bier zur zweitgrößten Braustätte Bambergs auf.
Als im Mai 1902 seine Ehefrau Anna Maria in Worms verstirbt, wo die Familie zeitweise lebt, kehrt Ludwig Rübsam nach Bamberg zurück. Er verheiratet sich mit der Tochter des Bierbrauers Johann Thomas Lämmermann (➜ Röckelein) und arbeitet weiter an der Vergrößerung seines Unternehmens. Der wichtigste unternehmerische Erfolg gelingt Ludwig Rübsam im März 1906: Er vereinigt seine Bärenbräu mit der Brauerei ➜ Eckenbüttner am Maxplatz. So entsteht die Fusionsbrauerei „Bären- und Eckenbüttnerbräu AG", wobei die Bierherstellung komplett auf dem Jakobsberg erfolgt.
Mehr zur Historie dieser Braustätte im Kapitel zur ➜ Bären- und Eckenbüttnerbräu AG.

Brauerei Kronprinz

Das Haus „Zum Hirschen" in der Langen Straße 25 wird 1382 erstmals urkundlich erwähnt und befindet sich um 1499 im Besitz des Kübelmachers Hans Eichhorn. Für die Dauer von 350 Jahren bleibt das Anwesen fast durchgängig im Besitz von Büttnern, sodass schon recht früh eine Braustätte für Bier angenommen werden kann. Einen ersten Hinweis auf eine gewerbliche Brauerei gibt es jedoch erst 1732, als der Büttner Hans Böcklein das „Brauhaus Zum Hirschen" führt.
Der spätere Name „Zum Kronprinz" taucht erstmals 1821 in Verbindung mit einem Konkursverfahren gegen den Gastwirt Wilhelm Friesner auf. Anschließend übernimmt der Bierbrauermeister Josef Wels die Braustätte mit einem neu gebauten Felsenkeller auf dem Stephansberg, gerät aber 1839 selbst in Zahlungsschwierigkeiten, weshalb das Anwesen erneut versteigert wird. Und auch sein Nachfolger auf dem „Kronprinzen", der Brauer Andreas Pfister, muss 1846 wegen Überschuldung ein Konkursverfahren anmelden. Zwischen 1847 und 1850 ist Anton Streble für drei Jahre Braumeister – aus seiner kurzen Zeit im „Kronprinzen" ist unter anderem überliefert, dass er sich im Verein zur „Abschaffung der Sitte des Hutabnehmens" engagiert.
Letzter Brauer ab 1850 ist Sebastian Reichert, der aus der Brauerei zum ➜ Grünen Wald stammt. Wie einer Notiz der lokalen Tageszeitung zu entnehmen ist, verwendet Sebastian Reichert bereits 1854 eine englische Darre, die bei der Malzproduktion den Rauch vom Malz abscheidet. Damit gehört er zu den ersten Brauern in der Stadt, die diese Art der Malztrocknung ausüben. Als 1857 der ➜ Eckenbüttner zum Verkauf steht, erwirbt Sebastian Reichert die Brauerei am Maxplatz und veräußert den „Kronprinz" an den Kaufmann August Thomas, der in dem Anwesen ein Ladengeschäft errichtet. Damit endet die Brautradition in diesem Haus.

Anschrift: Lange Straße 25

Gründung: um 1499

Betriebsaufgabe: 1857

Heutige Nutzung: 1982 erfolgt der Abriss des Anwesens zum Neubau der Hauptgeschäftsstelle der Kreissparkasse Bamberg. 2016 wird nach langer Diskussion das „Quartier an der Stadtmauer" entwickelt und 2018 fertiggestellt.

Felsenkeller: Der Brauer Wilhelm Friesner lässt um 1810 unter dem Anwesen Stephansplatz 4 einen Felsenkeller anlegen, der zu dieser Zeit als „Wolfsschlucht" bezeichnet wird (nicht zu verwechseln mit der Wolfsschlucht am Leinritt). Des Weiteren verwandelt er das Mortuarium (Grablege) der Stephanskirche, die Sepultur der Stiftsherrn sowie den Durchgang von der Kirche in das Kapitelhaus in eine Fasshalle, wo er auch Bier ausschenkt. Nach Stilllegung der Braustätte geht der Felsenkeller an die Brauerei ➜ Schmäußer über.

Brauerei Drei Kronen

Anschrift: Lange Straße 12

Gründung: um 1565

Betriebsaufgabe: 1816

Heutige Nutzung: Bis 1972 wird das Haus als Hotel genutzt. Danach beherbergt es längere Zeit einen Lebensmittelmarkt und eine Drogerie.

Felsenkeller: Für kurze Zeit benutzt der Eigentümer Thomas Brunn ein Felsenkellergrundstück am Oberen Stephansberg 45, das nach seinem Tod an den Braumeister Johann Krampert (➜ Ringlein) verkauft wird.

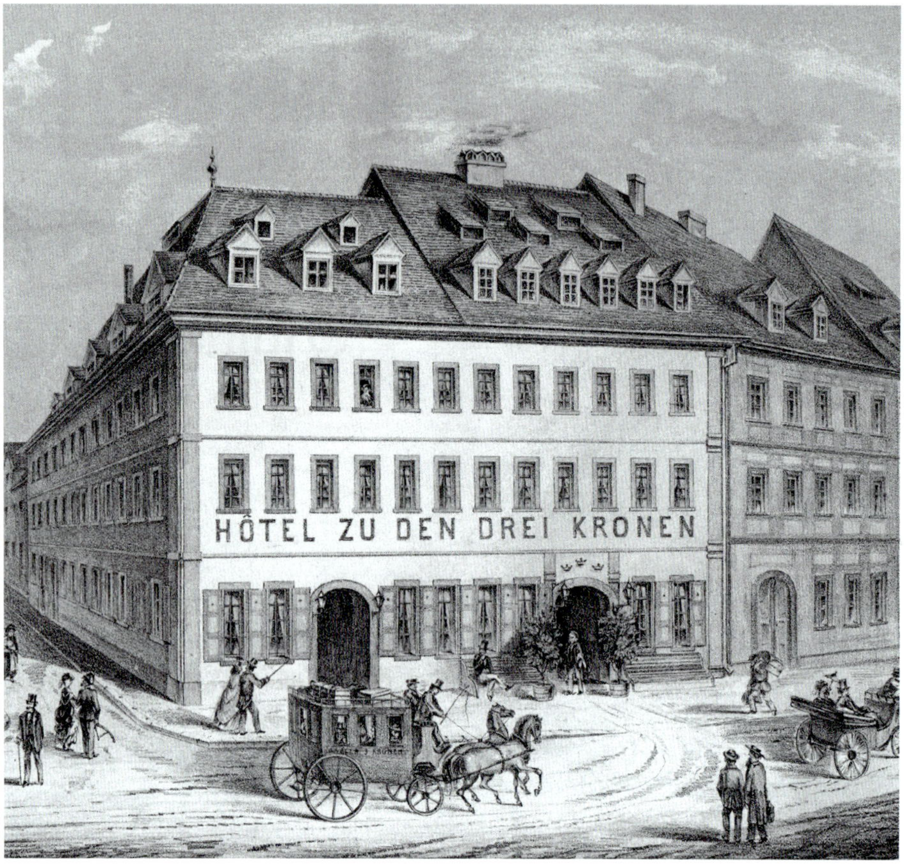

Ansicht der Fassade um 1875

Älteren Bambergern ist das Hotel „Drei Kronen" in der Langen Straße noch gut in Erinnerung. Bis zu seiner Schließung im Jahr 1972 zählt es zu den vornehmeren Übernachtungsquartieren in der Stadt. Zu den prominenten Gästen gehört einst auch der frühere Bundeskanzler Konrad Adenauer, der 1957 hier von einer großen Menschenmenge begeistert empfangen wird.

Weit weniger bekannt ist hingegen, dass sich in dem Anwesen Lange Straße 12 über lange Zeit eine Braustätte befand. Einen ersten Hinweis dafür gibt es aus dem Jahr 1565, als Simon und Margarete Hofmann das Haus bewohnen. Nach dem Tod von Simon Hofmann veräußert seine Witwe am 3. August 1571 das Anwesen mit „Breuzeug, Pfannkufen und Zubehör" an Jorg Mayer. Zu dieser Zeit wird das Gebäude als „rotes Haus" beschrieben, was wohl auf die Farbe des Anstrichs zurückzuführen ist. Diese Bezeichnung bleibt bis in das ausgehende 17. Jahrhundert erhalten. Zwischen 1701 und 1739 wird dem Büttner Johann Werner das Brau- und Gasthaus „Zu den drei Kronen" zugeschrieben. Die weiteren Besitzer sind die Büttner Johann Peter Förtsch aus Burgkunstadt und der Hallstadter Bürger Andreas Gick. Am 2. Juni 1757 wird das Anwesen von Johann Georg Pabst übernommen, dem bisherigen Wirt vom gegenüberliegenden ➜ Eichhörnlein. Für das Wohnhaus mit acht Zimmern und sechs Kammern, ein „Breuhaus", Nebengebäude und Stallungen bezahlt er 4.800 Gulden. Im Kaufpreis enthalten sind zudem das Braugeschirr, ein Branntwein- und Waschkessel sowie ein 100-Eimer-Fass (ca. 6.800 Liter).

Am 17. Oktober 1816 kauft Thomas Brunn, bislang Wirt im ➜ Schwarzmann, die Braustätte für 9.400 Gulden auf. Die fehlende Ausstoßmenge im Verzeichnis von Seifert deutet darauf hin, dass der Sudkessel für längere Zeit unbenutzt geblieben sein muss. Der neue Eigentümer hat jedoch kaum Zeit, die Braustätte zu altem Glanz zu bringen, denn schon drei Jahre später verstirbt Brunn und hinterlässt den

Besitz seiner Witwe. Als sich diese 1820 mit dem Kaufmann Christof Burger verheiratet, dürfte der Braubetrieb endgültig eingestellt worden sein – darauf deutet auch der Verkauf des kurz zuvor erworbenen Felsenkellers am Oberen Stephansberg 45 hin.
In den folgenden Jahrzehnten wird in dem Haus eine Gastwirtschaft betrieben. Von 1829 bis 1864 ist Georg Schmitt, Sohn einer eingesessenen Brauerfamilie (➜ Goldene Rose), Gastwirt in den „Drei Kronen". Als die Bamberger im Jahr 1834 das zweite Theresienfest anlässlich des Geburtstags von Königin Therese feiern, gewinnt er beim Höhepunkt der Festlichkeiten – einem Wagenrennen – den ersten Preis. Sein Gewinn besteht, wie die Tageszeitung von damals zu berichten weiß, u. a. aus einem Becher mit silbernem Reisebesteck sowie einer reich bestickten Ehrenfahne. 1883 vereint der Hotelier Johann Adam Bernreuther das Anwesen mit dem Nachbarhaus Lange Straße 14 und vergrößert die Herberge. Die Gaststätte im Erdgeschoss bleibt noch bis weit in das 20. Jahrhundert erhalten.

Brauerei Eichhörnlein

Anschrift: Lange Straße 15

Gründung: nach 1449

Betriebsaufgabe: 1870

Heutige Nutzung: 1908 kauft Johann Georg Singer das Anwesen, das dann fast 100 Jahre lang als Metzgerei genutzt wird.

Felsenkeller: Bis etwa 1787 gehört zur Brauerei ein Felsenkeller am Oberen Stephansberg 13. Später wird ein Kellergrundstück an der Laurenzistraße 22, der sogenannte „Eichhörnleins-Keller", erworben. Dieser wird bei der Insolvenz im Jahr 1870 versteigert und weiterhin als Gastwirtschaft genutzt.

Das Anwesen Lange Straße 15 verbirgt hinter seiner Fassade eine mehrhundertjährige Braugeschichte. Urkundlich wird es erstmals 1330 im Besitz der Grünhuntin erwähnt, ab 1449 gibt es Hinweise auf das handwerkliche Schaffen von Büttnern: Der Kübelmacher Kilian Eichhorn übt hier seine Tätigkeit und vermutlich auch das Brauhandwerk aus. Für die folgenden vier Jahrhunderte verleiht er der Braustätte seinen Namen.
Die jüngere Geschichte der Brauerei beginnt um 1732. Zu dieser Zeit ist der Büttner Simon Groß Eigentümer des zweistöckigen Hauses mit einem dazugehörigen Darr- und Brauhaus. Anschließend führt Johann Georg Pabst die Braustätte fort, ehe sie um 1755 von Johann Weithäußer erworben wird. Dieser stammt aus der benachbarten Brauerei ➜ Schwarzer Bauer und fügt mit dem Anwesen Oberer Stephansberg 13 einen geeigneten Felsenkeller hinzu. Zwei Jahre nach dem Tod von Johann Weithäußer, am 18. Mai 1789, bricht gegen elf Uhr mittags in einem Nachbaranwesen ein Feuer aus, das auch auf die Brauerei Eichhörnchen übergreift. Nach den Aufzeichnungen des Chronisten Looshorn soll sogar der Fürstbischof persönlich an die Brandstelle gekommen sein, um sich einen Eindruck über das Unglück zu verschaffen. Dem Eigentümer der Braustätte werden später 3.712 Gulden Brandentschädigung ausgezahlt.
Ab 1809 ist Matthäus Behr Braumeister im „Eichhörnlein", der zuvor im ➜ Weißbierhaus tätig war. Unter seinem Namen taucht erstmals der Felsenkeller an der Laurenzistraße 22 auf. Der Nachlass von Matthäus Behr und seiner Frau Barbara wird 1840 von Braumeister Georg Röckelein erworben, dem früheren Besitzer der Brauerei ➜ Storch. Er lässt gravierende Umbaumaßnahmen vornehmen und richtet die Gaststätte neu ein. 1846 ist seine Brauerei – bezogen auf den Bierausstoß – die zwölftgrößte Bambergs. Eine im Jahr 1858 gegen ihn erhobene Anklage wegen des Verstoßes gegen das Malzaufschlaggesetz und Steuerhinterziehung wird wegen Geringfügigkeit eingestellt. Als Georg Röckelein am 3. März 1860 verstirbt, führt seine Witwe Katharina den Betrieb weiter. Nach wenigen Jahren gerät sie in Zahlungsschwierigkeiten und versucht im Januar 1870, den gesamten Betrieb zu veräußern. Zum Verkauf stehen das dreistöckige Wohn- und Gasthaus in der Langen Straße mit insgesamt 24 Zimmern, das Brauhaus mit Malzkeller und englischer Darre sowie das Gartengrundstück auf dem Kaulberg mit neu erbauter Bier- und Musikhalle, Stallungen sowie einem Felsenkeller mit einer Lagerkapazität für rund 8.000 Hektoliter Bier. Ein Käufer, der den Braubetrieb fortsetzen will, findet sich allerdings nicht. Bis zum Jahr 1908 wird das Stammhaus der Brauerei gastronomisch genutzt, ehe es der Metzgermeister Georg Singer für 57.000 Mark kauft.

Brauerei Steinernes Haus

Seit dem Ende der Brautätigkeit wird das Steinerne Haus als Gaststätte genutzt

Anschrift: Lange Straße 8

Gründung: um 1599

Betriebsaufgabe: 1918

Heutige Nutzung: Die gastronomische Nutzung ist bis heute erhalten geblieben. Gegenwärtig wird darin das mexikanische Restaurant Calimeros betrieben.

Felsenkeller: Bis 1843 nutzen die Braumeister einen Felsenkeller in der Unteren Sandstraße 53. Dann erwirbt Johann Reinhard am Oberen Stephansberg 22 einen Felsenkeller für 2.500 Gulden. Die ehemalige St.-Johannis-Kapelle (Oberer Stephansberg 7) dient der Brauerei ab 1872 als Lagerraum und Kellerhaus, dazu gehört auch das Nachbargrundstück Oberer Stephansberg 9 (früher „Mays Garten"). Die beiden Grundstücke gehen später an die ➜ Hofbräu AG Bamberg über.

Das Anwesen, das heute die Anschrift Lange Straße 8 trägt, wird erstmals 1392 im Besitz von Conrad Sporer erwähnt und gelangt später in das Eigentum des fürstbischöflichen Seemeisters Heinrich Beringer. Er bzw. sein Sohn Hans Beringer sind die Auftraggeber für einen Neubau aus Stein. Dieses für damalige Verhältnisse ungewöhnliche Baumaterial – in Bamberg ist zu dieser Zeit die Holzriegelbauweise üblich – hat dem Anwesen bis heute den Namen „Steinernes Haus" eingebracht.
Der Betrieb einer Braustätte ist frühestens für das späte 16. Jahrhundert anzunehmen, als am 6. August 1599 der Büttner Hans Pfister das Anwesen für 2.050 Gulden vom Stadtbaumeister Fabian Aumayer erwirbt. In den folgenden Jahrhunderten ist das Anwesen, in dem Wallenstein 1632 angeblich seine Rekruten mustern lässt,

Eine Zeichnung von 1888 zeigt den Eingang zum Felsenkeller

Bierkrug unter Braumeister Johann Michel

durchgängig im Besitz von Büttnern. 1755 wird es als dreistöckiges Wohnhaus mit fünf Zimmern und sechs Kammern beschrieben, zu dem auch ein rückwärtig gelegenes Brauhaus gehört. Als Eigentümer ist zu dieser Zeit Johann Georg Förtsch überliefert, dessen Sohn Felix die Braustätte ab 1781 führt. Aus dem Verzeichnis des Bierkiesers Johann Albert Joseph Seifert geht hervor, dass dieser kein Schankrecht „über die Gasse“ besitzt. Nach dem Tod von Felix Förtsch 1818 und dem Ableben seiner Witwe Katharina übernimmt 1831 der Braumeister Karl Kummer das „Steinerne Haus“.

Einer Zeitungsnotiz in der „Bayerischen Landbötin“ aus dem gleichen Jahr zufolge schenkt der neue Eigentümer auch einen Bock aus – und liefert damit einen der frühesten Erwähnungen von Bockbier in Bamberg. Wenige Jahre später gerät Karl Kummer in Zahlungsschwierigkeiten, weshalb das Anwesen zwangsversteigert wird.

Entscheidenden Aufschwung nimmt die Braustätte unter Johann Reinhard ab 1833. Innerhalb weniger Jahre macht er die Brauerei zur leistungsfähigsten in Bamberg – für 1845 ist die Menge von nahezu 700 Scheffeln Malz belegt. Auch der Kauf des Felsenkellers am Oberen Stephansberg 22 sowie dessen bauliche Erweiterung fallen unter seine Betriebsführung. Mit dem Tod von Johann Reinhard geht das Anwesen zunächst an seine Witwe Margarethe, die es 1862 ihren Kindern Franz und Anna Maria überträgt. Als Anna Maria Reinhard den Kaufmannssohn Theodor Groß heiratet, firmiert die Braustätte unter den Teilhabern Franz Reinhard und Theodor Groß. Beide Geschäftsführer investieren kräftig und statten die Brauereien mit allen modernen Gerätschaften aus. Dazu zählt auch eine Dampfmaschine mit 4 PS Leistung – die erste Dampfmaschine, die in einem Bamberger Brauhaus installiert wird. Ganz offensichtlich übernehmen sich die beiden finanziell, denn 1867 müssen sie Konkurs anmelden. Der Schuldenberg ist gewaltig: Die Hypothekenschulden belaufen sich auf 88.500

Geschäfts-Uebergabe & Empfehlung.

Zeige hiemit an, daß ich meine

Brauerei „zum steinernen Haus"

an Herrn **Christian Wender** käuflich übertragen habe. Indem ich auf diesem Wege für das mir während meiner hiesigen Thätigkeit entgegengebrachte Vertrauen und Wohlwollen meinen besten Dank ausspreche, zeichne

mit aller Hochachtung

Wilhelm Hauck.

Bamberg, den 1. April 1894.

Bezugnehmend auf Obiges teile ich mit, daß ich meine von Herrn Wilhelm Hauck erworbene Brauerei von heute an selbst führe und bitte, das meinem Herrn Vorgänger entgegengebrachte Vertrauen und Wohlwollen auch auf mich gefälligst übertragen zu wollen, mich bestens empfehlend,

Hochachtungsvollst

Christian Wender,

Brauereibesitzer „zum steinernen Haus".

Bamberg, den 1. April 1894.

1894 übernimmt Christian Wender die Brauerei

Der Felsenkeller auf dem Stephansberg um 1910

Gulden, hinzu kommen weitere Schulden in Höhe von 27.000 Gulden. Die Gaststätte mit dem modern eingerichteten Brauhaus, das Felsenkellergrundstück, mehrere Äcker und Hopfengärten finden aber schnell einen potenten Käufer: Es ist der angesehene Hopfenhändler Emmanuel Dessauer, der das Potenzial des Unternehmens erkennt. Er kauft das Anwesen und wird zum ersten jüdischen Brauereibesitzer Bambergs. Die Leitung der Gaststätte überträgt er einem Pächter, für das Brauhaus bestellt er einen Braumeister und auf dem Stephansberg erwirbt er den herrlich gelegenen Felsenkeller der früheren Brauerei ➜ Rösslein, den sogenannten „Mays Garten". Um 1871 übernimmt sein Sohn Sigmund Dessauer die Verantwortung für den Betrieb, der zwei Jahre später eine Bierproduktion von etwa 16.000 Hektolitern erreicht – so viel wie keine andere Braustätte der Stadt.

Ab 1875 ist der aus Nördlingen stammende Wilhelm Hauck (1875 1894) Eigentümer des „Steinernen Hauses". Er investiert in zwei neue Dampfmaschinen und lässt auf der Gartenanlage einen Saalbau und einen Musikpavillon errichten. Bis 1884 bleibt sein Brauhaus das größte der Stadt und wird bezüglich des Ausstoßes erst 1885 von der Großbrauerei Frankenbräu (➜ Hofbräu) übertrumpft. Um im Konzert der Großbrauereien mitspielen zu können, erwirbt Wilhelm Hauck zahlreiche Gaststätten und bessere „Restaurationen", die ihm den Absatz seines Bieres sichern.

Mit Jahresbeginn 1894 verkauft er die Braustätte für 410.000 Mark an Christian Wender. Der Kaufmann aus Mühlhausen in Thüringen ist mit der Tochter eines dortigen Brauereibesitzers verheiratet und in Bamberg seit einigen Jahren als Verwalter in der Malzfabrik von Ludwig Rübsam tätig. Im härter werdenden Wettbewerb versucht er sich zu behaupten, doch die wirtschaftliche Lage verschlechtert sich zusehends. Am 1. Juni 1912 übernehmen Johann Dietz und Eduard Schardt das „Steinerne Haus". Die Leitung im Brauhaus übernimmt Johann Michel sen., der vorher die Brauereien ➜ Balthasar und ➜ Leiterlein besessen hatte. Zunächst laufen die Geschäfte gut, das Bier der „Michel-Bräu" wird in Waggons zu den deutschen Truppen nach Belgien geliefert. Doch die Rohstoffknappheit führt schon bald dazu, dass die Bierproduktion eingestellt werden muss. Die ➜ Bamberger Hofbräu AG übernimmt in der Folgezeit das Anwesen in der Langen Straße und verpachtet die Gaststätte.

Noch heute wird das Steinerne Haus gastronomisch genutzt und beherbergt das mexikanische Restaurant Calimeros. Während der Felsenkeller auf dem Oberen Stephansberg 22 seine gewerbliche Funktion mit dem Verkauf an die ➜ Hofbräu AG verliert, führt die Großbrauerei die Wirtschaft im ehemaligen „Mays Garten" bis zum Beginn des Zweiten Weltkriegs fort. Seit 1951 ist dort der Kindergarten Sankt Johannis untergebracht.

Brauerei Schwarzer Bauer

Anschrift: Lange Straße 19

Gründung: nach 1491

Betriebsaufgabe: 1871

Heutige Nutzung: Nach mehreren gravierenden Umbaumaßnahmen wird das Erdgeschoss für Einzelhandel und Dienstleistungen (einst Commerzbank, jetzt Sparda-Bank) genutzt.

Felsenkeller: Büttner Pankraz Gabler ist 1783 im Besitz des Felsenkellers am Oberen Stephansberg 12, der auch als „Wallensteins Lager" bezeichnet wird. Nach dem Ende der Brautätigkeit geht der Keller an die Brauerei ➜ Goldene Rose über.

Das Haus „Zum Schwarzen Bauern" besteht ursprünglich aus zwei eigenständigen Teilen: Die eine Haushälfte orientiert sich an der Langen Straße, die andere rechtwinklig dazu an der Hellerstraße. In beiden Gebäuden gehen Büttner ihrem Handwerk nach, in dem der Langen Straße zugewandten Seite schon seit 1491. Es kann deshalb davon ausgegangen werden, dass hier bereits im 15. Jahrhundert eine Gastwirtschaft existiert. Ihren Namen erhält die Braustätte 1615 ganz offenbar durch den Büttner Hans Bauer, der beide Gebäude besitzt und zu einem Anwesen vereint.

Als nächster Eigentümer ist der aus Gleisenau stammende Büttner Jakob Delscher überliefert. Er leitet die Braustätte von 1626 bis etwa 1641 und ist vermutlich verwandt mit dem Brauer Niklas Delscher, der zur selben Zeit Wirt im ➜ Spezial ist. Um 1700 gelangt das Anwesen an den Büttner Caspar Weithäußer und später an dessen Sohn Johann Kaspar Weithäußer. Der neue Besitzer muss in der Erbteilung 3.470 Gulden zuzahlen, um das mit Braurecht ausgestattete Anwesen zu übernehmen. Zu dieser Zeit umfasst das Haus „Zum Schwarzen Bauern" zwei Zimmer und sechs Kammern, dazu gehören ein Hof und ein Nebenhaus.

Die Witwe von Johann Kaspar Weithäußer verheiratet sich im Februar 1778 mit Pankraz Gabler aus Drosendorf. Der neue Besitzer erweitert den Betrieb um einen Felsenkeller am Oberen Stephansberg. Der verheerende Brand vom 18. Mai 1789, der mehrere Häuser in der Langen Straße zerstört, betrifft auch die Immobilie von Pankraz Gabler. Er erhält dafür eine Brandentschädigung in Höhe von 3.705 Gulden ausgezahlt.

Nach seinem Tod 1821 geht der Besitz in der Langen Straße sowie die Felsenkelleranlage auf dem Stephansberg an seine Witwe Barbara über, die mit ihrem Tod die Braustätte wiederum an den gemeinsamen Sohn Josef Gabler vererbt. Dieser führt das Handwerk während der nächsten drei Jahrzehnte erfolgreich fort. Bei einer im Jahr 1866 im französischen Dijon abgehaltenen Hopfen- und Bierausstellung gewinnt der Bamberger Gartenbauverein eine Silbermedaille für Bamberger Hopfen, und auch das von Josef Gabler gebraute Lagerbier wird bei diesem Anlass mit einer silbernen Auszeichnung bedacht.

Im Alter von 67 Jahren verstirbt Josef Gabler am 17. Februar 1871. Es ist die Zeit, in der so viele Bamberger Braustätten für immer schließen. Auch für den „Schwarzen Bauern" findet sich kein Nachfolger. Der Felsenkeller wird an den Braumeister Georg Erlwein von der ➜ Goldenen Rose verkauft, das Brau- und Gasthaus in der Langen Straße zu einem Kaufladen umgestaltet.

Sein historisches Antlitz verliert das altehrwürdige Haus 1959 durch einen völligen Umbau für das Bekleidungsgeschäft Arendt.

Das Schwarzbauernwirtshaus in den 1830er-Jahren

(nach einer Beschreibung von 1882)

„Ein großer Kachelofen grün glasirt, um welchen eine breite Ofenbank herumlief, auf der sich die Botenleute, die den Schlafsechser sparen wollten, zu einem kurzen Schlummer niederlegten, nahm eine ziemlich große Ecke des Zimmers ein. An den Wänden hingen Heiligenbilder, vor allem die Patrone der Wirthsleute, St. Joseph und St. Kunigund, dann einige Szenen aus dem russischen Krieg, in einfachen, schwarz gebeizten Rähmchen, auch fehlte nicht das Crucifix hoch oben in einer Ecke auf einem Cantärchen, umgeben von zwei Leuchtern mit Wachslichtern. Die Tische, aus Ahornholz, mit Silbersand immer zu blendender Weiße abgerieben, trugen nur noch früh, ehe das Zimmermädchen zum Reinigen kam, jene bekannten braunen Ringe, Zeichen, dass hier Biergläser gestanden waren, die in der neueren Zeit sich aus Mangel an Zuckerstoff des Malzes immer seltener zeigen. Einige Wandtische waren zum Aufklappen und dann mit einem hölzernen Reibriegel an die Wand zurückgelegt, der Fußboden mit reinlichem weißen Kellersand bestreut, und auf den Fensterbrettern standen die damals unvermeidlichen zwei Blumenstöcke Aloe Socotrina, deren fleischige, einen kühlen Saft enthaltende, stachliche, gebogene Blätter das beste Mittel waren zum Zuheilen von Schnitt- und Brandwunden."

Brauerei Stöhr

Anschrift: Lange Straße 10

Gründung: wohl 1599

Betriebsaufgabe: 1890

Heutige Nutzung: Im Erdgeschoss des Anwesens befindet sich heute ein Einzelhandelsgeschäft.

Felsenkeller: Um 1815 erwirbt Johann Dotterweich am Oberen Stephansberg 43 ein Kellergrundstück. Der spätere Brauereibesitzer Johann Baptist Baumann tauscht dieses Anwesen 1864 gegen den Felsenkeller des Brauers Georg Montag (➜ Baltsenwirt). Dieses Grundstück am Oberen Stephansberg 11 geht dann in den Besitz der ➜ Hofbräu AG Bamberg über. Bis ca. 1968 ist der Stöhren-Keller eine beliebte Bamberger Sommerwirtschaft, deren Garten bis zur Stützmauer am Fieberbrünnlein reicht. Danach wird die Freifläche mit Wohnhäusern bebaut. Das Kellerhaus ist hingegen bis heute als Gaststätte erhalten geblieben (u. a. lange Jahre bewirtet von Matthias Zinßer und später von Michael Keesmann).

Die Fassade des Gasthauses zu Beginn der 1950er-Jahre

Das heutige Anwesen Lange Straße 10 trägt den Hausnamen „Zum Christoph" und wird 1392 im Besitz von Eberhart und Geut Hulwat erwähnt. Als erster Büttner ist Hans Osenweyn bezeugt, der das Haus am 22. Oktober 1509 für 200 Gulden verkauft. Die weitgehend konstante Besitzerreihe von Büttnern legt für die Folgezeit den Ausschank von Wein und Bier nahe, wenngleich es dafür keine gesicherten Belege gibt. Erst ab 1599 kann von einer Braustätte unter dem Büttner Moritz Stöhr ausgegangen werden, der als Namensgeber fungiert. Zu seinem Anwesen gehören lange Zeit auch die heute eigenständigen Grundstücke Habergasse 7 und 9.

Um 1755 besitzen Thomas Schneider und seine Frau Margarete das zweigeschossige Haus mit fünf Zimmern und vier Kammern. Erstmals wird nun auch das Braurecht erwähnt, das dem Anwesen zuerkannt ist. Die weiteren Besitzer sind der Hofbrunnenmeister Joachim Keller, ein Bruder von Margarete Schneider, und später dessen Tochter Margarethe Keller. Diese heiratet den Büttner Johann Dotterweich, in schriftlichen Quellen abwechselnd als Weinhändler, Weinwirt und Bierbrauer beschrieben. Daraus wird zum einen die gastronomische Nutzung des „Stöhren" ersichtlich, zum anderen zeigt es aber auch, dass sich Johann Dotterweich noch nicht auf die Herstellung von Bier spezialisiert hat. Im Jahr 1818 erwirbt er am Oberen Stephansberg 43 das Felsenkellergrundstück von der Brauerei ➜ Großkopf. Über den Tod von Johann Dotterweich im Jahr 1821 hinaus führt seine Witwe Margarete den Gastwirtsbetrieb fort und übergibt ihn an ihren Sohn Michael, der 1832 im Alter von nur 32 Jahren verstirbt.

Nach Karl May (1832-1839) übernimmt Ludwig Ringer die Brauerei, bevor er 1846 Konkurs anmelden muss. Anschließend übernimmt der Braumeister Johann Baptist Baumann, ein Sohn des ➜ Bauernwirts Adam Baumann, den „Stöhren". Um 1864 verkauft er das bislang als Felsenkeller genutzte Grundstück und erwirbt stattdessen das Anwesen am Oberen Stephansberg 11, das bis heute als „Stöhren-Keller" bekannt ist. Zur Bewirtung der Gäste lässt er hier 1869 eine Wirtschaftshalle anlegen.

Letzter Inhaber im „Stöhr" ist der Braumeister Johann Baptist Erlwein aus Kunreuth. Er ersteht im Oktober 1878 das komplette Brauereianwesen mit Felsenkellergrundstück für 70.000 Gulden. Zunächst investiert er 1881 in eine neue Wirtschaftshalle auf dem Keller, ein Jahr später in den Bau eines größeren Eiskellers und lässt 1886 den Bierkeller mit elektrischem Licht beleuchten. Ab 1889 verkauft Johann Baptist Erlwein sein Bier in Halbliter- und Literflaschen. Doch 1890 gibt er, finanziell fast vor dem Ruin, die Braustätte sowie die dazu gehörige Wirtschaft „Zur Veltiner Halle" (Jesuitenstraße 3) auf.

Die Bamberger ➜ Hofbräu AG erwirbt das Anwesen in der Langen Straße sowie den Felsenkeller auf dem Stephansberg. Im ehemaligen Stöhren-Keller ist die gastronomische Nutzung bis heute erhalten geblieben. Dagegen wird das Stammhaus der Brauerei später dem Hotel ➜ Drei Kronen eingegliedert.

Ansicht der Langen Straße um 1905: rechts am Bildrand das Gasthaus Stöhren

Der Stöhren-Keller auf dem Stephansberg etwa im Jahr 1910

Brauerei Weiße Taube

Anschrift: Zinkenwörth 17-19

Gründung: nach 1588

Betriebsaufgabe: 1917

Heutige Nutzung: Nach 1945 befindet sich das Anwesen im Besitz des St. Otto-Verlags und wird 1975 an eine Bauträgergesellschaft verkauft. Die Gebäude werden 1985 abgerissen und mit den Theatergassen überbaut.

Felsenkeller: Zwischen 1749 und 1763 gehört zur Braustätte ein Felsenkeller am Alten Graben 1. Das ab 1803 als Felsenkeller genutzte Grundstück am Oberen Stephansberg 20 wird 1903 an Johann Baptist Reinlein, Besitzer der Brauerei ➜ Mohrenpeter, veräußert.

Anders als die meisten anderen Braustätten Bambergs ist die „Weiße Taube" völlig aus dem Stadtbild verschwunden. Lediglich eine Bronzetafel an einer Hauswand in den Theatergassen weist darauf hin, dass die dazugehörige Gaststätte während des Dritten Reichs das letzte Refugium der jüdischen Bürger Bambergs war. Dort, im Herzen der Stadt, befindet sich bis zum Ersten Weltkrieg eine der größten Braustätten Bambergs: die Weißtaubenbräu.

Bereits im Jahr 1491 wird das heutige Anwesen Zinkenwörth 17 urkundlich erwähnt. Der Beginn der Brautätigkeit setzt aber wohl erst mit einem Neubau ein, den um 1588 der Büttner Hans Forster errichtet. Zu dieser Zeit trägt das Anwesen noch die Bezeichnung „Zum Roten Rösslein", ehe es ab 1730 als „Weiße Taube" Erwähnung findet, und zwar unter dem aus Zeil stammenden Büttner Hans Georg Busch. Die nachfolgenden Eigentümer sind der Büttner Michael Stösser, der für 300 Gulden einen Felsenkeller auf dem Stephansberg (Alter Graben 1) kauft, sowie Jakob Leidner (1763-1793) und dessen Sohn Friedrich (1793-1803).

Nach dem Ableben von Friedrich Leidner geht das Anwesen an seine Witwe Kunigunde über. Sie ist die Tochter des Bierbrauers Kaspar Schellenberger (➜ Blümlein) und erbt zur gleichen Zeit auch den elterlichen Felsenkeller am Oberen Stephansberg 20. Mit diesem Grundbesitz ist die Witwe Kunigunde Leidner eine begehrte Heiratspartnerin – 1803 ehelicht sie den Büttnergesellen Georg Rittmeyer aus Forchheim. Unter dem jungen Brauer entwickelt sich die „Weiße Taube" mit einem Verbrauch von 536 Scheffeln Malz zur größten aller 63 Braustätten Bambergs (1817).

1831 bietet Georg Rittmeyer sein Besitztum in der Tageszeitung zum Verkauf an. Aus der Beschreibung geht die enorme Leistungsfähigkeit des Betriebs hervor:

Im Garten der Weißen Taube herrscht Hochbetrieb

Der Biergarten mit Musikpavillon um 1910; rechts die Synagoge

Mit der vorhandenen Einrichtung kann dreimal pro Woche gebraut werden, und der Felsenkeller hat ausreichend Lagerkapazität für über 2.000 Hektoliter Bier. Nur drei Tage nach dem Inserat sind die Immobilien mit der gesamten Einrichtung an den Brauer Georg Hammelbacher verkauft. Der neue Besitzer lässt in der Folgezeit die Gaststube umgestalten (1835) und im hinteren Teil des Anwesens eine Gartenhalle errichten (1838), doch an die einstige Größe der Brauerei kann er nicht anschließen. Nach 44-jähriger Tätigkeit im Brauhaus verstirbt Georg Hammelbacher im Alter von 69 Jahren, ehe seine dritte Ehefrau Eva den Brauer Georg Eckstein (1880-1895) aus Erlau heiratet.

Alte Postkarte, auf der das Gasthaus (links), der große Garten und das Brauhaus (rechts) zu sehen sind

Die letzte Ära der „Weißen Taube" beginnt 1895 mit der Übernahme durch den Brauer Andreas Burkard. Der gebürtige Frensdorfer, bislang Pächter der Brauerei → Mahr, baut die Weißtaubenbräu zu einem industriellen Großbetrieb aus. Mit dem Neubau eines mehrstöckigen Eiskellers und der Erweiterung des Kesselraumes erhöht er die Leistungsfähigkeit seiner Braustätte deutlich. Mit einer Jahresproduktion von mehr als 13.000 Hektolitern ist die Weißtaubenbräu im Jahr 1905 die sechstgrößte Braustätte in der Stadt. Um den Absatz zu sichern, erwirbt Andreas Burkard einige Gaststätten und beliefert mehrfach die Truppenbiwaks der in Bamberg stationierten Soldaten. Außerdem vergrößert er den Wirtsraum am Zinkenwörth und den Wirtschaftsgarten, den er mit einem großen Musikpavillon ausstatten lässt. Als erste Brauerei Bamberg stellt die Weißtaubenbräu ab 1910 ein Weizenbier her, das in sieben Gaststätten ausgeschenkt wird. Die Brauerei befindet sich am Höhepunkt ihrer Unternehmensgeschichte und wird im Volksmund als „Bamberger Hofbrauhaus" bezeichnet.

Doch in einem schlechter werdenden wirtschaftlichen Umfeld belasten die immensen Investitionen die Bilanzen des Unternehmens. Zum 1. Januar 1912 holt sich Andreas Burkard mit Hans Knopf einen stillen Teilhaber in den Betrieb, der die kaufmännische Leitung der Brauerei übernimmt. In den folgenden Monaten leistet Hans Knopf Einlagen von 80.000 Mark, um die Brauerei am Laufen zu halten – jedoch vergebens: Im Oktober des gleichen Jahres muss Andreas Burkard Insolvenz anmelden, die „Allgemeine Hopfenzeitung" berichtet von Verbindlichkeiten in Höhe von einer halben Million Mark.

Bei der anschließenden Zwangsversteigerung im Juni 1913 gibt es nur wenige Interessenten für den einst so glänzenden Braubetrieb. Mit einer Kaufsumme von 178.000 Mark sind Johann Lieblein und sein Sohn Johann, der zuvor als Brau-

Um die Jahrhundertwende wirbt die Brauerei für ihr Bockbier

meister in Mickhausen bei Augsburg tätig war, Meistbietende. Der Krieg und der folgende Rohstoffmangel verhindern schon bald einen geregelten Braubetrieb, sodass die Brauerei 1917 stillgelegt wird. Die ➜ Hofbräu AG Bamberg erwirbt Teile des Anwesens, darunter die Gaststätte „Weiße Taube". Anschließend nutzt die israelitische Kultusgemeinde das Haus für eine Altersstiftung, ehe es 1942 an die SS zwangsverkauft werden muss. Nach dem Zweiten Weltkrieg übernimmt der St. Otto-Verlag das Areal für seine Druckerei und veräußert die Immobilie später an eine Bauträgergesellschaft. Diese lässt 1985 das Areal einebnen und errichtet auf der innenstadtnahen Fläche das Wohn- und Geschäftsviertel Theatergassen.

Ein Lastwagen der Weißtaubenbräu vor dem großen Biergarten

Aus diesem Luftbild von 1930 gehen Lage und Größe der Weißtaubenbräu hervor: Am westlichen Ende des Biergartens (A) ist der Musikpavillon (B) zu erkennen, dahinter steht die ehemalige Alte Synagoge (C). Die Brauereigebäude (D) befinden sich am Zinkenwörth. Das Areal ist heute mit den Theatergassen überbaut. Rechts der Schönleinsplatz, darüber die Lange Straße

Das letzte Refugium der Bamberger Juden

Nach der Brauereischließung diente die „Weiße Taube" der jüdischen Gemeinde Bambergs als wichtiges Refugium. In ihrer Nähe standen die alte Bamberger Synagoge und die ehemalige Judenschule, die 1924 verkauft wurden. Als in der Reichspogromnacht die neu erbaute Synagoge niedergebrannt wurde, verlagerten sich die Aktivitäten der Gemeinde in das Gasthaus „Zur Weißen Taube". Hier wurden Gottesdienste und jüdischer Religionsunterricht abgehalten sowie die Gemeindearbeit organisiert. Später wurde der Gasthof als Sammelstelle missbraucht, von wo die jüdischen Mitbürger in die Vernichtungslager deportiert wurden. Das Sinnbild des Friedens, die weiße Taube, hatte ihren Symbolcharakter längst verloren.

Kapuzinerbräu

Anschrift: Kapuzinerstraße 29

Gründung: vor 1677

Betriebsaufgabe: wohl 1826

Heutige Nutzung: Im Oktober 1878 beginnen die Abrissarbeiten des Klosterkomplexes. Im Folgejahr wird auf dem Areal der Grundstein zum Bau der Realschule (heute Clavius-Gymnasium) gelegt.

Das frühere Kapuzinerkloster um 1872. Das dazugehörige Brauhaus stand wohl direkt hinter der Mauer

Das Bamberger Kapuzinerkloster stand einst an der Stelle des heutigen Clavius Gymnasiums. Die Bezeichnung „Kapuzinerstraße" deutet noch auf die Existenz der Klosteranlage hin, mit deren Bau im Jahr 1648 begonnen wurde. Wie nahezu alle Klöster in Bamberg war auch der Konvent der Kapuziner mit einem eigenen Brauhaus ausgestattet. Einen ersten Hinweis darauf gibt es im April 1677, als das dort gebraute Bier von der Steuer (Ungeld) befreit wird. Mehr als einhundert Jahre später, am 5. Dezember 1798, genehmigt Fürstbischof Franz von Buseck den Bau eines neuen Brauhauses. Es steht wohl an der Rückseite der Mauer zur späteren Kapuzinerstraße. Es verfügt über zwei kupferne Braukessel, ein Kühlschiff, eine Einweichkufe und eine Malzdarre.

Die Auflösung des Fürstbistums Bamberg und die Verstaatlichung des kirchlichen und klösterlichen Eigentums stellen für die Kapuzinermönche eine gewaltige Zäsur dar. Im Dezember 1802 übernimmt ein bayerischer Beamter die Vermögensverwaltung des Kapuzinerkonvents, während das klösterliche Leben zunächst unberührt bleibt. In den folgenden Jahren werden immer mehr Patres aus Bamberg abgezogen und auf andere Einrichtungen verteilt. Das schlägt sich auch in der Brautätigkeit nieder: Im Fiskaljahr 1822/23 fällt nur noch eine Steuer auf 23 Scheffel Malz an, was einer jährlichen Produktionsmenge von lediglich 80 Hektolitern Bier entsprochen haben dürfte. Im April 1826 wird der Konvent gänzlich aufgelöst und damit auch die Brautätigkeit endgültig aufgegeben.

1836 erwirbt die Stadt Bamberg das Areal und beginnt bald darauf mit der Versteigerung des Inventars. Im September des darauffolgenden Jahres steht die Einrichtung des Brauhauses zum Verkauf, darunter der Braukessel „35 Eimer haltend" (etwa 24 Hektoliter) sowie eine Malzdarre aus Eisenblech. Der Braukessel geht an den Brauer Johann Baptist Leicht vom oberen Wirtshaus in Gaustadt (➜ Bayerlein), die Darre mit einem Kühlschiff ersteigert Richard Zink vom unteren Wirtshaus (➜ Kaiserdom). Das leerstehende Brauhaus verpachtet die Stadt zunächst als Kohlenlager, außerdem bietet sie die großen Dachböden zum Trocknen von Hopfen an. Wenige Jahrzehnte später werden die Klostergebäude abgerissen.

Brauerei Bauernwirt

Anschrift: Am Kranen 3

Gründung: nach 1581

Betriebsaufgabe: 1859

Heutige Nutzung: Die Brauereigebäude werden 1860 zum Bau der Fleischverkaufshalle am Kranen abgerissen. Heute steht hier eine Teilbibliothek der Universität Bamberg.

Felsenkeller: Johann Heinrich Loch, Büttner aus Peulendorf, besitzt seit 1761 ein Grundstück mit Felsenkeller am Oberen Stephansberg 17, das später an die Brauerei ➜ Jäck übergeht. Der nachfolgende Brauereibesitzer Johann Diller erwirbt 1796 für 80 Gulden ein Grundstück am Oberen Stephansberg 41. Er lässt einen Felsenkeller anlegen und eine Fasshalle von 30 Schuh Länge und 21 Schuh Breite bauen. Auch das benachbarte Grundstück Oberer Stephansberg 39 befindet sich zu dieser Zeit im Besitz von Johann Diller.

Auf diesem Stich von Franz Konrad Schmitt aus dem späten 18. Jahrhundert wird die Lage des Bauernwirtshauses neben dem Schlachthaus (links) erkennbar. Im Vordergrund findet gerade der Fischmarkt statt

Neben dem Umschlagplatz für Waren und Transportgüter am Flussufer der Regnitz, dem sogenannten „Kranen", befindet sich bis zur Mitte des 19. Jahrhunderts eine Braustätte. Ursprünglich handelt es sich dabei um ein landwirtschaftliches Anwesen, das nach seiner Lage als „Bauernhof im Abtswerd" bezeichnet wird. Daraus leitet sich die Bezeichnung „Zum Bauern" bzw. „Zum Bauernwirt" ab.

Unter dem Büttner Hans Eberlein wird das Haus im Jahr 1532 erstmals erwähnt und 1573 als „Pauernhof" bezeichnet. Mit dem Wirt Hans Saffaran als Eigentümer findet sich im späten 16. Jahrhundert ein erster Beleg für ein betriebenes Gasthaus. Zwischen 1654 und 1760 ist die Braustätte im Besitz der Familie Usselmann. Der Büttner Kilian Usselmann heiratet Elisabeth Gehauff und betreibt mit ihr das „Bauernwirtshaus". Später erbt ihr gemeinsamer Sohn Johann das Anwesen. Als in den Jahren 1741 und 1742 das fürstbischöfliche Schlachthaus neu erbaut wird, muss der Büttner des Bauernhofes einen Teil seines wasserwärtigen Grundstücks abtreten. Als Entschädigung errichtet ihm das fürstliche Kastenamt auf dem ver-

bleibenden Grundstück eine neue Halle, deren Kosten auf 177 Gulden und 41 Kronen taxiert werden.
Am 18. Juli 1760 tauscht Josef Usselmann unter Zuzahlung von 1.500 Gulden sein „Haus zum Bauernhof" gegen das Wirtshaus ➜ Zum Roten Ochsen im Steinweg. Dadurch wird Margarethe Jäck, die Witwe des Büttners Johann Jäck, neue Eigentümerin des Bauernwirtshauses. Sie heiratet den aus Peulendorf stammenden Büttner Johann Heinrich Loch, führt jedoch das Unternehmen nach dessen baldigem Tod bis 1781 alleine weiter. Dann übernimmt einer ihrer Söhne, der Büttner und Bierbrauer Johann Jäck, das Anwesen mit Braurecht, Stadel und „Zubehör für drei Gebräu". Als er im Alter von 27 Jahren verstirbt, gelangt der Büttnermeister Johann Diller über die Heirat mit der Witwe Jäck in den Besitz der Braustätte. 1796 erwirbt er auch einen Felsenkeller am Oberen Stephansberg 41. Im März 1821 wird die Familie abrupt ausgelöscht: Zunächst kommt Johann Diller im Alter von 56 Jahren ums Leben, nur zwei Wochen später versterben am gleichen Tag seine Frau Barbara und der 25-jährige Sohn Friedrich.
Aus dem Nachlass der Eheleute Diller ersteht der Büttner Adam Baumann 1823 das Anwesen und ist in den folgenden zwei Jahrzehnten als Braumeister tätig. Besonderer Beliebtheit erfreut sich bei seinen Gästen eine überdachte Kegelbahn, auf der regelmäßig Kegelturniere ausgetragen werden. Der Wirt Adam Baumann selbst ist wiederum ein ausgezeichneter Wagenlenker – er holt sich bei den Wettbewerben im Pferdewagenrennen auf dem Bamberger Theresienfest 1834 und 1835 jeweils den dritten Platz. Nach seinem Ableben im Juli 1844 leitet seine Witwe Barbara den Betrieb weiter und beherbergt hier unter anderem den „Militär-Veteranenverein".

Morgen Dienstag den 17. dieses
Abends 6 Uhr
Gesellige Unterhaltung
der
Militär-Veteranen
in der Bierbrauerei zum **Bauern-Wirth** in der Kapuzinergasse.
Bamberg, den 16. Dezember 1850.
Der Vorstand.

Im Dezember 1850 tagen beim Bauern-Wirt die Militärveteranen

Nur wenige Tage nach dem Tod von Barbara Baumann kauft die Stadt Bamberg am 19. September 1859 das Grundstück. Die Stadtverwaltung lässt den Bauernhof abreißen, um an dieser Stelle direkt neben dem Schlachthaus von 1742 eine neue Fleischverkaufshalle zu errichten. Die Bauarbeiten dafür beginnen allerdings erst im Frühjahr 1863 und werden 1864 vollendet. In dieser Funktion wird das Gebäude 1928 nochmals umgebaut und bis 1962 genutzt, ehe es dem Fundus des E.T.A.-Hoffmann-Theaters zur Verfügung gestellt wird. Zuletzt erwirbt der Freistaat Bayern das Anwesen und legt die Gebäude 1984 ein. An der Stelle des ehemaligen Bauernwirtshauses wird daraufhin der Bibliotheksneubau für die Fakultät Geschichts- und Geowissenschaften realisiert.

Das alte Schlachthaus (links), daneben der Erweiterungsbau von 1864

Brauerei Schwarzmann

Anschrift: Lange Straße 5

Gründung: nach 1613

Betriebsaufgabe: 1859

Heutige Nutzung: Nach Betriebsschließung der Brauerei wird das Erdgeschoss massiv umgebaut und fortan wieder als Bäckerei genutzt. Heute befindet sich darin das Hotel und die Konditorei Graupner.

Felsenkeller: Zur Brauerei gehört zwischen 1805 und 1818 ein Felsenkeller am Oberen Stephansberg 45, später ein Grundstück am Mittleren Kaulberg 48.

Seit über 150 Jahren wird in dem Anwesen Lange Straße 5 (heute Hotel, Konditorei und Café Graupner) das Bäckerhandwerk ausgeübt. Bereits 1486 ist in diesem Gebäude eine Backstube belegt, deren durchgängiger Betrieb nachweislich bis 1613 andauert. Erst dann erwirbt Johann Schwarzmann das Haus, in dem sein Sohn Pankraz eine Büttnerei einrichtet. Mit dem Nutzungswandel nimmt das Haus den Namen seines Besitzers an, und auch die dabei eingerichtete Braustätte trägt fortan die Bezeichnung „Zum Schwarzmann".

Nachbesitzer sind Georg Feuerer (1650-1660), Johann Michael Weiglein (1665-1672) und der aus Demmelsdorf stammende Büttner Paul Schonath (1673-1690). Seine Witwe Eva, eine gebürtige Weithäußer, verheiratet sich später mit Georg Heil (1692-1716) und vererbt nach dessen Tod das Anwesen an Georg Gabriel Weithäußer, einem nahen Verwandten. 1732 gehören ihm das zweistöckige Haus in der Langen Straße mit einem Hinterhof sowie ein Brau- und Darrhaus zur Bierherstellung.

Erheblichen Fortschritt macht die Braustätte unter dem erst 19-jährigen Büttner Thomas Brunn. Er erwirbt am 17. Juni 1805 den Felsenkeller des ehemaligen Dominikanerklosters auf dem Stephansberg, der im Zuge der Säkularisation versteigert wird. Mit einem Ausstoß von jährlich etwa 650 Hektolitern Bier ist der „Schwarzmann" eine mittelgroße Braustätte. Auf der Suche nach einem besseren Standort kauft Thomas Brunn im Oktober 1816 die Braustätte ➜ Drei Kronen. Im Frühjahr 1821 übernimmt Nikolaus Loch, Sohn des Brauers Valentin Loch (➜ Wilder Mann), das Anwesen. Er erwirbt außerdem eine Scheune am Mittleren Kaulberg, zu der wohl auch ein kleiner Felsenkeller gehört, und betreibt den „Schwarzmann" für die nächsten 34 Jahre. Im Alter von 66 Jahren sucht Nikolaus Loch erfolglos nach einem Käufer für seine Brauerei, sodass nach seinem Tod die Erben das Brauhaus an Adam Krampert verpachten. Dieser betreibt die Braustätte noch einige Jahre, ehe er zum Jahresende 1859 die Sudkessel stilllegt. Im Januar 1860 beginnen die Hauseigentümer mit dem Ausverkauf der Brauerei und der Braugegenstände; veräußert werden u. a. ein Kessel, eine Darre, zwei Kühlschiffe, eine steinerne Einweiche, Lagerfässer mit einem Fassungsvermögen von 700 Litern, Büttner-Handwerkszeug, Tische, Gläser und Krüge. Anschließend erfolgt ein gravierender Umbau des Hauses, in dessen Folge wieder eine Bäckerei eingerichtet wird.

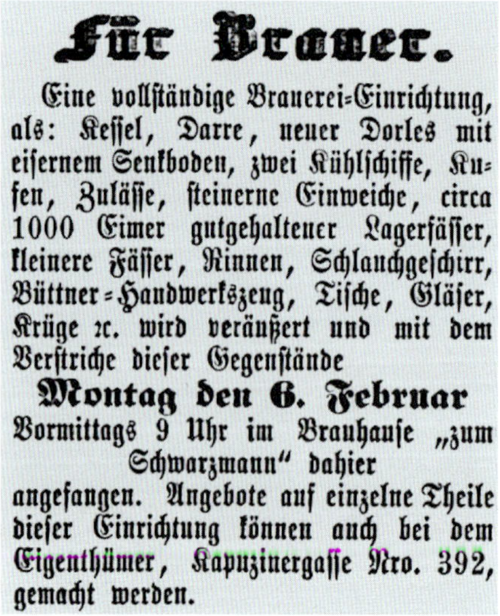

Für Brauer.

Eine vollständige Brauerei-Einrichtung, als: Kessel, Darre, neuer Dorles mit eisernem Senkboden, zwei Kühlschiffe, Kufen, Zulässe, steinerne Einweiche, circa 1000 Eimer gutgehaltener Lagerfässer, kleinere Fässer, Rinnen, Schlauchgeschirr, Büttner-Handwerkszeug, Tische, Gläser, Krüge ꝛc. wird veräußert und mit dem Verstriche dieser Gegenstände

Montag den 6. Februar

Vormittags 9 Uhr im Brauhause „zum Schwarzmann" dahier angefangen. Angebote auf einzelne Theile dieser Einrichtung können auch bei dem Eigenthümer, Kapuzinergasse Nro. 392, gemacht werden.

Im Juni 1860 bieten die Eigentümer die Brauereieinrichtung zum Verkauf an

Die Braustätten auf dem Jakobsberg und dem Michaelsberg

Brauerei Murrmann

Anschrift: Jakobsberg 7-11

Gründung: 1693

Betriebsaufgabe: 1935

Heutige Nutzung: Bis in die 1950er-Jahre wird das Anwesen mit der Hausnummer 7 als Gast- und Gartenwirtschaft betrieben. Heute dient das Haus ausschließlich zu Wohnzwecken.

Felsenkeller: Der Felsenkeller mit der Gartenwirtschaft ist direkt an die Brauerei angeschlossen (Jakobsberg 9).

Die Gaststätte der Brauerei Murrmann am Jakobsberg

Die Brauerei Murrmann erstreckte sich ursprünglich über die drei benachbarten Grundstücke Jakobsberg 7, 9 und 11. Auf dem Gelände befand sich auch der dazugehörige Felsenkeller mit einer Sommerwirtschaft, deren Garten mit einem großen Baumbestand einen schönen Blick zur Altenburg bot.

Gründer und Namensgeber der Braustätte ist der fürstliche Büttner Franz Kaspar Murrmann. Ihm wird 1712 ein Brauhaus mit Garten zugeschrieben. 1736 übernimmt sein Sohn Johann Jakob Murrmann den väterlichen Betrieb, für den er wenige Jahre später das Feuerrecht erhält. Um 1775 ist der Büttner Paulus Müller als Eigentümer überliefert, ehe das Anwesen für vier Generationen im Besitz der Familie Reinlein ist.

Der aus Ützing bei Staffelstein stammende Büttner Lorenz Reinlein erwirbt die Braustätte um 1800 und arrondiert mit dem Kauf des Grundstücks Jakobsberg 9 seinen Grundbesitz. Als er und seine Frau Anna im Herbst 1813 kurz hintereinander versterben, ist ihr gemeinsamer Sohn Andreas noch zu jung, um den Betrieb fortzuführen. Deshalb wird die Brauerei zunächst an Johann Schirling verpachtet, ehe Andreas Reinlein 1819 seine Meisterprüfung ablegt und das Gewerbe seiner

Familie Rippstein beim Ausschank im Felsenkeller (1930er Jahre)

Eltern übernimmt. Nach seinem Tod 1836 baut seine Witwe Elisabetha Reinlein den Betrieb aus und erweitert das Anwesen um einen dreigeschossigen Anbau mit Saal und Orchesterbühne. Als sich Elisabetha Reinlein am 15. Juli 1856 in der Regnitz ertränkt, übernimmt ihr Sohn Michael die Braustätte und leitet diese für die nächsten vier Jahrzehnte. In dieser Zeit führt er die beiden Häuser Jakobsberg 7 und 9 zu einem Neubau zusammen, dessen Fassade eine Figur des Erzengels Michael schmückt. Der nächste Generationenwechsel findet 1890 statt, als sich der Sohn Josef Reinlein mit Dorothea Leuchsner verheiratet, die aus der Brauerei Sonne in Bischberg stammt. Der junge Brauer lässt auf der gegenüberliegenden Seite des Jakobsbergs ein Eisgerüst errichten, mit dem er im Winter seinen Bedarf an Eis sichert. Überliefert ist zudem, dass Josef Reinlein beim Besuch des Prinzregenten Ludwig von Bayern im Oktober 1899 Bier für die Hoftafel liefert. Mit gerade einmal 40 Jahren verstirbt Josef Reinlein, weshalb seine Witwe die Braustätte fortführt.

Das letzte Kapitel der Brauerei Murrmann beginnt im November 1912 mit dem Verkauf an den aus Sand am Main stammenden Johann Baptist Rippstein. Nach einem zweijährigen Aufenthalt in Argentinien kehrt er wieder in seine fränkische Heimat zurück und lässt sich in Bamberg nieder. Allerdings ist das wirtschaftliche Umfeld durch den Kriegsausbruch schwierig: Wie viele andere Brauereien übersteht die Murrmannsbräu die Krisenzeiten des Ersten Weltkriegs nicht und muss die Bierproduktion einstellen. In der Folgezeit wird die gastronomische Nutzung jedoch aufrechterhalten: Neben einer Autovermietung und einem Holz verarbeitenden Betrieb führt Johann Baptist Rippstein mit seiner Frau Selma das Gasthaus und den Felsenkeller weiter. Dem Bamberger Luftfahrtpionier Willy Messerschmitt überlässt er zu dieser Zeit Teile seines Grundstücks für die Konstruktion von Flugzeugen.

Zu Beginn der 1930er-Jahre belebt Johann Baptist Rippstein seine Braustätte nochmals für kurze Zeit und liefert sein bekanntes Märzenbier bis nach Eltmann. Der frühe Tod des erst 50-jährigen Brauereibesitzers am 23. Dezember 1935 beendet dann jedoch die Brautätigkeit für immer. Seiner Witwe hinterlässt er neben dem Anwesen auf dem Jakobsberg und einem Gutsbesitz im oberbayerischen Aschau hohe Außenstände. Aus diesem Grund werden die Grundstücke auf dem Jakobsberg versteigert und von Paul Hilpert, einem Mälzereibesitzer aus Maineck bei Kulmbach, erworben. Nach dem Zweiten Weltkrieg wird ein Teil des Anwesens auf Basis des „Reichsleistungs- und Flüchtlingsnotgesetzes" beschlagnahmt: Die Räume werden fortan als Lager für Vertriebene genutzt. Im Jahr 1960 erwirbt die Caritas das sogenannte „Murrmanns-Lager", um den Neubau eines Altenheimes und eines Schwesternhauses für die Franziskus-Schwestern zu realisieren.

Franziskanerbräu

Anschrift: Jakobsplatz 8

Gründung: 1865

Betriebsaufgabe: 1885

Heutige Nutzung: Die Gebäude auf dem Jakobsberg werden für kirchliche und karitative Verwaltungsaufgaben genutzt. Das ehemalige Klostergebäude an der Schranne befindet sich im Besitz des bayerischen Staates und beheimatet eine Dienststelle der Polizei sowie das Amt für Digitalisierung, Breitband und Vermessung.

Felsenkeller: Über eine Steinstiege ist das noch erhaltene Brauhaus mit dem Felsenkeller verbunden. Dieser besteht aus zwei rechtwinkelig zueinander angelegten Stollen, die unter dem Jakobsplatz liegen. Auch das frühere Kloster an der Schranne hatte einen Felsenkeller zur Bierlagerung (Oberer Stephansberg 28). Mit der Säkularisation ersteigert Balthasar Seminet (➜ Goldenes Einhorn) das Grundstück für 1.350 Gulden. Mit dem neuen Eigentümer wird ein Pachtverhältnis vereinbart, um die klösterlichen Vorräte weiter lagern zu dürfen. Erst am 1. August 1807 endet das Pachtverhältnis. Zu dieser Zeit befinden sich noch 20 Bierfässer im Keller.

Das Franziskanerkloster (rechts) im März 1896. Kurz darauf erwirbt der Konvent den dahinterliegenden Wachtershof, um ihn für einen Erweiterungsbau abzubrechen

Die Ursprünge des Franziskanerordens in Bamberg reichen bis in das Mittelalter zurück, als sich die ersten Mönche am Siechhaus in der Hallstadter Straße niederlassen. Im Jahr 1311 übernehmen sie das Areal des aufgelösten Templerordens an der Schranne. Weil ein kleiner Brunnen die Wasserversorgung der Klosterbewohner schon bald nicht mehr decken kann, wird ein vom Kaulberg kommender Bachlauf in das Kloster geleitet. Eingeweiht wird der „Labhartsbrunnen" am 6. Juli 1364. Möglicherweise hat ein damals bereits betriebenes Brauhaus den Bau der Wasserleitung vorangetrieben.

Der erste schriftliche Hinweis für eine Brautätigkeit der Franziskanermönche findet sich zu Beginn des 17. Jahrhunderts, als das Brauhaus neu erbaut wird. Der Hofbauschreiber Sebastian Dössler quittiert am 13. Juni 1620 die Zahlung von 90 Gulden an den Hofzimmermann Thomas Müller. Demnach hat dieser „im alten Brauhaus im Barfüsser-Kloster" eine Mauer von 90 Schuh Länge eingerissen. Des Weiteren erhält er den Auftrag, „den anderen Teil der Mauer gegen das Wasser zum halben Teil abzutragen und neu zu mauern, zwei Türen, zwei Fenster zu hauen und zu versetzen, den Boden zu pflastern und neue Schlöt aufzuführen".

Die Säkularisation beendet nach fünf Jahrhunderten das Klosterleben an der Schranne, dabei wird auch die Brautätigkeit eingestellt. Zu dieser Zeit ist der 61-jährige Laienbruder Paphnutius Hoch von Eusenhausen als Bierbrauer überliefert. Zu den Klosterbediensteten gehört außerdem der bürgerliche Brauergeselle Georg Weißkopf. In der Folgezeit lässt die königlich bayerische Regierung einen Kassensturz vornehmen: Im Verzeichnis des beweglichen Konventvermögens werden 180 Eimer Bier (ca. 12.000 Liter) sowie 51 Bierfässer, davon zwölf im Felsenkeller, aufgeführt. Im Brauhaus befinden sich des Weiteren ein Kupferkessel, eine Dorles, eine Kühle, sieben Kühlküfflein, sechs Bierkuffen und zwei Brennkessel. Mehrere Einbrüche in die Wirtschaftsgebäude veranlassen die königliche Landesdirektion 1807 dazu, das zweistöckige Klosterbrauhaus zusammen mit dem gemauerten Teil der Bäckerei zu verkaufen. Aus Rücksicht auf die benachbarten Braustätten in der Judenstraße erteilt die Direktion dabei ausdrücklich

Blick auf das Franziskanerkloster von der Michaelsberger Terrasse: Östlich des Klostergebäudes steht das zweistöckige Brauhaus

die Auflage, dass das Anwesen in Zukunft nicht als konzessionspflichtiges Brauhaus verwendet werden darf.
Im Jahr 1827 gestattet König Ludwig I. die Reorganisation des Franziskanerordens in Bayern. Auch in Bamberg soll wieder ein Kloster entstehen, dieser Plan verzögert sich jedoch mangels geeigneter Räumlichkeiten. Erst 1852 gelingt es, auf dem Grundstück gegenüber der Jakobskirche ein Haus zu erwerben, das von drei Patres, zwei Laienbrüdern und einem Servitial bezogen wird. Diese provisorische Klosterbehausung wird am 1. März 1859 abgerissen und durch einen Neubau ersetzt, der im Juli 1861 eingeweiht wird. Wenig später befasst sich der Vorsteher des Konvents, Guardian Pater Beda Eckert, mit dem Bau eines klostereigenen Brauhauses. In einem Brief vom 5. März 1864 an die Provinzleitung der Franziskaner regt er an: „Da der Bedarf des Bieres im hiesigen Kloster nicht nur für die dasselbe Bewohnenden sondern auch für die vielen Durchreisenden kein unbedeutender ist, das hiesige Bier aber sehr theuer, und noch dazu sehr schlecht, ja sogar der Gesundheit nachtheilig ist, so wäre die Herstellung eines Bräuhauses zur Bereitung des Hausbedarfes an Bier sehr wünschenswerth." Diese Schilderung über Preis und Qualität des Bamberger Bieres erreicht ihre Wirkung, denn bereits einen Monat später beginnen die Arbeiten für eine kleine Klosterbrauerei. Der Bau wird im Februar 1865 fertiggestellt und kostet 9.788 Gulden. Das zweistöckige Brauhaus schließt sich an die Ostseite des Konventbaus an und grenzt unmittelbar an die heutige Franziskanergasse. Im Erdgeschoss sind Braukessel, Bierpumpe, Maischkufe und Kühlschiff installiert, darüber befindet sich ein Schwelkboden mit Malzdarre. Der Zugang zum Felsenkeller erfolgt über einen Kellerraum, in dem auch die Gerstenweiche und ein Abwasserkanal angelegt sind. Der Stadtmagistrat erteilt dem Kloster im Juni 1865 die Konzessionsbewilligung mit einigen Einschränkungen: Demnach darf nur Braunbier gebraut werden, und das Malz muss in einer öffentlichen Mühle gemahlen werden. Der Ausschank ist ausdrücklich auf den Hausbedarf beschränkt, wodurch sich auch die relativ geringe Ausstoßmenge von rund 500 Hektolitern Bier im Jahr 1874 erklären lässt.
Als 1885 auf dem Provinzkapitel in München eine Verfügung erlassen wird, wonach zum 1. November alle Brauhäuser der Franziskaner – mit Ausnahme der Klosterbrauerei auf dem Kreuzberg in der Rhön – geschlossen werden sollen, ist auch das Ende der Bamberger Braustätte besiegelt. Der Braukessel und weitere Einrichtungsgegenstände werden größtenteils an einen Bierbrauer in Drosendorf verkauft und das Brauhaus fortan als Waschhaus genutzt.

Die kleine Braustätte der Franziskaner nutzte bereits in den 1880er-Jahren eigene Bierflaschen

Brauerei Michaelsberg

Die Brauereigaststätte auf dem Michaelsberg (um 1930)

Anschrift: Michaelsberg 10f

Gründung: um 1122

Betriebsaufgabe: 1969

Heutige Nutzung: In die ehemaligen Brauereigebäude ist das Fränkische Brauereimuseum eingezogen. Die frühere Gaststätte ist seit 2003 wiederbelebt und beherbergt gegenwärtig ein italienisches Restaurant. Weitere Wirtschaftsräume werden heute von der Stadt Bamberg genutzt.

Felsenkeller: Das heutige Anwesen Jakobsberg 25 ist lange Zeit in städtischem Besitz und wird den jeweiligen Brauereipächtern zur Verfügung gestellt. Hier befinden sich eine Scheune, ein Felsenkeller und eine Sommerwirtschaft. Die Stadt erwirbt 1922 auch den ehemaligen Felsenkeller der Brauerei ➜ Grünwald (Jakobsberg 6), den sie der Pächterfamilie Peßler als Gär- und Lagerkeller überlässt.

Die Braustätte auf dem Michaelsberg hat ihren Ursprung im 1015 gegründeten Benediktinerkloster. Bereits 1154 werden in einer Urkunde „braceatores" (Brauer) und „vinitores" (Winzer) genannt, sodass eine Brautätigkeit relativ früh nach der Klostergründung angenommen werden kann. Einen interessanten Hinweis finden wir in den Kellerrechnungen aus den Jahren 1499 und 1500, als der Konsum von Bier im Kloster nahezu die Menge des getrunkenen Weines erreicht. Dieser Befund ist deshalb bemerkenswert, weil um diese Zeit auch das „Bamberger Reinheitsgebot" (1489) proklamiert wurde und darauf hindeutet, dass Bier an der Wende vom 15. zum 16. Jahrhundert den Wein als beliebtestes Getränk abzulösen begann.
Nach Plänen des Baumeisters Balthasar Neumann entsteht 1742 der sogenannte „Prälatsbau", der die Klosteranlage einrahmt. Bereits vier Jahre später weiht Abt Ludwig Dietz den Nordflügel ein, in dem auch die Brauerei und die Kellerei untergebracht sind – hierin befinden sich heute die Räumlichkeiten des Fränkischen Brauereimuseums. Einer Bedienstetenliste von 1781 ist zu entnehmen, dass neben einem Büttnermeister auch zwei Gesellen und ein Lehrling zum Personal gehören.
Im Zuge der Säkularisation wird das Benediktinerkloster aufgelöst, und die Gebäude gehen in die städtische Bürgerspitalstiftung über. Anders als die meisten anderen Klosterbrauereien in Bamberg bleibt die Braustätte erhalten – sie wird mit Wirkung zum 29. September (Michaeli) 1804 an den Litzendorfer Bierbrauer Nikolaus Knoblach verpachtet. Neben der Brauerei und den dazugehörigen Gasträumen nutzt er eine Remise im gegenüberliegenden Ziegelhof sowie eine Scheune mit Felsenkeller auf dem Jakobsberg. Der Vertrag besitzt Gültigkeit für sechs Jahre und legt die Pachtbedingungen fest: Beispielsweise muss der Pächter das zum Brauen notwendige Malz in der Leibelsmühle mahlen lassen, des Weiteren ist es ihm „aus Gründen der Feuersicherheit" untersagt, Gäste über Nacht zu bewirten. Zudem regelt der Vertrag auch Bestimmungen über Qualität, Preis und Vertrieb des Bieres: So ist der Pächter angehalten, ein gutes, trinkbares Bier auf seine eigenen Kosten zu brauen und die Maß an die spitälischen Pfründner um 1 Pfennig unter dem Preis anzubieten, der in der Stadt üblich ist. Den strengen Vertragsklauseln zum Trotz kommt Nikolaus Knoblach zu einigem Wohlstand, der es ihm nach Ablauf des Pachtvertrags ermöglicht, ein eigenes Brauhaus, das ➜ Fässla, zu erwerben.

Im Jahr 1896 wird das Bier der Brauerei Michaelsberg mit der „Goldenen Medaille" ausgezeichnet. Vierter von rechts ist Brauereipächter Georg Bauernschmitt

Als nächster Pächter ist der ebenfalls aus Litzendorf stammende Johann Röder überliefert. Er betreibt das Brau- und Gasthaus ab 1810 und verbraut jährlich 295 Scheffel Malz. Als er 1820 den Pachtvertrag kündigt und – wie sein Vorgänger – eine eigene Braustätte in der Stadt übernimmt (Brauerei ➜ Brehm), wird die „Bürgerspital'sche-Brauerei" abermals zur Verpachtung ausgeschrieben. Mit einem Höchstgebot von 853 Gulden jährlicher Pacht geht die Brauerei an den Bierbrauergesellen Johann Beck, der in anderen Quellen mit unterschiedlichen Nachnamen (Beh, Böh oder Pöhe) verzeichnet ist. Nach zwölf Jahren endet der Pachtvertrag in der Brauerei auf dem Michaelsberg, und Johann Beck übernimmt für 6.000 Gulden den Fischerhof in Gaustadt. Um die folgende Pachtzeit von Michaeli 1832 bis 1842 bewerben sich insgesamt fünf Brauer. Mit einem Höchstgebot von 852 Gulden bekommt der frühere Fischerhof-Wirt Peter Engert den Zuschlag. Zwei Jahre später bittet er um einen Nachlass auf die Pachtsumme, weil die Sperrung der Hadergasse (heute Aufseßgasse) im Februar 1834 den Zustrom der Gäste aus der Stadt zum Erliegen gebracht habe. Seiner Bitte wird allerdings nicht stattgegeben.

Im Jahr 1840 kündigt Peter Engert den Pachtvertrag mit der Stiftung und erwirbt das Brauhaus zur ➜ Sonne. Neuer Pächter auf dem Michaelsberg wird am 8. August 1840 Konrad Graser aus Schönbrunn. Genau 26 Jahre leitet er die Geschicke des Braubetriebs und beschließt dann, die Brauerei ➜ Schlenkerla in der Dominikanerstraße zu übernehmen. Der städtische Amtmann Birnbaum würdigt später die Verdienste des langjährigen Pächters und hebt hervor, dass Konrad Graser für „die sittliche Hebung der Michaelsberger Wirtschaft ganz besonders zu danken sei". Unter seiner Führung sei der früher unleidige Zustand des Verkehrs von allerlei anstößigen Burschen beseitigt worden.

Seine Nachfolge tritt der Brauer Heinrich Schwarz an. In einer Annonce der Bamberger Neuesten Nachrichten bewirbt er an Weihnachten 1867 sein in Flaschen abgefülltes Exportbier und liefert damit einen der frühesten Hinweise auf Flaschenbier in Bamberg. Nach nur vier Jahren endet die Pachtzeit, und mit Eduard Schoder erscheint 1870 ein neuer Pächter auf dem Michaelsberg. In den folgenden Jahren investiert die Bürgerspitalstiftung als Eigentümerin mehrfach größere Summen in die Gebäude und in das Brauinventar, wobei 1873 eine rauchfreie Darre und 1890 ein neues Kühlschiff eingebaut

Bierkrug aus der Zeit unter Pächter Heinrich Schwarz (1866-1870)

Georg Pessler, Bamberg
Brauerei Michaelsberg.
Bamberg, den 190
Zeugnis!
Georg Peßler

Dieses Zeugnis erhält 1908 der Brauerei-Hilfsarbeiter Michael Hummel von Meedensdorf

werden. Derartige Mehrkosten lassen die Überlegung aufkommen, die Brauerei mit Ende des Pachtvertrags aufzugeben. Als der Pächter Eduard Schoder 1891 in Konkurs gerät, entflammt die Diskussion um die Brauereischließung erneut, doch die umliegenden Anwohner formieren sich und reichen beim Bamberger Stadtrat eine Petition ein: Mit 250 Unterschriften fordern sie den Erhalt der bürgerspitälischen Brauerei, die bei guter Führung ein Anziehungspunkt für Fremde sei und den in der Landwirtschaft tätigen Bewohnern zudem „viel Heinslein und Treber" liefere. Letztlich stimmt die Mehrheit des städtischen Magistrats im April 1892 für die Beibehaltung der Brauerei, auch weil es offensichtlich keine besseren Ideen gibt, die Räume rentabler zu vermieten.

Als neuer Pächter fungiert Georg Bauernschmitt, der zunächst Bier aus der Brauerei ➜ Storch ausschenkt, bis die eigene Braustätte instandgesetzt ist. Für die hervorragende Qualität seines Bieres erhält er 1896 auf der internationalen Ausstellung in Brüssel das Ehrendiplom mit Goldmedaille. Doch schon wenige Jahre später gerät Georg Bauernschmitt in Konkurs, sodass die Stadt wieder einen Nachfolger suchen muss.

Im Oktober 1899 beginnt die Ära der Familie Peßler, als der Landwirtssohn Georg Peßler aus Hundshof die Brauerei- und Wirtschaftsgebäude anmietet. Obwohl er selbst kein gelernter Brauer ist, blüht die Braustätte unter seiner Leitung erheblich auf. Der Garten auf dem Michaelsberg sowie der Felsenkeller auf dem Jakobsberg werden zu beliebten Treffpunkten der Bamberger Bürger. Als die bayerische Regierung im April 1919 ihren Notsitz nach Bamberg verlegt und hier die Verfassung des Freistaats Bayern erarbeitet, werden die Parlamentarier und Staatsbeamte zu treuen Stammgästen in der Gastwirtschaft. Zum wirtschaftlichen Erfolg der Brauerei tragen auch zahlreiche Ausschankstätten im Stadtgebiet bei. 1928 werden ein neues Sudhaus und eine Kühlanlage installiert, was die Leistungsfähigkeit weiter steigert – mit etwa 11.600 Hektolitern Bier erreicht die Brauerei 1930 ihre höchste Ausstoßmenge.

Als Georg Peßler im Alter von 63 Jahren verstirbt, verlieren die Bamberger Brauer einen ihrer engagiertesten Fürsprecher. Von seinen neun Kindern übernehmen die Söhne Georg (aus erster Ehe) und Michael (aus zweiter Ehe) die Braustätte auf dem Michaelsberg. Beide haben im eigenen Betrieb eine Lehre als Brauer absolviert und kennen das Handwerk gut. Ein tragischer Unfall im Jahr 1939 kostet Georg Peßler jun. beinahe das Leben, als er mit einem dreirädrigen Kleinlaster unterwegs ist. In einer Kurve kippt das Gefährt um und zerquetscht ihm einen Arm, der daraufhin amputiert werden muss. Fortan kümmert sich Georg Peßler jun. um den Ausschank und die Büroarbeit, während sein 13 Jahre jüngerer Halbbruder Michael die Leitung im Brauhaus übernimmt.

Mit dieser Arbeitsteilung bringen beide die Braustätte über die Zeit des Zweiten Weltkriegs. Erst mit der Währungsreform normalisiert sich der Braubetrieb, und in der Zeit des nachfolgenden Wirtschaftswunders lassen sich wieder fröhliche Feste feiern. Im Festzelt während der Sandkerwa wird ebenso Bier von der Brauerei Michaelsberg ausgeschenkt wie in den Gaststätten Blaue Glocke (Untere Sandstraße), Breitenau (Memmelsdorfer Straße), Burgfrieden (Altenburger Straße), Café Haas (Obere Sandstraße), Café Michaelsberg (Michaelsberg), Café Müller (Austraße), Café Villa Remeis (St.-Getreu-Straße), Englischer Garten (Schweinfurter Straße), Goldener Engel (Nürnberger Straße), Heerlein (Wildensorg), Hornthaler Hof (Hornthalstraße),

Ein Werbeplakat, wohl aus den 1940er-Jahren

Bierfilz aus dem frühen 20. Jahrhundert

Kilgus (Egelseestraße), Prinz Karl (Untere Königstraße), Precht (Klosterstraße) und Vierjahreszeiten (Unt. Kaulberg).
Auf tragische Weise naht dann das Ende der beliebten Braustätte auf dem Michaelsberg: Michael Peßler verstirbt am 13. Januar 1968, nur drei Monate später auch sein Halbbruder Georg. Zunächst versucht Georgs Witwe Anni Peßler mit ihrer Tochter Anneliese den Braubetrieb fortzuführen, doch wenige Monate später geben sie auf. Um den Braubetrieb aufrechtzuerhalten, macht sich die städtische Verwaltung auf die Suche nach einer Brauerei, die auf dem Michaelsberg weiterhin Bier brauen will. Anfragen bei den Unternehmen Polster (Nankendorf), Frankenbräu (Mitwitz), Hofbräu (Bamberg), Hümmer (Dingolshausen), Löwenbräu Bamberg und Löwenbräu München enden aber ergebnislos. Am 12. Februar 1969 beschließt der Finanzsenat, die Gebäude an die Münchener Löwenbräu zu vergeben, und zwar mit der Maßgabe, vor Ort ein Bier unter der Marke „Brauerei Michaelsberg“ zu brauen. Als die Bamberger ➜ Maisel-Bräu von diesem Beschluss erfährt, unterbreitet sie nur zwei Tage später ein besseres Angebot – und erhält den Zuschlag.
Die Brauerei Maisel nimmt in der Folgezeit ein Bier namens „St. Michaelsberg dunkel“ in ihr Sortiment auf, das jedoch in der Moosstraße hergestellt wird. Somit endet 1969 nach rund neun Jahrhunderten die Brautätigkeit auf dem Michaelsberg.
Im gleichen Jahr gründet sich ein Förderverein, der in den früheren Betriebsgebäuden das Fränkische Brauereimuseum etabliert.

Die Pächter der früheren Klosterbrauerei
1804-1809: Nikolaus Knoblach
1809-1820: Johann Röder
1820-1832: Johann Beh
1832-1840: Peter Engert
1840-1866: Konrad Graser
1866-1870: Heinrich Schwarz
1870-1891: Eduard Schoder
1892-1899: Georg Bauernschmitt
1899-1935: Georg Peßler
1936-1968: Georg und Michael Peßler

Brauereipächter Georg Peßler (1872-1935)

Aus dem Alltag eines Brauer-Lehrlings
Im Frühjahr 1922 beginnt der aus Sambach stammende Johann Dorn eine Brauerlehre auf dem Michaelsberg. Gemeinsam mit drei anderen Lehrlingen teilt er sich zwei Doppelzimmer in den Brauereigebäuden. Ein Auszug aus seinen schriftlichen Aufzeichnungen vermittelt ein anschauliches Bild über die Verhältnisse der damaligen Zeit:
Der Tag der Brauer beginnt um fünf Uhr morgens mit dem Ruf „Auf in Gottes Namen!“ Dann wird die Arbeit für den Tag eingeteilt: Darre bedienen, Fässer reinigen usw. Um acht Uhr wird Kaffee getrunken. Zur Belegschaft gehören insgesamt vier Lehrlinge, ein Biersieder und ein Kellermeister. Das frisch angesetzte Bier bleibt über Nacht stehen und wird am nächsten Morgen über einen Kühler in große Fässer geleitet, die in die Kelleranlage auf dem Jakobsberg gefahren werden. Die Kühlung erfolgt mit Natureis; dieses wird im Winter von der Regnitz in großen Blöcken auf den Berg gefahren. 1925 erhält die Brauerei eine Linde-Eismaschine, „dann ist kein Schreiner mehr versoffen.“
Besonders gern erinnert sich der ehemalige Lehrling an ein Sommerfest im Jahr 1925: „Es war ein großes Musikfest auf dem Michaelsberg, bei schönem Wetter spielten die 17er Reiter und noch eine Kapelle, vier Theken standen vom Sudhaus bis hinten ins Café. Es wurde ein Rekord, es sollen über 80 hl gezapft worden sein. Die Leute, die keinen Platz bekamen, wanderten mit ihren Krügen in dichten Reihen auf und ab.“

Bären- und Eckenbüttnerbräu AG

Anschrift: Jakobsberg 20

Gründung: 1906

Betriebsaufgabe: 1919

Heutige Nutzung: Die ehemaligen Brauereigebäude am Jakobsberg werden 1972 abgerissen. An ihrer Stelle entstehen ein Wohnpark mit 15 Eigentumswohnungen und dahinterliegend weitere neun Einfamilienhäuser.

Das im Jahr 1900 errichtete Brauhaus kurz nach seiner Inbetriebnahme

Die Bären- und Eckenbüttnerbräu AG geht 1906 durch die Zusammenführung der bislang eigenständigen Betriebe ➜ Bärenbräu und ➜ Eckenbüttner hervor. Welche Bedeutung die Fusion für die lokale Brauereistruktur besitzt, verdeutlicht die jeweilige Marktstellung: Die Bärenbräu mit einem Ausstoß von gut 19.000 Hektolitern ist die zweitgrößte Brauerei Bambergs, der Eckenbüttner mit fast 13.000 die viertgrößte; in der Addition produzieren sie mehr Bier als der bisherige Platzhirsch – die Bamberger ➜ Hofbräu AG mit etwa 24.000 Hektolitern.
Urheber dieser für Bamberg bislang einmaligen Unternehmensverschmelzung ist der Brauerei- und Mälzereibesitzer Ludwig Rübsam, der bis 1909 der neuen Aktiengesellschaft als Vorstandsvorsitzender voransteht. Die Fusion ist die logische Folge seines konsequenten Strebens nach wirtschaftlicher Größe: Was mit dem Aufbau einer Malzfabrik und dem Erwerb der ➜ Bärenbräu (1876) beginnt, wird durch den Zusammenschluss mit einem anderen Unternehmen zur Großbrauerei fortgeführt. Die fusionierte Bären- und Eckenbüttnerbräu AG produziert das Bier ausschließlich auf dem Jakobsberg, während das Sudhaus am Maxplatz stillgelegt wird. Auf dem Betriebsgelände in bester Innenstadtlage entsteht vielmehr ein großer Wirtschaftsgarten mit Platz

für mehr als 1.000 Gäste. Mit der „Alten Mauth", den „Eckenbüttner-Sälen" und den neu geschaffenen „Luitpold-Sälen" verfügt die Großbrauerei zudem über drei der größten Ausschankstellen der Stadt. Ludwig Rübsam baut ein effektives Vertriebsnetz mit eigenen Außendienstmitarbeitern auf und forciert den Verkauf von Flaschenbier. In ihrer Blütezeit kommt die Brauerei auf einen Ausstoß von rund 30.000 Hektolitern pro Jahr.

Unregelmäßigkeiten im Geschäftsbetrieb führen 1909 dazu, dass Ludwig Rübsam den Posten als Vorstandsvorsitzender abgeben muss. Für ihn steht zunächst Karl Ziegler, ab 1912 Waldemar Düll der Gesellschaft voran. Den Ersten Weltkrieg übersteht die Brauerei und kann 1919 erstmals wieder eine Dividende in Höhe von 4 Prozent an die Aktionäre zahlen. Dennoch sind die Tage des erfolgreichen Betriebs gezählt: Die Bamberger ➜ Hofbräu AG setzt ihre Finanzkraft ein, um andere Betriebe aufzukaufen. Im Juli 1919 übernimmt die Großbrauerei an der Pödeldorfer Straße auch die Aktienmehrheit ihres großen Konkurrenten vom Jakobsberg.

Damit endet die Brauhistorie der Bären- und Eckenbüttnerbräu AG, denn die neuen Eigentümer sind ausschließlich an den Ausschankstellen für den Absatz der eigenen Biere interessiert. Die Aktiengesellschaft bleibt zunächst bestehen und wird im Mai 1922 in die Bayerische Braubank AG mit Sitz in der Pödeldorfer Straße 75 umgewandelt. Ziel der Braubank AG ist es, Unternehmen, Aktien oder Beteiligungen aus dem Braugewerbe zu erwerben oder zu finanzieren. Die Gesellschaft besitzt bald größere Aktienbeteiligungen an einer bayerischen Malzfabrik, an einer Hamburger Brauerei, an der Hurnerbräu in Ansbach, an der Henninger Reifbräu AG in Erlangen sowie an der Nürnberger Weizenbierbrauerei GmbH.

Abbildung des Brauereigebäudes und der Fasspicherei (im Hintergrund) auf einem Briefkopf

Das Brauhaus in den 1930er-Jahren (später „Bärenbräu-Lager")

Das ehemalige Brauereigebäude auf dem Jakobsberg dient zunächst der Tabakfabrik Raulino als Lager. Nach dem Zweiten Weltkrieg sind in dem großen Backsteinbau Vertriebene und Obdachlose untergebracht („Bärenbräu-Lager"). Da sich bei den städtischen Behörden der Verdacht auf „Kuppelei, gewerbsmäßige Unzucht und sittliche Gefährdung Jugendlicher" verhärtet, verhängt die alliierte Armeeleitung im Jahr 1955 den Status „Off Limits", also die Zugangssperre für alle amerikanischen Soldaten. Noch 1962 hausen in dem Bau unter teilweise menschenunwürdigen Bedingungen 107 Bewohner. Erst Anfang August 1964 gibt die Stadt die angemieteten Räume an die Firma Raulino zurück. Der Abriss der Gebäude erfolgt in den Sommermonaten 1972; auf dem etwa 5.000 m^2 großen Gelände entstehen 15 Eigentumswohnungen entlang der Straße und neun Einfamilienhäuser auf dem hinteren Teil des Grundstücks.

Die Braustätten um Judenstraße und Stephansberg

Brauerei Blauer Löwe

Anschrift: Judenstraße 2

Gründung: vor 1472

Betriebsaufgabe: 1934

Heutige Nutzung: Als die Brauerei auf den Oberen Stephansberg 40 verlegt wird, dient das Stammhaus in der Judenstraße als Bierwirtschaft. Später wird es für Wohnzwecke umgebaut und beherbergt heute ein Studentenwohnheim.

Felsenkeller: Zur Brauerei gehörte eine Reihe von Felsenkellern: Von 1715 bis 1749 das Anwesen Oberer Stephansberg 36, von 1799 bis 1851 das Grundstück Oberer Stephansberg 14 und von 1858 bis 1895 ein Felsenkeller am Oberen Stephansberg 16, der als Malzkeller diente (dieser wird später von der ➜ Mälzerei Weyermann übernommen). Ab 1885 wird auf dem früheren Galimbertischen Anwesen (Oberer Stephansberg 40) ein großer Felsenkeller angelegt, der mehrfach erweitert wird. Zwischenzeitlich wird auch der 1905 von der Brauerei Schuberth übernommene Keller (Oberer Stephansberg 31) als Blaulöwenbräukeller bewirtschaftet, der 1909 an die Brauerei Schlenkerla verkauft wird.

Das Haus „Zum Blauen Löwen" in der Judenstraße mit dem Wappentier über dem Eingang

Zu den vielen Brauhäusern in der Judenstraße gehörte einst auch das Anwesen mit der Hausnummer 2, das heute ein Studentenwohnheim beherbergt. Erstmals erwähnt wird das Haus im Jahr 1330 als Eigentum von Hans und Kunigunde Gundloch. Bereits 1472 ist das Grundstück mit einem Brauhaus bebaut und wird der Alheit Treutlerin zugeschrieben. Damit zählt die Brauerei „Zum Blauen Löwen" zu den ältesten Braustätten Bambergs.
In den folgenden Jahrzehnten lässt sich die weitere Historie nur lückenhaft nachvollziehen. Für 1568 ist Caspar Schneider als Büttner überliefert, dessen Haus mit

der Schild-, Schank- und Gastgerechtigkeit ausgestattet ist. Am 5. Mai 1588 verpfändet er sein Anwesen für ein Darlehen in Höhe von 100 Gulden an den Rotgerber Wolf Rot. Da der Schuldner das Darlehen nicht zurückzahlen kann, übernimmt der Büttner Albrecht Ziegler das Anwesen am 6. Juli 1589. Um 1615 geht Georg Schneider in dem Haus dem Büttnerhandwerk nach. Wenige Jahre später wird er in einen Hexenprozess verwickelt und muss längere Zeit im Bamberger Drudenhaus einsitzen. Anders als viele andere Unschuldige überlebt Georg Schneider das Martyrium und kommt 1630 „elend zerschunden und fast gelähmt" frei.

Nach dem Hofbüttner Johann Grün (1632-1667) und dem mit der Witwe verheirateten Johann Jakob Beck (1669-1706) gelangt das Anwesen an den aus Pferdsfeld stammenden Büttner Andreas Seelmann. Er heiratet 1706 die Tochter des Vorbesitzers und bewohnt mit ihr das dreistöckige Haus, zu dem ein Hinterhaus, ein Brauhaus und eine Darre gehören. Zur Lagerung des gebrauten Bieres erwirbt er für 700 Gulden ein Felsenkellergrundstück am Oberen Stephansberg 36. Wie damals üblich, hält sich der Brauer Andreas Seelmann auch Vieh als Zugtiere. Einem zeitgenössischen Bericht zufolge hat er „einen abnorm großen Stier gezüchtet, den sich sogar der Fürstbischof vorführen lässt". Bei der Schlachtung bringt das Tier angeblich 16 Zentner Fleisch und drei Zentner Unschlitt (Talg) auf die Waage.

Die Tochter von Andreas Seelmann verheiratet sich 1718 mit dem Rotgerber Johann Friedrich Kalb, der das Haus in der Judenstraße dem Zeitgeschmack entsprechend umbauen lässt. Dabei bringt er an der Fassade das Hausbild der Krönung Mariens mit der heiligen Dreieinigkeit an, das heute noch zu sehen ist. Am 18. September 1792 veräußert das Ehepaar Kalb das Wohn- und Brauhaus „Zum Blauen Löwen" für 6.200 Gulden. Käufer des Anwesens mit dem dazugehörigen Hinter-, Brau- und Dörrhaus sowie Einweichkufen, Kühlschiff und Braukesseln ist der Büttner Johann Süß, der aus der Brauerei ➜ Brehm stammt. Keine sieben Jahre später wird Magdalena Süß durch den frühen Tod ihres Mannes zur Witwe. Zehn Wochen später verheiratet sie sich mit dem aus Untergreuth stammenden Brauer Michael Büttner. Zu dem Anwesen gehört nun auch ein Felsenkellergrundstück am Oberen Stephansberg 14. Nach dem Tod von Michael Büttner 1815 heiratet Sabine Süß, Tochter der Witwe aus erster Ehe, den Braumeister Georg Thomas Kauer. Er entstammt einer bekannten Bamberger Brauerfamilie, sein Vater ist der ➜ Ringleins-Wirt Kaspar Kauer. Georg Thomas Kauer führt den „Blauen Löwen" durch die nächsten 34 Jahre. Mit einem jährlichen Malzverbrauch von knapp 300 Scheffeln ist die Braustätte eine mittelgroße unter den Bamberger Braubetrieben.

Postkarte um 1900: Zu erkennen sind das Stammhaus in der Judenstraße (links) und die neu erbauten Brauereigebäude auf dem Oberen Stephansberg (rechts)

Matthäus Maex (1810-1870)

Die Belegschaft um 1925: Fabrikdirektor Willy Maex (vorne, Vierter von links) mit seiner Frau, weiter rechts seine Mutter Henriette

Im Januar 1853 beginnt die Ära der Familie Maex, die rund acht Jahrzehnte andauern soll. Zunächst pachtet Matthäus Maex von der Witwe Katharina Kauer das Gast- und Brauhaus, ehe er es im Juli 1856 käuflich erwirbt. In dem Wissen, wirtschaftlichen Erfolg nur mit einer zeitgerechten Einrichtung haben zu können, modernisiert er in der Folgezeit die gesamte Braustätte. Noch im selben Jahr erhöht er die Kapazität des Braukessels, erweitert die Malzdarre und installiert ein neues Kühlschiff. Da die Witwe Kauer den Felsenkeller an den Braumeister der ➜ Polarbärenbräu veräußert hat, sieht sich Matthes Maex nach einem neuen Lagerkeller um. Er wird in dem Anwesen Oberer Stephansberg 16 fündig, das er mit einem Kellerhaus bebaut. Die sukzessiv steigende Bierproduktion spiegelt sich auch darin wider, dass der Felsenkeller zwischen 1859 und 1861 dreimal vergrößert werden muss. 1868 erwirbt Matthes Maex zudem die Gaststätte „Weiße Rose" an der Laurenzistraße (ehemals „Gehringers Felsenkeller"). Zwei Jahre später stirbt der tüchtige Braumeister.

Im Alter von 33 Jahren übernimmt Wilhelm Nathan die Geschäftsleitung im „Blauen Löwen". Er stammt aus Hofheim im Taunus und hat die Witwe Anna Maex geheiratet. Wie sein Vorgänger setzt er zielstrebig auf den Ausbau und die Modernisierung der Brauereianlagen. Um die Bierherstellung effektiver zu gestalten, investiert er in ein neues Brauhaus. Herzstück des Betriebs ist eine moderne Dampfmaschine der Firma Riedinger (Augsburg). 1878 ist seine Brauerei mit einem Ausstoß von knapp 10.000 Hektolitern die zweitgrößte der Stadt. Auch im Kellerhaus auf dem Stephansberg baut er auf fortschrittliche Techniken und ersetzt das alte Göpelwerk durch einen leistungsstarken Gasmotor. Aus dem Nachlass der Familie Galimberti ersteht Wilhelm Nathan im August 1885 ein großes Grundstück am Oberen Stephansberg 40, um dort eine zeitgemäße Kelleranlage zu schaffen. Mehrere Lagerkeller, teilweise bis zu 80 Meter lang, werden in den Sandstein des Stephansbergs getrieben. Zwar zieht sich Wilhelm Nathan zum Jahresbeginn 1892 aus dem operativen Geschäft zurück, aber die Planungen für ein neues Brauhaus an gleicher Stelle sind sicherlich schon lange in der Schublade.

Die Realisierung einer modernen Bierproduktionsstätte bleibt Josef Maex vorbehalten. Der Sohn des Vorbesitzers Matthäus Maex tritt mit 29 Jahren in die Fußstapfen seines Vaters und vollendet wohl in Absprache mit Wilhelm Nathan den Schritt zu einer Großbrauerei. Die Bauarbeiten beginnen im Jahr 1896 und enden zwei Jahre später mit der Fertigstellung der Mälzerei. Aus der kleinen Blaulöwenbräu in der Judenstraße macht Josef Maex eine der modernsten Braustätten Bambergs. Er verlegt den Firmensitz in den Backsteinbau am Oberen Stephansberg 40, während das frühere Stammhaus nur noch als Bier- bzw. Speisewirtschaft genutzt wird. Auch in der Folgezeit kann sich Josef Maex nicht zurücklehnen: Zum Absatz seines Bieres kauft er unter anderem die ehemalige Brauereigaststätte ➜ Schmäußer in der Hauptwachstraße sowie die Restauration Müller in der Klosterstraße. Mit der Direktion der benachbarten Sternwarte kommt es in dieser Zeit mehrfach zu Streitigkeiten, weil der Rauch des Schornsteins sowie die Beleuchtung des Felsenkellers die klare Sicht auf den Sternenhimmel beeinträchtigen.

Das neue Jahrhundert beginnt für die Brauerfamilie Maex mit einem schweren

Die Brauereigebäude auf dem Stephansberg vom Kaulberg aus gesehen (nach dem Konkurs 1935)

Schicksalsschlag, denn Josef Maex verstirbt am 29. Juli 1900. Ehefrau Henriette wird im Alter von 35 Jahren Witwe und Brauereibesitzerin. Doch „Jette" Maex beweist sich als erstklassige Geschäftsfrau und führt den Betrieb im Sinne ihres Mannes fort. Im März 1902 investiert sie in einen neuen Braukessel, der von der Maschinenbau-Gesellschaft München gefertigt wird. Der Kessel wiegt rund 18 Tonnen, und es benötigt mehrere Gespanne mit insgesamt 20 Pferden, um das Ungetüm vom Bahnhof auf den Stephansberg zu transportieren. Mit weiteren Zukäufen wie den früheren Brauereien ➜ „Goldener Löwe" (1904) oder ➜ Schuberth (1905) sichert sie den Bierabsatz. Während der Kriegsjahre kommt die Produktion dann aufgrund von Rohstoffmangel phasenweise zum Stillstand, sodass sie gezwungen ist, den Braubetrieb vom 20. Dezember 1915 bis zum 1. Oktober 1919 abzumelden.

Zu Beginn der 1920er-Jahre läuft die Bierproduktion wieder an. Seniorchefin Henriette Maex zieht sich allmählich aus der Geschäftsführung zurück und übergibt ihrem einzigen Sohn Wilhelm die Leitung der Brauerei. Der neue Inhaber trägt aber nicht nur die Verantwortung für den Braubetrieb, er muss darüber hinaus auch seine drei Schwestern monatlich ausbezahlen. So kommt es, dass dem Unternehmen in einem schwierigen wirtschaftlichen Umfeld laufend Liquidität entzogen wird. Wie ernst seine wirtschaftliche Lage gewesen sein muss, wird daran ersichtlich, dass er im April 1933 die Leitung des „Münchener Hofs" (ehem. ➜ Schmäußer) übernimmt. In einer Annonce im Bamberger Tagblatt gibt er bekannt, mit seiner Frau die Bewirtung in Eigenregie zu betreiben und dort täglich um 6 Uhr morgens das Märzenbier der Blaulöwenbräu anzustechen. Zu dieser Zeit ist das Schicksal der Brauerei bereits besiegelt: Ein Jahr später meldet Willy Maex Konkurs an.

Rudolf Diebitsch, Brauereibesitzer der ➜ Polarbärenbräu, erkennt seine Chance und erwirbt aus der Konkursmasse die Gebäude am Oberen Stephansberg. Unter der Bezeichnung ➜ Polarbär- und Blaulöwenbräu bleibt lediglich der Name bestehen, die meisten Immobilien werden veräußert. Das Anwesen in der Judenstraße 2 geht an einen Kaufmann aus München und später an den Kolonialwarenhändler Michael Mayer. 1983 erwirbt der bayerische Staat das Anwesen, reißt das alte Brauhaus ab und richtet ein Studentenwohnheim ein.

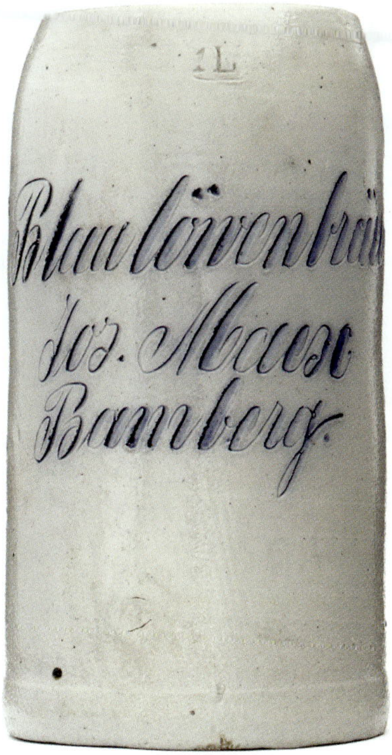

Bierkrug aus der Zeit von Josef Maex

Brauerei Polarbär

Anschrift: Judenstraße 7 (später Oberer Stephansberg 27/29)

Gründung: ab 1599

Betriebsaufgabe: 1935

Heutige Nutzung: Das Gebäude in der Judenstraße hat seine Funktion als Gastronomiebetrieb bis heute beibehalten. In den 1970er-Jahren bezieht das erste chinesische Restaurant Bambergs („Asia“) die Räumlichkeiten und wird später von der Studentenkneipe „Polarbär“ abgelöst. Seit einer umfangreichen Sanierung beherbergt es das spanische Restaurant „Bolero“.

Felsenkeller: Bereits 1728 nutzt der damalige Brauereibesitzer Johann Michael Hummel zwei Felsenkeller auf dem Kaulberg. Es handelt sich um die Anwesen Laurenzistraße 20 und 22. Das Grundstück Nummer 20, das später die Gastwirtschaft „Weiße Rose“ beherbergt, ist noch 1825 als „Gehringers Felsenkeller“ bekannt. Seit 1857 befindet sich der Felsenkeller am Oberen Stephansberg 14 im Besitz der Brauerei. Rudolf Diebitsch erwirbt 1922 das benachbarte Grundstück Nummer 12 hinzu und vereint beide Grundstücke zum Polarbären-Keller, der wegen seines Vierkirchenblicks gerühmt wird. Die auf beiden Grundstücken errichteten Gebäude werden im Frühjahr 1945 bei einem Luftangriff schwer zerstört, wobei mehrere Menschen sterben. Der Kellerbetrieb im hinteren Teil des Gartens wird 1960 eingestellt. Die darauf stehenden Wohnhäuser sind Neubauten aus den 1970er-Jahren.

Das Stammhaus der Brauerei Polarbär in der Judenstraße (um 1930)

Blick vom Turm der Stephanskirche: im Vordergrund das langgezogene Kellergrundstück mit dem großen Garten entlang der Unteren Seelgasse (1909)

Rudolf Diebitsch mit seiner Frau Christine und den Kindern Theo und Rosa-Maria

Zu den bekanntesten Braustätten der Stadt gehört die Brauerei Polarbär. 1350 wird das Haus im Besitz des Juden Liebermann erwähnt. Etwa einhundert Jahre später taucht der Hausname „Zum Adler" auf. Die Brautätigkeit dürfte wohl im 16. Jahrhundert unter Hans Keck begonnen haben, der als „Büttner zum Schwarzen Adler" überliefert ist.

Zu Beginn des 18. Jahrhunderts erfreut sich die Braustätte bereits großer Beliebtheit. Zu dieser Zeit ist Johann Georg Krug als Besitzer erwähnt. Als er 1728 verstirbt, heiratet seine Witwe Anna den aus Rattelshof bei Reundorf stammenden Michael Dotterweich. Unter dem jungen Büttnermeister blüht die Braustätte auf. Zuerst wird sie um einen Felsenkeller auf dem Kaulberg erweitert, dann wird das Anwesen in der Judenstraße gravierend umgestaltet. Es ist wohl Justus Heinrich Dientzenhofer, der zwischen 1736 und 1738 als Baumeister fungiert. Dabei lässt Michael Dotterweich über dem Eingang einen Schlussstein mit einem doppelköpfigen Adler anbringen, der heute noch zu sehen ist. In der Folgezeit erscheint die Braustätte auch unter der Bezeichnung „Zum Reichsadler".

1807 heiratet der aus der Brauerei ➜ Specht in der Austraße stammende Georg Michael Hummel die Witwe des Vorbesitzers und kauft den „Reichsadler" für 7.000 Gulden. Zu dieser Zeit zählt die Braustätte zu den mittelgroßen Betrieben in der Stadt. Nach Georg Hummels Tod (1820) heiratet seine zweite Ehefrau den Braumeister Michael Gehringer aus Wattendorf. Dieser bewirtschaftet an der Laurenzistraße 20 den nach ihm benannten „Gehringers Felsenkeller" und betreibt im Kellerhaus ein Tanzlokal.

Ab 1836 wird die Brauerei von Ignaz Müller, einem Sohn des ➜ Greifenklau-Wirtes, betrieben. Als sein Vater verstirbt, übernimmt er das elterliche Brauhaus am Laurenziplatz und trennt sich von dem Anwesen in der Judenstraße. Neuer Eigentümer ist der Braumeister Andreas Schmitt, der den Betrieb für die folgenden drei Jahrzehnte fortführt. Er erwirbt einen Felsenkeller am Oberen Stephansberg 14 und betreibt dort eine beliebte Sommerwirtschaft. Mit Schmitts Übertritt in den Ruhestand geht die Braustatt 1874 an Valentin Welsch aus Appendorf. Wenige Jahre später muss er sich einem Aufsehen erre-

Diese Postkarte wurde im Jahr 1914 verschickt

genden Gerichtsverfahren stellen, in dem er der „Bierpantscherei" bezichtigt wird. Wie der zuständige Richter bemerkt, soll der Brauer dem Bier verbotenerweise Natron beigemischt haben, und er verurteilt ihn deshalb zu einer Strafe von 200 Mark sowie der Übernahme der Verfahrenskosten. Bis 1886 macht Valentin Welsch den „Polarbär" beim Bierausstoß zur zwölftgrößten Brauerei der Stadt und beleuchtet im Sommer seinen Felsenkeller mit elektrischem Licht.

Nach dem Tod von Valentin Welsch (1895) übernimmt seine Witwe Kunigunde den Betrieb, die den Felsenkeller deutlich vergrößern lässt. Ab 1904 tritt ihr Sohn Michael Welsch in die Brauerei ein. Er lässt die Sommerwirtschaft auf dem Keller instandsetzen (1907) und richtet im Brauhaus ein neues Kühlschiff ein. Sein früher Tod im Alter von nur 29 Jahren verhindert weitere Modernisierungsmaßnahmen. Bei einem Brand im Nachbaranwesen (➔ Weißbierbrauer) im Juli 1911, das auch auf den „Polarbär" übergreift, wird dem Gebäude erheblicher Schaden zugefügt. Dabei muss auch ein kompletter Sud von 42 Hektolitern Bier wegen Verunreinigung abgelassen werden.

Über die Erben von Michael Welsch gelangt das Anwesen mit Brauerei und Felsenkeller zum 1. April 1912 an den aus Neustadt in Oberschlesien stammenden Rudolf Diebitsch. Als Kaufpreis ist die Summe von 135.000 Mark überliefert. Bemerkenswert ist zu erwähnen, dass die Brauerei zu diesem Zeitpunkt noch mit einer Rauchdarre ausgestattet ist und damit ausschließlich Rauchbiere herstellt.

In den Folgejahren arbeitet Rudolf Diebitsch zielstrebig und konsequent an der Expansion seines Unternehmens. Dazu erwirbt er das Nachbaranwesen Judenstraße 9 und vergrößert dadurch die Gaststätte (1918). Ein weiterer Schritt, den beengten Verhältnissen im Stammhaus zu begegnen, ist die Verlegung des Brauhauses. Dazu hat Rudolf Diebitsch bereits 1916 von der ➔ Bären- und Eckenbüttnerbräu AG das Anwesen Oberer Stephansberg 27/29 erworben. Drei Jahre später ist das neue Sudhaus bezugsfertig, weshalb das Bier der Polarbärenbräu fortan auf dem Stephansberg gebraut wird. Rudolf Diebitsch arbeitet außerdem an der Vergrößerung

Flaschenetikett

Wie der Polarbär zu seinem Namen kam
Namensgeber der Braustätte ist ganz offenbar ein früherer Besitzer des Anwesens: Im ausgehenden 17. Jahrhundert ist der Büttner Pankraz Behr als Eigentümer des Hauses überliefert. Sein Vorname ist wechselnd als „Panger" oder „Pohla" überliefert. Daraus entwickeln sich später die Brauerei-Bezeichnungen „Zum Pohla Bern" (1732) bzw. „Zum Bolobären" (1834). Von dort ist es nur noch ein kleiner Schritt zum „Polarbären" (1870). Ab 1911 wird dieser auch auf Bierkrügen oder für Annoncen in der Tageszeitung abgebildet und als Markenzeichen übernommen.

seiner Freischankflächen. Im Jahr 1922 ergibt sich die Gelegenheit, den früheren Böttinger-Keller (➜ Storch) aufzukaufen. Diese Chance lässt er sich nicht entgehen, denn der aufgrund seines Vierkirchenblicks gerühmte Bierkeller befindet sich in unmittelbarer Nachbarschaft zu seinem bestehenden Polarbären-Keller. Er vereint beide Grundstücke und verdoppelt dadurch die Gartenfläche. Für kurze Zeit bringt er auch den Garten der früheren ➜ Karmeliterbräu in seinen Besitz.
Wie kaum ein anderer Geschäftsmann seiner Zeit versteht es Rudolf Diebitsch, den Geschmack der Kunden zu treffen. Regelmäßige öffentliche Veranstaltungen oder Treffen des Historischen Vereins steigern die Popularität des „Polarbären" zusätzlich. Neben den brauereieigenen Ausschankstätten in der Judenstraße und auf dem Bierkeller beliefert Rudolf Diebitsch um 1928 sechs Gaststätten in Stadt und Land mit seinem Rauchbier. Dazu gehören die Gasthöfe „Zur Post" (Heiliggrabstraße), „Zum Römischen Kaiser" (Mittelstraße), „Zum Hirschen" (Burgebrach), „Zur Sonne" (Zapfendorf) und „Zum Stern" (Ebern) sowie das Gasthaus von Regina Knoblach in Schammelsdorf. In gleichem Maße, wie die historischen Felsenkeller auf dem Stephansberg ihre Bedeutung für die Brauereien als Lagerstätten verlieren, weitet Rudolf Diebitsch seinen Besitz aus: Zur Blütezeit gehören ihm neben den genannten Grundstücken auch die Anwesen Oberer Stephansberg 16, 22 und 42.

Seine Geschäftstüchtigkeit bringt dem Brauereibesitzer ein ansehnliches Vermögen ein. Dieses ermöglicht es ihm, im März 1935 die entscheidende Entwicklung zur Großbrauerei einzuleiten: Als die ➜ Blaulöwenbräu in Konkurs gerät, erwirbt er die zum Verkauf stehende Großbrauerei und führt das Unternehmen von nun an unter der Bezeichnung „Polarbär- und Blaulöwenbräu". In den kommenden Jahren verlagert er die gesamte Bierproduktion in die erworbenen Gebäude am Oberen Stephansberg 40. Hier befindet sich fortan auch der Sitz des Unternehmens. Die dazugehörige Mälzerei ist mit einer modernen Darranlage ausgestattet, sodass nach dem Umzug keine Rauchbiere mehr gebraut werden.
Mehr zur Historie dieser Braustätte im Kapitel zur ➜ Polarbären- und Blaulöwenbräu.

Das alte Brauhaus an der Schranne kurz vor dem Abriss

Polarbär- & Blaulöwenbräu

Anschrift: Oberer Stephansberg 40

Gründung: 1935

Betriebsaufgabe: 1988

Heutige Nutzung: Die Brauereigebäude werden später in die neu gegründete Gesellschaft ➜ Löwenbräu KG eingebracht. Die restlichen Immobilien am Stephansberg werden weitgehend veräußert.

Felsenkeller: siehe ➜ Polarbär

Das Sudhaus der Löwenbräu, wie die Brauerei ab 1965 heißt

Mit der Übernahme der ➜ Blaulöwenbräu im März 1935 durch den Brauereibesitzer Rudolf Diebitsch (➜ Polarbärenbräu) entsteht in Bamberg eine neue Großbrauerei, die unter dem Namen Polarbär- und Blaulöwenbräu firmiert. 1936 verlegt Rudolf Diebitsch die gesamte Bierproduktion in die Backsteingebäude am Oberen Stephansberg 40. Hier befindet sich fortan auch der Sitz des fusionierten Unternehmens.

Der Beginn des Zweiten Weltkriegs bedeutet für den erfolgreichen Braubetrieb einen jähen Einschnitt: Im September 1939 verlieren Rudolf und Christine Diebitsch ihren einzigen Sohn Theo, der im Alter von 26 Jahren in Polen fällt. Keine zwei Jahre später verstirbt auch Rudolf Diebitsch. Das Erbe, das neben der Brauerei auch zahlreiche Gaststätten und Grundstücke auf dem Stephansberg umfasst, wird von seiner Frau Christine Diebitsch angetreten. Der alliierte Luftangriff vom 22. Februar 1945, der die Brauerei ➜ Kleebaum und den ➜ Kaiserwirts-Keller auf dem Kaulberg zerstört, trifft auch den Polarbären-Keller schwer. Zahlreiche Menschen, die in den Katakomben Schutz gesucht hatten, verlieren dabei ihr Leben. Erst nach dem Krieg beginnt sich das wirtschaftliche Leben langsam wieder zu normalisieren. Die Zukunft des Unternehmens scheint gesichert, als Tochter Rosa-Maria, bekannt als „Diebitsch'n Rösla", am 30. Dezember 1947 den Braumeister und Brauerei-Ingenieur Peter Nützelberger heiratet, der in der Brauerei ➜ Maisel beschäftigt ist. Allerdings geht die Ehe rasch in die Brüche, sodass die Seniorchefin Christine Diebitsch den Betrieb durch die Zeit des Wirtschaftswunders führt.

Mit ihrem Tod am 24. Juli 1965 geht das Unternehmen an eine Erbengemeinschaft über; fortan firmiert die Brauerei

Flaschenetikett für den Doppelbock

Seniorchefin Christine Diebitsch (rechts) mit ihren Kindern Theo und Rosa-Maria (links) bei der Küchenarbeit

Rudolf Diebitsch
Unter den Bamberger Brauereibesitzern des 20. Jahrhunderts zählt Rudolf Diebitsch zu den größten Persönlichkeiten. Er wird am 5. April 1878 im oberschlesischen Neustadt geboren. Nach einer Braumeister-Tätigkeit in Heidelberg erwirbt er 1912 die Brauerei ➜ Polarbär in der Judenstraße. Er vergrößert den Braubetrieb sukzessive und mit großer Zielstrebigkeit. Der Durchbruch zum Großbetrieb gelingt ihm, als die benachbarte Brauerei ➜ Blauer Löwe 1934 in Konkurs gerät: Er ersteigert die Immobilien und baut sich ein mächtiges Imperium auf, zu dem zahlreiche Gaststätten und Felsenkellergrundstücke auf dem Stephansberg gehören. Am 27. Mai 1941 verstirbt der Brauereibesitzer im Alter von 63 Jahren.

unter dem Namen „Löwenbräu Bamberg KG". Im Jahr 1968 produziert die Löwenbräu unter Direktor Wilhelm Reinhold rund 30.000 Hektoliter Bier und weitere 10.000 im Lohnsudverfahren. Der Einbau einer neuen Sudpfanne mit einem Fassungsvermögen von 20.000 Litern im Jahr 1975 ist die letzte größere Investition in den Braubetrieb. Fünf Jahre später wird das Unternehmen an die Privatbrauerei Fecher aus dem hessischen Seligenstadt veräußert. Am 7. Oktober 1983 tritt der persönlich haftende Gesellschafter Josef-Jakob Fecher aus dem Unternehmen aus. An seine Stelle kommt Manfred Hintermaier, Brauereibesitzer in Frechen bei Köln, und übernimmt die Einzelprokura.

Unter dem neuen Eigentümer erhält die Bamberger Löwenbräu 1984 das CMA-Gütesiegel für hochwertige Qualität. Die breite Produktionspalette umfasst neben einem Pilsener Bier auch ein Kellerbier, ein Märzenbier, ein Exportbier sowie ein Rauch- und ein Weizenbier. Zu speziellen Anlässen werden auch ein „Kaiser Heinrich Rauchbier" oder ein „St. Stephanus Festbier" abgefüllt. Des Weiteren produziert die Löwenbräu Bier für Fremdbrauereien: Die Strategie zielt auf die Produktion von Billigbieren ab, die über Großmärkte vertrieben werden. Der Jahresausstoß beläuft sich auf etwa 24.000 Hektoliter. Die gebotene Vielfalt kann jedoch nicht darüber hinwegtäuschen, dass das Brauhaus längst veraltet ist. Die marode Substanz entspricht nicht mehr den Anforderungen an einen zeitgemäßen Braubetrieb. Eine Modernisierung will sich der Eigentümer aber nicht leisten.

Die Brautradition am Oberen Stephansberg 40 endet letztlich im Jahr 1988. In der Folgezeit lässt die Unternehmensleitung das Bier von der Brauerei ➜ Kaiserdom herstellen und bezieht ein Büro in der Urbanstraße. Der Fall der deutsch-deutschen Grenze beschert dem Unternehmen nochmals gute Geschäfte, denn der Absatz von bayerischem Bier in die ehemalige DDR boomt für kurze Zeit. Im Mai

1990 verkündet Manfred Hintermaier, die Braustätte auslagern zu wollen. Die Stadt Bamberg beteiligt sich aktiv an der Suche nach einem neuen Standort. Tatsächlich hat der Besitzer jedoch kein ernsthaftes Interesse an der Fortführung der Bierherstellung, sondern vielmehr am Verkauf der lukrativen Immobilie. 1993 veräußert Manfred Hintermaier den ehemaligen Brauerei-Komplex an den Bamberger Architekten Jörg Thierig. Die Nachfolgenutzung sieht den Abriss der Produktions- und Wirtschaftsgebäude vor, lediglich das unter Denkmalschutz stehende Sudhaus sowie das Verwaltungsgebäude unterhalb der Einfahrt bleiben erhalten.

Zwischen 1994 und 1996 entstehen 58 neue Wohneinheiten, davon 26 im ehemaligen Sudhaus, und sechs weitere Wohnkomplexe mit einer Tiefgarage.

Der Biergarten mit dem herrlichen Blick wird bis Ende der 1960er-Jahre bewirtschaftet

Emailleschild der Brauerei

1993 beginnen auf dem Brauerei-Areal die Umbau- und Abrissarbeiten

Brauerei Weißbierbrauer

Anschrift: Judenstraße 5

Gründung: vor 1390

Betriebsaufgabe: 1871

Heutige Nutzung: Nach dem Ende der Brautätigkeit bleibt im Erdgeschoss eine Gastwirtschaft, außerdem wird ein Ladengeschäft für Kohle integriert. Zwischen 1986 und 1989 erfährt das Haus eine Generalsanierung. In den oberen Etagen befinden sich Wohnungen, im Parterre ist die gastronomische Nutzung erhalten geblieben.

Felsenkeller: Gegenüber dem Anwesen Unterer Stephansberg 10 entsteht um 1775 eine Felsenkelleranlage.

Ein Feuer zerstört 1911 den Dachstuhl der „Restauration Weissbierhaus" (rückwärtige Ansicht von der Schranne)

Ähnlich wie das fürstbischöfliche Braunbierhaus (➜ Klosterbräu) befindet sich auch sein Pendant, das Weißbierhaus, lange Zeit in fürstlichem Besitz. Die Ursprünge des Brauhauses reichen jedoch viel weiter zurück und können bereits für das ausgehende 14. Jahrhundert angenommen werden: Um 1390 gehören das Wohn- und Malzhaus dem Büttner Conrad Ingram und seiner Frau Christein. Damit zählt das Weißbierhaus wohl zu den frühesten gewerblich betriebenen Braustätten Bambergs, auch wenn in den folgenden Jahrhunderten die Bierherstellung nicht kontinuierlich fortgeführt wird. Am 18. Oktober 1640 erwirbt der Büttner Johann Grün das Haus „Zur Blume" und beantragt im November des folgenden Jahres das große Feuerrecht. Seinem Antrag auf Errichtung einer Braustätte wird stattgegeben. Schon wenige Jahre später liefert Johann Grün sein Weißbier an den fürstbischöflichen Hof, doch erst nach dem Ableben des Brauers 1667 und dem Tod seiner Witwe Helene 1674 kann Fürstbischof Peter Philipp von Dernbach das Anwesen samt Einrichtung für 900 Gulden erstehen. Mit dem Erwerb durch den Regenten geht der alte Hausname „Zur Blume" verloren und wird fortan durch die Bezeichnung „Fürstliches Weißbierhaus" ersetzt. Im Gegensatz zum Braunbierhaus (➜ Klosterbräu) wird

das Weißbierhaus lange Zeit nicht verpachtet. Fürstbischof Friedrich Karl von Schönborn (1729-1746) persönlich lehnt den Vorschlag seiner Hofkammer ab, die Braustätte gegen einen jährlichen Pachtzins von einem bürgerlichen Brauer führen zu lassen, da „dieses Weizenbier in den österreichischen Landen bis Wien verführt", also exportiert, wird.
Für das Jahr 1791 sind insgesamt 68 Brauvorgänge belegt, von denen 83 Fuder und 36 Maß verkauft werden. Nach der Jahresrechnung der Hofkanzlei erwirtschaftet die Brauerei im Folgejahr einen Überschuss von 2.836 Gulden. Ab 1798 wird die Braustätte dann doch für jährlich 500 Gulden an den Brauer Johann Georg Behr verpachtet, der vorher bereits als Braumeister im fürstbischöflichen Braunbierhaus (➜ Klosterbräu) und in der Brauerei ➜ Engel tätig war. Infolge der Säkularisation steht das Anwesen 1805 zum Verkauf ausgeschrieben und wird von seinem Sohn Matthias Behr erworben. Als dieser später das ➜ Eichhörnlein in der Langen Straße kauft, übernimmt Josef Scharnagel das Weißbierhaus. 1813 erhält er die Erlaubnis, auch „Heinslein zu bräuen". Nach Scharnagels Tod 1828 veräußert seine Witwe die Braustätte. Aus ihrer Verkaufsbeschreibung geht hervor, dass zur Brauerei zwei Braukessel gehören, außerdem eine „Einrichtung zum Branntweinbrennen mit 2 Hüten" sowie eine Apparatur zum Essigsieden. Im Folgenden gelangt das Anwesen an den aus der Brauerei ➜ Schmäußer stammenden Peter Ament, der mehrfache Umbaumaßnahmen an der Fassade vornehmen lässt. Sein Sohn Michael absolviert 1859 die Meisterprüfung als Brauer und übernimmt dann den väterlichen Betrieb. Mit dem frühen Ableben Michael Aments im Jahr 1871 geht die Brautradition im ehemaligen fürstbischöflichen Weißbierhaus zu Ende. Anschließend wird unter häufig wechselnden Pächtern die Gastwirtschaft fortgeführt und im Hinterhaus ab 1887 eine Kohlenhandlung betrieben. Das Haus wird bei einem Brand 1911 teilweise zerstört.

Brauerei Baltsenwirt

Anschrift: Judenstraße 3

Gründung: 1689

Betriebsaufgabe: 1893

Heutige Nutzung: Das frühere Brauereigebäude brennt 1912 und 1913 ab. Einen 1922 errichteten Nachfolgebau erwirbt später die Stadt Bamberg, den sie 1984 abreißen lässt, um den Verkehrsfluss am Kaulbergfuß neu zu ordnen. Dadurch wird das ursprünglich schmale Balthasargässchen aufgeweitet und für den Verkehr nutzbar. Heute trägt das gleichnamige Studentenwohnheim die Anschrift Judenstraße 3.

Felsenkeller: Bis 1779 gehört der Felsenkeller am Oberen Stephansberg 32 zur Brauerei, zwischen 1845 und 1864 der Keller am Oberen Stephansberg 11. Bis zum Ende der Brautätigkeit nutzen die Eigentümer das Grundstück Oberer Stephansberg 43 als Gär- und Lagerkeller.

Das in seinen Ursprüngen, allerdings heute nicht mehr erhaltene Gebäude dürfte bereits vor 1200 erbaut worden sein und taucht 1392 mit dem Hausnamen „Zum Christoffel" auf. Beginnend mit Hans Braun (1493) wird das Haus in den folgenden eineinhalb Jahrhunderten von Büttnern bewohnt. Weitere Hinweise auf eine Brautätigkeit finden sich zunächst nicht. Ab dem späten 16. Jahrhundert gehört das stattliche Anwesen Personen von hohem Rang, beispielsweise dem Domherren und Domscholaster Johannes Andreas von Guttenberg oder dem Hieronymus Christof Freiherr von Pölnitz. Erst als Letzterer das Haus 1689 verkauft, gelangt es wieder in den Besitz von Büttnern. Für den Beginn der Brautätigkeit unter dem aus Neunkirchen stammenden Balthasar Welsch spricht auch die Namensgebung der Braustätte „Zum Balthasar" bzw. „Zum Baltsenwirt".

Als Balthasar Welsch am 17. Januar 1718 verstirbt, erbt seine Witwe Elisabeth das dreigeschossige Haus mit drei Zimmern und vier Kammern. Zum Nachlass gehören auch das Brauhaus sowie die Hofreit mit einem Hintergebäude. Im selben Jahr heiratet sie den Büttner Johann Röck, der später in finanzielle Schwierigkeiten gerät und seinen Betrieb schließen muss. Aus der Konkursmasse erwirbt der Büttner Ulrich Frey für 2.040 Gulden das Brauhaus sowie Fässer für „zwei Gebräu" Bier. Nach wenigen Jahren verstirbt Ulrich Frey 1767, sodass seine Frau aus zweiter Ehe, Margarete Frey, neue Eigentümerin des Hauses „Zum Christoffel" wird. Wie so häufig in den Unternehmensgeschichten der Bamberger Brauereien bleibt auch Margarete Frey nicht lange allein, sondern heiratet noch im selben Jahr den Brauergesellen Johann Helldorfer, der 1768 seine Meisterprüfung ablegt. Unter

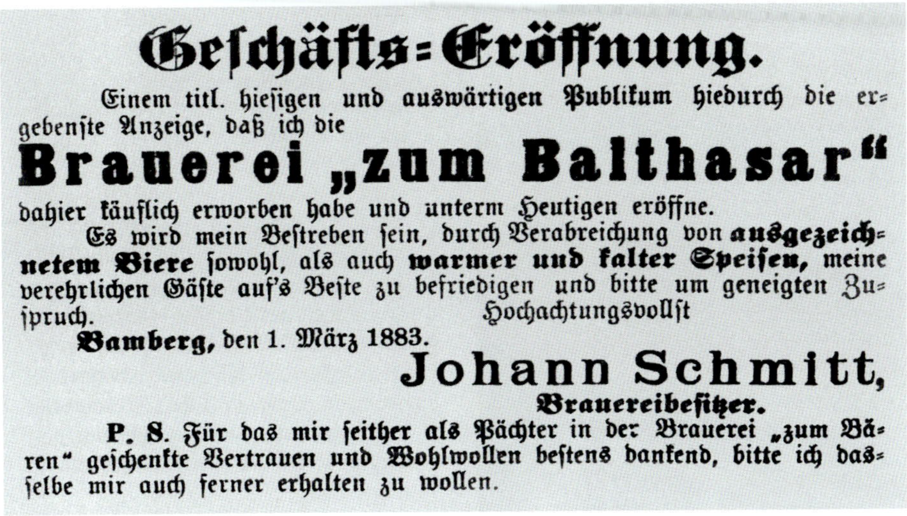

Geschäfts-Eröffnung.

Einem titl. hiesigen und auswärtigen Publikum hiedurch die ergebenste Anzeige, daß ich die

Brauerei „zum Balthasar"

dahier käuflich erworben habe und unterm Heutigen eröffne.

Es wird mein Bestreben sein, durch Verabreichung von **ausgezeichnetem Biere** sowohl, als auch **warmer und kalter Speisen**, meine verehrlichen Gäste auf's Beste zu befriedigen und bitte um geneigten Zuspruch.

Hochachtungsvollst

Bamberg, den 1. März 1883.

Johann Schmitt,

Brauereibesitzer.

P. S. Für das mir seither als Pächter in der Brauerei „zum Bären" geschenkte Vertrauen und Wohlwollen bestens dankend, bitte ich dasselbe mir auch ferner erhalten zu wollen.

Im März 1883 übernimmt Johann Schmitt aus Lauter die Brauerei

Johann Helldorfer wird am Oberen Stephansberg 32 erstmals ein Felsenkellergrundstück genannt. Nach seinem Tod 1801 fällt das Anwesen zurück an seine Witwe Margarete und gelangt 1813 auf dem Erbweg an ihre Tochter Regina, die mit dem Fischer Ferdinand Messerschmitt verheiratet ist.

Zuerst verpachtet Regina Messerschmitt das Brauhaus an Anton Röckelein, während ihr Sohn Adam bei Paul Rosenzweig (➜ Albertgäßner) das Brauhandwerk erlernt. Mit der Heirat von Katharina Sauer übernimmt Adam Messerschmitt 1819 die Brauerei mit dem dazugehörigen Gasthaus. Dank seiner ausführlichen Tagebuchaufzeichnungen können wir uns heute ein anschauliches Bild über die damaligen Verhältnisse machen. Wie er im Januar 1830 notiert, lasst er zur Belebung seines Gasthauses im mittleren Stock einen Tanzsaal einrichten. Eine am 10. Januar abgehaltene Veranstaltung mit Musik erweist sich als großer Erfolg: „Hiermit endigte der Ball erst früh 7 Uhr und ich erntete allgemeine Zufriedenheit." Aufgrund des „unmoralischen" Betragens seiner Gäste sieht er sich jedoch nur sechs Wochen später gezwungen, den Tanzsaal wieder zu schließen. Am 24. Februar notiert er etwas ernüchtert in sein Tagebuch: „Weiberl und Mägde waren nicht mehr sicher, deswegen ich den Ruf meines Hauses und meiner Familie nicht aufopfern wollte, daher rein auskehrte. Hierbei machte ich die Bemerkung, dass die Nachthöcker in den Wirthshäusern bis 12 und 1 Uhr meistens Vielplauderer sind, die hierbey Schlechtigkeiten nicht allein erzählen, sondern auch neuerdings auszuüben Willens sind."

In der Folgezeit scheitern seine Versuche mehrfach, das Brauhaus mit der Gastwirtschaft zu veräußern.

Erst im Jahr 1835 findet er in Valentin Bauer einen Käufer für die Braustätte. Der neue Besitzer stammt aus Ebrach, und unter seiner Führung entwickelt sich die Brauerei in den 1840er-Jahren zur drittgrößten in Bamberg. Zu dieser Zeit erwirbt er auch das große Felsenkellergrundstück am Oberen Stephansberg 11. Nach dem Tod von Valentin Bauer (1861) verkauft seine Witwe Anna Magdalena die Braustätte 1862 an Georg Montag, der wiederum mit einer Tochter des ➜ Karmeliterbrauers Johann Baptist Leicht verheiratet ist. Als Georg Montag 1879 ein Café in Bug eröffnet und im Jahr darauf den Braubetrieb verkauft, gerät der „Balthasar" mehrfach in wirtschaftliche Schwierigkeiten. Häufige Besitzerwechsel resultieren im Jahr 1887 in einem Konkursverfahren gegen die Eheleute Johann und Rosina Lutz. Einen letzten Versuch unternimmt ab Dezember 1887 der Braumeister Johann Michel sen., älterer Bruder von Johann Michel jun. (➜ Mahr). Am 1. März 1893 gibt aber auch er auf: Er meldet die Brauerei ab und übernimmt später die benachbarte Brauerei ➜ Himmelsleiter. Noch einige Jahre wird im Erdgeschoss des Hauses eine Gastwirtschaft betrieben, dann zerstören mehrere Brände das Anwesen, ehe es abgerissen wird.

Der Nachfolgebau der Braustätte wird 1984 zur Aufweitung des Balthasargässchens abgerissen. Links am Bildrand die ehemalige Marienkapelle

Klosterbräu

Die Klosterbräu an der Oberen Mühlbrücke bietet nicht nur im Sommer einen schönen Rastplatz für Touristen und Einheimische

Anschrift: Obere Mühlbrücke 1-3

Gründung: 1533

Felsenkeller: Das ehemals fürstbischöfliche Braunbierhaus verfügt erst ab etwa 1745 über geeignete Felsenkeller. Einer davon befindet sich am Jakobsberg, ein anderer am Unteren Stephansberg. Am 24. April 1750 erwirbt die fürstbischöfliche Hofkammer die Erlaubnis, auf dem Grundstück des Maurers Nikolaus Grasser (Oberer Stephansberg 35) einen Felsenkeller von 125 Schuh Länge ausheben zu dürfen. Im Jahr 1790 kauft der Brauereipächter Andreas Behr das Kellergrundstück auf. Die Bewirtschaftung endet 1925.

Die Geschichte der „Klosterbräu" ist in alten Unterlagen umfassend dokumentiert. Das liegt daran, dass sich die Braustätte lange Zeit im Besitz der Bamberger Fürstbischöfe befand. Neben dem ➜ Weißbierhaus unterhielten sie mit dem fürstbischöflichen Braunbierhaus eine zweite Staatsbrauerei. Erst kurz vor der Säkularisation wurde diese Braustätte privatisiert und an einen bürgerlichen Braumeister verkauft. Das Anwesen am Ufer der Regnitz wird im Jahr 1330 erstmals erwähnt. Zu Beginn des 16. Jahrhunderts erwirbt es Fürstbischof Georg III. Schenck von Limpurg (1505-1522) für die Summe von 116 Gulden, um dort ein Fischhaus zu errichten. Später kauft derselbe auch das Nachbaranwesen hinzu, um die bestehende Einrichtung zu vergrößern. Unter Fürstbischof Weigand von Redwitz (1522-1556) entsteht dann das Vorhaben, das Anwesen zu einem Brauhaus umzubauen. Die Baumaßnahmen beginnen 1531 und enden wohl 1533, wie die eingemeißelte Jahresangabe über dem Schlussstein verrät. Zur Vergrößerung des Braubetriebs erwirbt das fürstbischöfliche Kastenamt unter dem Regenten Veit II. von Würtzburg (1561-1577) ein weiteres Grundstück an der heutigen Schimmelsgasse. Damit sind die wichtigsten Investitionen für das Braunbierhaus getätigt.

Um 1730 gerät die Braustätte in das Visier der fürstlichen Finanzberater. Kontinuierliche Verluste während des Braubetriebs veranlassen sie zur Empfehlung an Fürstbischof Friedrich Karl von Schönborn (1729-1746), „nunmehr die schleunigsten Veranstaltungen zum Verlass des hochfürstlichen Braunen Bierhauses ohne längere Verweilung zu machen". Sie schlagen vor, das Anwesen für jährlich 100 Gulden an einen bürgerlichen Braumeister zu verpachten. Dieser müsse die Braugerste aus dem fürstbischöflichen Schüttboden beziehen und das gebraute Bier um einen Pfennig billiger an den Hof liefern als der

Die große Zehntscheune mit dem Zugang zur Concordiastraße

stadtübliche Bierpreis. Im Gegenzug solle ihm die Biersteuer erlassen werden. Der Fürstbischof stimmt diesem Vorschlag zu. Daraufhin zieht der Büttner Hans Michel Ludwig als erster Pächter in das Braunbierhaus ein. Sein Nachfolger wird wenige Jahre später der Büttner Lorenz Endres. Sein Bier schmeckt dem Fürsten so sehr, dass dieser ihm eine Pachtermäßigung in Aussicht stellt. Dies wiederum erregt die Gemüter in der Würzburger Hofkammer. Die Beamten argumentieren, dass das Würzburger Hofbräuhaus eine Pacht von 600 Gulden pro Jahr einbringe. Sie fordern für das Bamberger Braunbierhaus deshalb eine Verdopplung auf 200 Gulden, weil „in einem Bierland, wie das Bamberger Land mehr Getränke denn in Würzburg verschleißet werden". Die anerkannte Qualität seines Bieres kommt Lorenz Endres 1741 dennoch zugute, als er den Pachtvertrag um weitere drei Jahre verlängern will. Obwohl die Büttner Andreas Brehm und Georg Lutz eine höhere Jahrespacht zu zahlen bereit sind, erhält Lorenz Endres erneut den Zuschlag, da er „zeithero den Hof mit gutem Bier versehen habe". Neben einer höheren Pacht (260 Gulden) erhält er allerdings auch die Auflage, einen Felsenkeller einzurichten.
1744 endet der Pachtvertrag mit Lorenz Endres, der daraufhin die Brauerei ➜ Blümlein erwirbt und später in die benachbarte Brauerei ➜ Leiterlein wechselt. Die offensichtlich guten Geschäfte im Braunbierhaus veranlassen das fürstbischöfliche Kastenamt, den Braubetrieb wieder in Eigenregie zu übernehmen. Zur Lagerung des Sommerbieres dient zu dieser Zeit eine Stollenanlage am Jakobsberger Tor, ab 1750 ein Felsenkeller am Oberen Stephansberg 35. Dem dort wohnenden Eigentümer Nikolaus Grasser kauft die fürstliche Kammer einen Garten ab, um darunter einen 125 Schuh langen Stollen anzulegen. Zwischen beiden Parteien wird weiterhin vereinbart, im Garten eine Halle zu errichten, damit sich die Gäste im Sommer dort niederlassen können, wenn das Felsenbier angezapft wird. Den Kellerbesuchern muss Nikolaus Grasser außerdem den Ein- und Ausgang durch sein Haus gewähren.
Ab 1771 pachtet der frühere ➜ Engel-Wirt Johann Georg Behr das Braunbierhaus. Zwölf Jahre später weist die Jahresrechnung einen Betriebsverlust von 49 Gulden auf. Fürstbischof Franz Ludwig von Erthal (1779-1795) plädiert daraufhin für den endgültigen Verkauf der Braustätte. Zum einen weise das Bier, wie er selbst schon wahrgenommen habe, oft nicht die gehörige Güte auf. Zum anderen halte er es nicht für anständig, dass eine fürstliche Kammer ein bürgerliches Gewerbe betreibe, das zu den ersten Bedürfnissen der Stadt gehöre. Aus dieser Argumentation wird die Gesinnung des aufgeklärten Kirchenfürsten deutlich. Das Anwesen mit Einrichtung sowie der dazugehörige Felsenkeller werden auf einen Wert von 6.000 Gulden taxiert. Es findet sich jedoch kein Käufer, der diese Summe zu zahlen bereit ist. Da auch Inserate in Münchner, Augsburger und Frankfurter Zeitungen keinen Erfolg bringen, verbleibt das Brauhaus vorerst in fürstbischöflichem Besitz. Erst als der Hofkammerrat Steinlein 1789 den Wert des gesamten Anwesens auf 5.000 Gulden reduziert, zeigt Johann Georg Behr Kaufinteresse. So wird am 5. Juli 1790 der Verkauf besiegelt, dem Fürstbischof von Erthal hoch erfreut zustimmt. Der Kaufvertrag sieht eine Summe von 5.125 Gulden vor, wobei 2.000 Gulden bar bezahlt werden und die Restschuld in

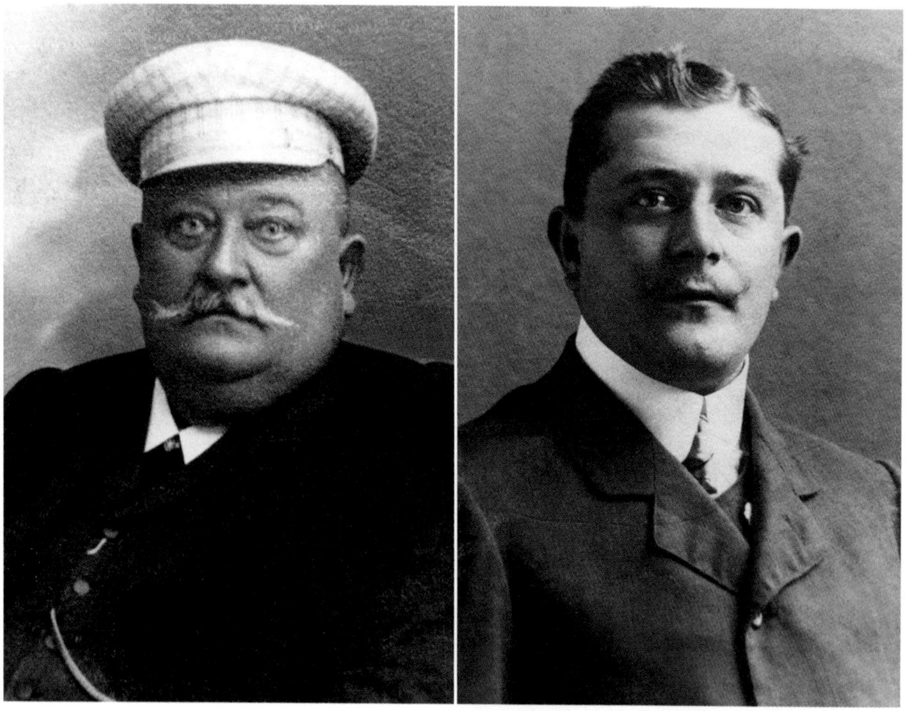

Zwei Brauerpersönlichkeiten, die die Historie der Klosterbräu wesentlich geprägt haben: Matthäus Braun (1852-1908) und sein Sohn Hans (1887-1944)

zwölf Jahresraten beglichen wird.
Nach dem Kauf wird der Büttner Andreas Behr, Sohn von Johann Georg Behr, Eigentümer des „Braunen Bierhauses" und des Felsenkellers. Er leitet die Braustätte bis zu seinem Tod im Jahr 1806, dann heiratet seine Witwe den Büttner Caspar Sauer. Für 800 Gulden erwirbt Sauer das Haus Obere Mühlbrücke 1, das er seinem Anwesen angliedert – in dem Schmiedewerk über dem Eingang sind die Insignien „CS 1827" heute noch gut zu erkennen. Phillip Sauer, Caspars Sohn, übernimmt 1831 den väterlichen Braubetrieb. Neben dem Wohn-, Wirts- und Brauhaus wird ihm der Felsenkeller mit Gärtchen übertragen sowie ein Hopfengarten am Friedrichsbrunnen. Nach 20-jähriger Tätigkeit als Braumeister zieht sich Philipp Sauer aus dem Erwerbsleben zurück.

1845 beginnt im ehemals fürstbischöflichen Brauhaus die Ära der Familie Braun. Peter Braun, Sohn eines Apothekers aus Kitzingen, pachtet zunächst das Anwesen und erwirbt es 1851 für die Summe von 32.000 Gulden. Zu dieser Zeit ist das „Braunbierhaus" gemessen am Ausstoß die viertgrößte Braustätte Bambergs. Peter Braun verstirbt 1865 und vererbt die Immobilien seiner Witwe Ursula. Bis der gemeinsame Sohn Matthäus das elterliche Unternehmen fortführen kann, hält sie den Braubetrieb aufrecht und fügt dem Brauhaus 1867 eine neue Malzdarre hinzu. Mit seiner Heirat im Dezember 1879 wird Matthäus Braun im Alter von 27 Jahren Braumeister. Als aktives Mitglied des Männerturnvereins stellt er im Mai 1883 seine an der Concordiastraße gelegene Halle zur Verfügung, die für die folgenden fünf Jahre als Übungsplatz der Turner genutzt wird. In den örtlichen Tageszeitungen wirbt Matthäus Braun 1888 für sein „hochfeines Kloster-Bier", ein Jahr später taucht erstmals die bis heute verwendete Bezeichnung „Klosterbräu" auf. Da die Brauerei niemals Bestandteil eines Klosters war, könnte die Umbenennung eine Werbestrategie gewesen sein, schrieb man Mönchen doch eine große Erfahrung beim Brauen zu und verband damit eine hohe Qualität des Bieres. Später wird Matthäus Braun eine besondere Ehre zuteil: Zum Besuch des Prinzregenten Luitpold 1898 in Bamberg darf er das Bier für die Hoftafel in der Neuen Residenz liefern. 1908 erhängt sich Matthäus Braun in seinem Taubenschlag, weshalb sein Sohn

Bierkrug aus der Zeit von Hans Braun

Hans das Unternehmen in die dritte Familiengeneration führt. Er lässt das Brauhaus neu bauen und bringt das Bier in insgesamt sieben Gaststätten zum Ausschank, ehe die Auswirkungen des Ersten Weltkriegs den Betrieb immer weiter einschränken. Mit den benachbarten Brauereien ➜ Polarbär und ➜ Leiterlein schließt der junge Brauer ein Übereinkommen, wonach die drei Braustätten abwechselnd einmal pro Woche Bier ausschenken. Hans Braun führt das Unternehmen durch die anschließende Wirtschaftskrise und die aufstrebenden 1920er-Jahre. Neben einem untergärigen Export- und Märzenbier hat die Brauerei zu dieser Zeit auch einen saisonalen Bock sowie als Spezialität das „Bamberger Gold" im Angebot.

Nach dem Ausbruch des Zweiten Weltkriegs ruhen der Brau- und Mälzereibetrieb in der „Klosterbräu" erneut. Es bleibt der Witwe Anna Braun vorbehalten, den von ihrem Mann Hans († 1944) übernommenen Betrieb durch die schweren Nachkriegsjahre zu führen. Dabei erhält sie Unterstützung vom gemeinsamen Sohn Matthias, der ab 1963 die Geschicke der Brauerei leitet. Neue Investitionen wie der Bau eines Fassfüll- und Gärkellers (1955-1959) machen das Felsenkellergrundstück auf dem Oberen Stephansberg überflüssig, weshalb dieses verkauft wird (heute genutzt von der Brauerei ➜ Schlenkerla). Der frühe Tod von Matthias Braun hat zur Folge, dass 1969 seine Frau Georgine mit der Tochter Anne-Rose Verantwortung im Betrieb übernehmen muss. Diese verheiratet sich mit Günther Kaiser, weshalb die Brauerei zu dieser Zeit unter dem Namen „Klosterbräu Bamberg Kaiser KG" firmiert. Die Ehe wird später geschieden, und ab 1987 führen Anne-Rose Braun und ihr zweiter Ehemann Henning Schröder die „Klosterbräu" fort. Nach umfangreichen Sanierungsarbeiten eröffnen sie im Jahr darauf wieder das beliebte „Braunbierstübla" für den Gastbetrieb. Allerdings hemmt in den folgenden Jahren eine ungeklärte Nachfolgerschaft weitere Modernisierungsmaßnahmen. Dies hat zur Folge, dass die technische Einrichtung sukzessive veraltet und ein größerer Investitionsstau entsteht. Für eine gewisse Dauer werden einige Biere nicht mehr im eigenen Sudhaus gebraut, sondern im Lohnbrauverfahren hergestellt – der Fortbestand von Bambergs ältester, noch im Betrieb befindlicher Brauerei ist in den 2010er-Jahren akut gefährdet. In dieser Situation suchen die betagten Eigentümer nach einem Käufer für das Anwesen mitsamt der dazugehörigen Zehntscheune.

2016 einigen sich Anne-Rose Schröder-Braun und ihr Mann mit der Brauerfamilie Wörner aus Gaustadt (➜ Kaiserdom und ➜ Kronprinz Gaustadt) über einen Verkauf zum 1. Februar 2017 – mit dem Versprechen, dass die Klosterbräu als eigenständige Brauerei erhalten wird. Georg Wörner überträgt seinem Sohn Felix die Geschäftsführung, der sogleich mit entsprechender Vision ans Werk geht, die „Klosterbräu" als unabhängige Braustätte zu festigen und das Gasthaus mit qualitativ hochwertigen Bieren und Speisen wieder zu einem geselligen Treffpunkt zu machen. Dazu müssen zunächst dringende Modernisierungsarbeiten im Brauhaus (Dampfkessel, Leitungssysteme, Plattenkühler, Fassfüller, Wasserfiltration für den eigenen Brunnen) sowie im Gastronomiebereich (Gewölbekeller, Toiletten) durchgeführt werden. Die Freifläche an der Regnitz wird mit einem kleinen Biergarten wiederbelebt und einer Außenküche aufgewertet. Der neue Schwung zeigt sich zudem im Angebot der Biere, die alle wieder im historischen Sudhaus gebraut werden sollen: Neben den Klassikern Braunbier, Schwärzla (Schwarzbier) und Kellerbier gibt es seit 2021 ein Rauchbier, das 2025 sogar um eine alkoholfreie Variante mit echten 0,0-Prozent Alkohol erweitert wird.

Emailliertes Werbeschild

Georg Wörner (links) und Henning Schröder stoßen 2017 auf die Übergabe der Klosterbräu an

Brauerei Blümlein

Die Fassade der Brauereigastwirtschaft in der Judenstraße um 1900

Anschrift: Judenstraße 11

Gründung: um 1575

Betriebsaufgabe: 1916

Heutige Nutzung: Nach der Betriebsschließung erwirbt Rudolf Diebitsch (➜ Polarbär) das Anwesen, später der Kohlenhändler Heinrich Huttner. Dieser lässt im Eiskeller der Brauerei ein Kohlenlager errichten. Heute dient das Haus ausschließlich Wohnzwecken.

Felsenkeller: Bis 1778 gehört der Felsenkeller am Oberen Stephansberg 20 zur Brauerei. 1781 erwirbt der Büttner Michael Kramer das Grundstück Oberer Stephansberg 32 (vormals ➜ Baltsenwirt). Am 1. Dezember 1807 erhält er gegen Zahlung von 30 Gulden an seinen Nachbarn die Erlaubnis, den Stollen unter dessen Wohnhaus erweitern zu dürfen. Später kauft Friedrich Dorsch das Nachbaranwesen (Hausnummer 30) hinzu und vereint beide Grundstücke. Hier wird bis zur Betriebsaufgabe der Blümlein-Keller bewirtschaftet.

Das heute ausschließlich für Wohnzwecke genutzte Anwesen Judenstraße 11 beherbergt bis etwa 1916 die Braustätte „Zum Blümlein" mit der dazugehörigen Gastwirtschaft. Bereits im 14. Jahrhundert dürfte das „Haus zum Krebs" erbaut worden sein und wird 1485 erstmals von einem Büttner, Hans Stark, bewohnt. Eine kontinuierliche Nutzung durch diese Berufsgruppe ist seit dem Jahr 1572 belegt: Eigentümer zur damaligen Zeit sind Georg und Barbara Ziegmann.
Ihren Namen erhält die Braustätte von dem Büttnermeister Johann Blümlein, der am 23. Oktober 1656 die Witwe des Vorbesitzers Johann Vestenberger heiratet. In den folgenden Jahrzehnten bleibt das Haus durchgehend im Besitz von Büttnern. Unter Kaspar Schellenberger ist 1776 ein Felsenkellergrundstück am Oberen Stephansberg 20 nachweisbar. Nach dessen Tod heiratet die Witwe den Braumeister Michael Kramer. Da der bislang genutzte Felsenkeller über den Erbweg an die Brauerei ➜ Weiße Taube gerät, erwirbt er einen Stollen unter dem Anwesen Oberer Stephansberg 32. Wie aus den Quellen hervorgeht, erhält er gegen eine Zahlung von 30 Gulden auch das Recht, seine Kelleranlage unter dem Wohnhaus des Nachbarn Georg Streit zu erweitern.
1816 wird Friedrich Dorsch Eigentümer des Hauses. Er will die Kapazitäten des Felsenkellers erweitern und kauft Georg Streit das besagte Grundstück ab. In der Folgezeit werden beide Grundstücke vereint und als Blümlein-Keller bewirtschaftet. Im selben Jahr verwüstet ein Brand in

Der Schlussstein über dem Eingangsportal trägt die Initialen von Friedrich Dorsch, die Jahreszahl und als Hauszeichen eine Blume der Judenstraße das Anwesen und macht einen Neubau erforderlich. Noch heute befinden sich über dem Türsturz die Insignien von Friedrich Dorsch mit der Jahreszahl des Wiederaufbaus.

Ab 1859 führt Braumeister Michael Bauer die Braustätte und lässt daran verschiedene bauliche Veränderungen vornehmen: Zuerst errichtet er im Obergeschoss eine Küche (1859), dann lässt er Teile des baufälligen Hinterhauses ersetzen (1862), baut ein Waschhaus an (1869) und erneuert die Hopfendarre (1875). In den folgenden Jahren führt der aus Trailsdorf stammende Johann Utzmann die Brauerei. Er erwirbt das Anwesen mit den Felsenkellern im Jahr 1876 und muss an der veralteten Bausubstanz ebenfalls zahlreiche Erneuerungen vornehmen. Beispielsweise stürzen Teile des unter dem Haus befindlichen Eiskellers ein, den er neu einwölben lassen muss. Wegen Steuerbetrugs wird Johann Utzmann 1888 zur Zahlung des zehnfachen Betrags verurteilt, den er zu hinterziehen versucht hatte. Bemerkenswert für die kleine Braustätte ist, dass sie bereits 1890 Bier in Flaschen abfüllt und verkauft.

1904 übergibt Johann Utzmann den Betrieb seinem Sohn Michael, doch dieser verstirbt nur zwei Jahre später. So steht 1906 die kleine Braustätte in der Judenstraße zum Verkauf, und der ansässige Gastwirtsverein sieht seine Chance gekommen, sich aus dem „Diktat der Großbrauereien" zu lösen: Die drei Vorstände Franz Wich, Kaspar Schneider und Georg Wunder erwerben die Brauerei Blümlein und wollen darin selbst Bier brauen lassen, das dann in den Gaststätten der beteiligten Mitglieder ausgeschenkt wird. Doch die Rechnung geht nicht auf: Schon 1909 löst sich die Gemeinschaft wieder auf und gibt das Brauanwesen mitsamt Felsenkeller zum Verkauf frei. Als gemeinsame Käufer treten erneut Franz Wich und sein Partner Georg Wunder in Erscheinung. Nachdem Franz Wich 1912 und Georg Wunder 1913 rasch hintereinander versterben, wird die Witwe Babette Wich als alleinige Eigentümerin geführt. Sie meldet die Brauerei am 26. Januar 1916 beim Gewerbeamt der Stadt Bamberg ab. In den Akten ist auch sorgfältig vermerkt, dass der Ausschank des gelagerten Bieres noch bis in den März hinein andauert.

Wenige Jahre später erwirbt der Brauereibesitzer Rudolf Diebitsch (➜ Polarbär) das gesamte Anwesen mit dem dazugehörenden Felsenkeller. 1936 veräußert er das Stammhaus in der Judenstraße an den Kohlenhändler Heinrich Huttner. Dieser lässt den Eiskeller zum Kohlenlager umbauen und das rückseitige Brauereigebäude abbrechen.

Franz Wich, Vorsitzender des Bamberger Gastwirtsvereins, im Jahr 1910

1937 wird das frühere Brauhaus abgerissen. Über der Tordurchfahrt ist noch der Schriftzug „Blümleins-Brauerei" zu erahnen

Brauerei Riegelhof

Anschrift: Concordiastraße 11

Gründung: 1718

Betriebsaufgabe: 1953

Heutige Nutzung: Im Jahr 1970 wird das Anwesen von der Erbengemeinschaft Guth veräußert. Seit einer umfassenden Sanierung zwischen 2018 und 2020 dient der Gebäudekomplex heute reinen Wohnzwecken.

Felsenkeller: Um 1750 gehört zur Brauerei Riegelhof ein Felsenkeller am Oberen Stephansberg 26. Später wird ein Stollen unter dem Anwesen Concordiastraße 24 genutzt.

Frontansicht der Brauerei Riegelhof an der Concordiastraße

Auf dem heutigen Anwesen Concordiastraße 11 ist für 1365 ein Nonnenhaus des Tertiarier-Ordens belegt. Die darin lebenden Klosterschwestern streben eine räumliche Abschottung an und erwerben bis 1505 fünf Nachbargrundstücke. So entsteht um einen zentralen Innenhof herum ein geschlossener Gebäudekomplex, der die Bewohnerinnen von der Außenwelt abgrenzt. Anders als heute orientiert sich der Zugang nicht an der Concordiastraße, sondern an der Riegelhofgasse.

Der Betrieb eines Brauhauses ist ab 1718 nachweisbar. Hans Schwarz, Büttner aus Unterlauter, wird neuer Besitzer und bittet das Domkapitel, eine ihm bereits für den Kaulberg erteilte Brau- und Schankgerechtigkeit auf den Riegelhof verlegen zu dürfen. Diesem Gesuch wird stattgegeben. Nach dem Tod des Büttners – er hinterlässt 18 Kinder aus drei Ehen – geht das Grundstück an seine dritte Frau Maria Johanna über, die kurz darauf den aus Schwäbisch Gmünd stammenden Konditor Josef Johann Pfister heiratet. Ab 1759 betreibt Johann Kaspar Kauer die Braustätte, der später die Brauerei ➜ Kleebaum übernimmt.

Am 25. November 1796 wird der aus Forchheim stammende Büttner Franz Behr Eigentümer des Riegelhofs. Er erwirbt das gesamte Anwesen mit Brauhaus und Kühlschiff für die Summe von 7.000 Gulden. Im Kaufvertrag werden auch die zum Brauen benötigten Gegenstände aufgeführt, wie eine Dorlcs (Quellbottich für die Gerste), ein Schöpffass, ein Matschgitter, ein Fasssieb, vier Bierkufen und neun Kühlkästlein. Zur weiteren Ausstattung gehören ein Branntweinkessel, ein Waschkessel, ein 200-Eimer-Fass, zwei Trichter, zwei Bierhähne sowie 50 Maß- und 25 Seidla-Krüge. Unter der Führung von Franz Behr erscheint erstmals das Felsenkellergrundstück Concordiastraße 24, das fortan zur Brauerei gehört. Als Franz Behr 1824 verstirbt, bleibt seine Witwe Anna Eigentümerin und versucht 1833 das Wohn- und Brauhaus mit Felsenkeller sowie alle Gerätschaften zu verkaufen. Als Käufer wird 1837 Johann Sennefelder genannt, der frühere Pächter der Brauerei ➜ Einhorn, der für den Besitz 15.300 Gulden zahlt. Eine entscheidende Hilfe für den Erwerb der Braustätte stellt die Mitgift seiner Ehefrau dar: Die Tochter des ➜ Karmeliterbrauers Johann Leicht bringt eine Aussteuer von 2.700 Gulden mit in die Ehe.

Über einen Zugang von der Regnitz konnten Gäste mit Booten anlegen (um 1900)

Nach Johann Sennefelder übernimmt der Brauer Friedrich Schwarz den Riegelhof, den er über vier Jahrzehnte bis zu seinem Ableben führt. Im August 1885 kauft Sebastian Leicht, Eigentümer der Brauerei ➜ Fässla, den Riegelhof und lässt die Gastwirtschaft von einem Pächter betreiben. Als Sebastian Leicht kurz darauf verstirbt, veräußert seine Witwe Margarethe Leicht die Gebäude an Andreas Baumann, der wiederum aus der Brauerei ➜ Stöhr stammt. Nach Andreas Baumann (1886-1893) und Josef Grasser (1893-1896) wird der aus Ebern stammende Nikolaus Guth neuer Braumeister. Er heiratet 1897 Anna Grasser, die Witwe des Vorbesitzers. Mit einer jährlichen Produktionsmenge von etwa 700 Hektolitern gehört der

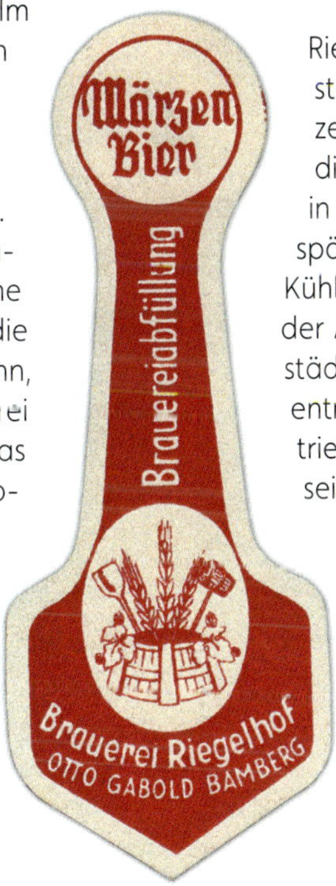

Riegelhof zu den kleinsten Braustätten Bambergs. In der Folgezeit modernisiert Nikolaus Guth die Gasträume (1904), investiert in eine neue Braupfanne (1908), später folgen die Erneuerung des Kühlschiffs und die Renovierung der Außenfassade (1911). Wie den städtischen Gewerbeakten zu entnehmen ist, wird der Braubetrieb am 8. Januar 1917 aufgrund seiner Einberufung zum Militär kurzzeitig abgemeldet. Danach führt Nikolaus Guth die Brauerei bis zu seinem Ruhestand weiter.

Ab September 1930 wird der Riegelhof an den 27-jährigen Braumeister Otto Gabold verpachtet, der bis 1932 auch die Bierschankwirtschaft „Concordia" (Concordiastraße 28) betreibt. Auf der Terrasse zur Regnitz sowie dem kleinen Biergarten über dem Felsenkeller bietet er seinen Gästen eine besondere Spezialität: Ein ungespundetes Märzenbier mit einer Stammwürze von 13 Prozent. Die Wirren des Zweiten Weltkriegs übersteht die Brauerei unbeschadet. Im Jahr 1953 kündigt Otto Gabold den Pachtvertrag und meldet bei der Stadt Bamberg mit Wirkung zum 1. März sein Gewerbe „Brauerei Riegelhof und Ausschank von selbstgebrautem Bier" ordnungsgemäß ab. In der Folgezeit wird die Gastwirtschaft unter wechselnden Pächtern fortgeführt. 1970 veräußert die Erbengemeinschaft der früheren Eigentümer Nikolaus Guth (+1945) und seiner zweiten Frau Emma (+1951) das Anwesen, das fortan ausschließlich für Wohnzwecke genutzt wird.

Brauerei Leiterlein

Nach der Betriebsaufgabe wird die Gaststätte als „Leiterlein-Diele" weitergeführt

Anschrift: Judenstraße 8-10

Gründung: 1597

Betriebsaufgabe: 1918

Heutige Nutzung: Die frühere Brauereigaststätte bleibt zunächst eine Gastwirtschaft. Nach dem Zweiten Weltkrieg wird die „Leiterlein-Diele" vor allem von amerikanischen Soldaten besucht. Heute beherbergt das Gebäude nach einer Generalsanierung ein Studentenwohnheim.

Felsenkeller: Mindestens seit 1763 gehört zur Brauerei der Felsenkeller am Oberen Stephansberg 24, der bis zu ihrer Aufgabe unterhalten wird. Auch das benachbarte Anwesen mit der Nummer 26 ist zwischen 1751 und 1816 in ihrem Besitz. Nach der Auflassung der Brauerei errichtet die Carl Gemeinhardt GmbH auf den drei Grundstücken Oberer Stephansberg 22/24/26 eine Kakao-, Schokoladen- und Zuckerwarenfabrik.

Zu den zahlreichen Braustätten in der Judenstraße gehört die Brauerei Leiterlein, die manchmal auch unter der Bezeichnung „Himmelsleiter" erscheint. Das „Eckhaus zu der lattern" (Judenstraße 10) wird 1423 erstmals erwähnt und gibt der späteren Brauerei ihren Namen. Der Beginn der Brautätigkeit kann ziemlich genau datiert werden, denn der Büttner Hans Georg Düring lässt 1597 ein Brauhaus errichten, das letztlich bis zur Betriebsaufgabe 1918 als solches genutzt wird.
Im Dreißigjährigen Krieg werden das „Haus zur Leiter" und die benachbarten Anwesen erheblich beschädigt. Es ist wohl der Büttner Andreas Marold, der das Anwesen an der Ecke zur Eisgrube wieder aufbaut. Im Jahr 1687 klagt er gegen seinen Nachbarn Friedrich Lang, da dieser im Hinterhaus nicht nur selbst braue, son-

Das Kellerhaus der Brauerei Leiterlein am Oberen Stephansberg 24 im Jahr 1898

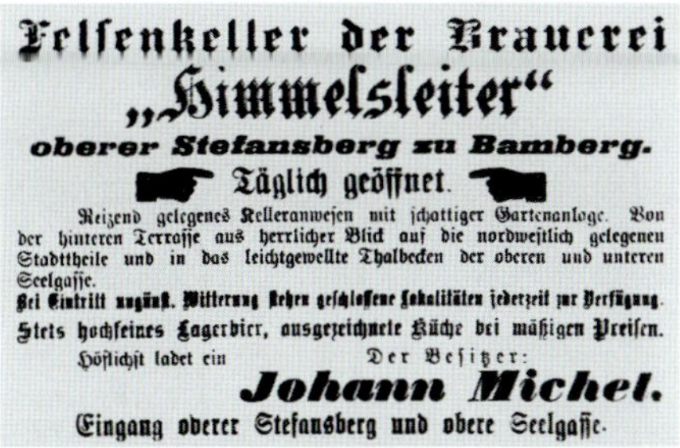

Im Mai 1897 wirbt Johann Michel für den Besuch seines Felsenkellers

dern auch einen anderen Bürger brauen lasse. Andreas Marold argumentiert, dass davon eine erhöhte Brandgefahr für die Nachbarschaft ausgehe. Die Klage wird jedoch am 16. Januar 1688 abschlägig beschieden.

Über Leonhard Fuchs und Lorenz Endres gelangt das Anwesen um 1749 an Friedrich Schmitt. Vom ➜ Riegelhofbüttner Johann Schwarz erwirbt er für 1.400 Gulden ein Felsenkellergrundstück am Oberen Stephansberg 26, kurz darauf geht auch das benachbarte Anwesen 24 in seinen Besitz über. Dieses Grundstück bleibt bis zur Betriebsaufgabe der sogenannte „Leiterleins-Keller“, der im Sommer bewirtschaftet wird. Als eine Tochter von Friedrich Schmitt 1773 den Büttner Peter Schwert heiratet, übernimmt dieser das Anwesen. Doch der Ehe ist nur kurzes Glück beschieden, und so heiratet Dorothea Schwert erneut. Ihr zweiter Ehemann ist der Büttner Johann Kramer. Er bleibt bis zu seinem Tod am 15. April 1821 Braumeister im „Letterlein“.

Im Jahr 1823 beginnt die Ära der Familie Burkard. Der Forchheimer Bürger August Martin Burkard erwirbt am 30. August das dreistöckige Wohnhaus, zu dem zwei Hinterhäuser, ein Hauskeller, ein Brunnen und ein Brauhaus gehören. Das Anwesen ist mit der Brau- und Schankgerechtigkeit versehen. Zur Vergrößerung seines Betriebs kauft er das Nachbaranwesen Judenstraße 8 hinzu und lässt eine neue Küche einbauen. Im Alter von 60 Jahren verstirbt August Martin Burkard. Seine Witwe Anna führt den Betrieb und die Bewirtschaftung des Sommerkellers für die nächsten zweieinhalb Jahrzehnte weiter. Erst 1862 übernimmt ihr Sohn Nikolaus offiziell das väterliche Brauhaus und expandiert: 1867 braut er etwa 2.000 Hektoliter Bier, 1873 sind es schon über 3.000. Um die steigende Nachfrage bedienen zu können, lässt er eine neue Malzdarre einbauen (1874), erweitert mit einem Mauerdurchbruch die Gaststube und vergrößert das Sudhaus (1878). Am 31. Juli 1889 zieht sich Nikolaus Burkard aus dem Unternehmen zurück und verkauft es für 115.000 Mark an den Gärtnersohn Georg Schley. Der Käufer leistet eine Anzahlung von 26.000 Mark und vereinbart regelmäßige Abschlagszahlungen. Schon zwei Jahre später gerät Schley jedoch in Zahlungsschwierigkeiten, weshalb das Anwesen 1891 wieder an den Vorbesitzer Nikolaus Burkard geht.

Zum 1. März 1893 pachtet Johann Michel sen. die Brauerei Himmelsleiter. Der neue Betreiber besaß vorher die Braustätte ➜ Baltsenwirt und versucht sein Glück nun ein paar Häuser weiter. Da die monatliche Pacht stolze 3.000 Mark beträgt, erwirbt er 1895 vom Besitzer Nikolaus Burkard das gesamte Anwesen für 102.000 Mark. Auch sein jüngerer Bruder Johann Michel jun. (➜ Mahr) und sein Schwager Andreas Burkard (➜ Weißtaubenbräu) gehören zu dieser Zeit zu angesehenen Brauereibesitzern der Stadt.

In den Folgejahren vergrößert Johann Michel sen. seinen Betrieb ständig. Er investiert in den Ausbau des Felsenkellers

Lithographie vom Treiben auf dem Leiterleins-Keller (etwa 1905)

auf dem Oberen Stephansberg, lässt einen neuen Gär- und Lagerkeller anlegen (1895), einen Eiskeller graben (1898) und eine Unterstellhalle errichten (1899). Um diese Zeit beträgt der Jahresausstoß fast 9.000 Hektoliter. Als am 14. Oktober 1901 ein Feuer ausbricht und weite Teile des Kelleranwesens vernichtet, nimmt er den Neubau der Gasträume in Angriff (1902) und ergänzt das Anwesen um einen Saal sowie um einen Musikpavillon (1904). Neben der Brauereigaststätte und dem Kelleranwesen kommt das Bier der Brauerei Himmelsleiter in 16 weiteren Lokalen zum Ausschank.

Ein verheerender Brand, der wohl von der Darre ausgeht, vernichtet am 26. Juli 1911 das Hinterhaus und den Dachstuhl des Vorderhauses an der Judenstraße. Kurz darauf meldet Johann Michel sen. Konkurs an. Er selbst wechselt anschließend als Pächter in die Brauerei → Steinernes Haus. Zuvor verkauft er seine Gastwirtschaft „Zum Goldenen Engel" (Nürnberger Straße) an Georg Peßler von der Brauerei → Michaelsberg und den „Lichtenfelser Hof" (Ecke Hallstadter Straße/Lichtenhaidestraße) an den Bankier Salb. Die Brauerei Himmelsleiter wiederum wird mit dem Felsenkellergrundstück in die „Leiterleinsbräu GmbH" überführt.

Im Juli 1913 übernimmt der Brauer Baptist Burkart aus Vorra den Betrieb. Doch die Vorzeichen für den Kauf einer Brauerei stehen denkbar schlecht – der Ausbruch des Kriegs und der Mangel an Rohstoffen verhindern eine rentable Fortführung des Wirtschaftsbetriebs. So vereinbaren die benachbarten Brauereien Himmelsleiter, → Polarbär und → Klosterbräu, dass nur alle zwei Tage eine der drei Braustätten für Gäste geöffnet bleiben soll. Eine im Jahr 1916 empfangene Gerstenlieferung im Gegenwert von 1.548 Mark kann Baptist Burkart nicht mehr bezahlen. Deshalb schlägt er 1918 der staatlichen Reichs-Gerstengesellschaft mbH eine monatliche Ratenzahlung von 100 Mark vor. Auf Nachfrage gibt der Bamberger Stadtmagistrat der Behörde die Auskunft, dass die Brauerei Himmelsleiter Konkurs gegangen sei, Burkart keinen festen Wohnsitz und eine 13-köpfige Familie zu ernähren habe; Vermögenswerte gäbe es nicht.

Das Brauereigebäude in der Judenstraße geht zunächst in den Besitz des Bauunternehmers Josef Wölker über. Er lässt die Malzdarre abreißen und in das ehemalige Brauhaus Wohnungen integrieren. In der Gaststube wird ab 1921 die „Leiterlein-Diele" betrieben.

Die Braustätten in Gaustadt und Bug

Brauerei Kronprinz

Anschrift: Gaustadter Hauptstraße 109

Gründung: 2016

Das Sudhaus der Brauerei Kronprinz (rechts) ist baulich dem früheren Restaurant „Fischerhof" angegliedert

Die Brauerei Kronprinz mit ihrem modernen Anbau an der Gaustadter Hauptstraße 109 steht auf einem Areal, das einst zum sogenannten „Fischerhof" gehörte. Dieses Ökonomiegut befindet sich ursprünglich im Besitz des Benediktinerklosters auf dem Michaelsberg. Bereits um 1100 wird auf Betreiben von Abt Gumbert eine Quelle eingefasst (Gumbertsbrunnen), die später mehrere Fischteiche speist. Um 1763 lässt Abt Gallus Brockard zudem eine barocke Brunnenhalle errichten – das heute noch erhaltene Fischerhof-Schlösschen. Über seine wirtschaftliche Bedeutung hinaus dient der gesamte Fischerhof den Mönchen auch als Ort der Erholung.

Nach der Säkularisation gelangt das Areal in private Hände und wird unter der Familie von Redwitz aufwändig umgestaltet. Die zu einem kleinen See zusammengefassten Fischteiche, die malerische Gartenanlage und die gute Bewirtung machen den Fischerhof Anfang des 19. Jahrhunderts zu einem beliebten Ausflugsziel der Bamberger Stadtbürger. Ab 1830 betreibt der Brauer Peter Engert die Gastwirtschaft für zwei Jahre, ehe er die Brauerei auf dem ➜ Michaelsberg pachtet. Er verkauft das Anwesen für 6.000 Gulden an den Brauer Johann Beh. Als dieser 1834 verstirbt, erscheint der frühere Brauereibesitzer Johann Baptist Jäck (➜ Schlüssel) als Besitzer der Gastwirtschaft, die nach seinem Tod (1847) von dessen Witwe Susanne fortgeführt wird.

In etwa zeitgleich zum Umbau des Fischerhof-Schlösschens zu Wohnzwecken (1855) durch den Amtmann Glier dürfte neben dem See ein weiteres Wirtshausgebäude entstanden sein. Bei dieser Gelegenheit wird die Schankgerechtigkeit vom Fischerhof-Schlösschen auf die neue Gastwirtschaft übertragen. 1867 gerät der Eigentümer Jacob Glier in die

Stylisch und modern eingerichtet: der Gastraum im Kronprinz

Zwangsvollstreckung und muss das gesamte Areal um den Fischerhof herum versteigern. Zur Konkursmasse gehören neben dem Schlösschen und zahlreichen Feldern auch das Wirtshaus mit 135 Maßkrügen, 80 Seidlakrügen, 129 Glaskrügen, rund 30 Wirtstischen und 150 Holzstühlen. Unter wechselnden Besitzern bleibt in der Folgezeit die Gaststätte erhalten und bietet ihren Gästen um die Jahrhundertwende Biere der Brauerei ➜ Maisel an.

Wesentliche Impulse erhält das Anwesen im Jahr 1902: Der Gaustadter Brauereibesitzer Anton Müller (➜ Kaiserdom) kauft das Areal für 42.000 Mark und vollendet im Folgejahr den Neubau eines Wohn- und Gasthauses an der Gaustadter Hauptstraße, das heute noch als „Gaststätte Fischerhof" bekannt ist. Seit dieser Zeit befindet sich das Gebäude im Besitz der Familie Wörner, die 2011 die Generalsanierung angeht. Eingebunden in das Sanierungskonzept ist auch der Bau einer Gasthausbrauerei, die im März 2016 zunächst als Brauerei „Erlkönig" eröffnet und im September des gleichen Jahres in „Kronprinz" umbenannt wird. Das Konzept orientiert sich an modernen Kleinstbrauereien mit verschiedenen Craft-Bieren, von denen bis zu zwölf verschiedene Sorten in den Ausschank kommen. Mit Beginn der Corona-Pandemie im März 2020 werden die Brauerei und das integrierte Restaurant mit Biergarten zeitweise stillgelegt und im November 2022 ganz geschlossen. Am 1. Dezember 2023 erfolgt die feierliche Wiedereröffnung mit der Pächterfamilie Batz aus Bamberg. Auf der Karte stehen seitdem an erster Stelle die von den Brauer-Azubis der Kaiserdom-Brauerei entwickelten und gebrauten Craft-Biere, begleitet von vielfältigen Speisen aus fortgeschrittener fränkischer und internationaler Küche der Familie Batz.

Die Brauerei Kronprinz im Stadtteil Gaustadt steht in keinerlei Verbindung zur gleichnamigen Braustätte, die sich einst in der Langen Straße 25 befand.

Die Restauration Fischerhof mit Biergarten im Jahr 1914

Brauerei Bayerlein

Anschrift: Gaustadter Hauptstraße 31

Gründung: vor 1718

Betriebsaufgabe: um 1918

Heutige Nutzung: Das Gasthaus beherbergt noch einige Jahrzehnte das „Obere Wirtshaus"; heute Wohnnutzung.

Felsenkeller: Der Felsenkeller liegt am westlichen Ortsrand unterhalb des Friedhofs. Die Bewirtschaftung wird vor 1945 eingestellt, er dient den Pächtern aber noch einige Jahre als Kühl- und Lagerkeller.

Das Brauereigasthaus von Adam Bayerlein an der Ecke zur heutigen Dr.-Martinet-Straße im Jahr 1902

In Gaustadt gab es einst drei Gasthäuser, die von den jeweiligen Lehnsherrschaften – Bamberger Domkapitel, Kloster Michaelsberg und Elisabethenspital – betrieben wurden. Das zum Spital gehörende Gasthaus verzapfte lediglich Bier, besaß selbst aber kein Braurecht. Im Gegensatz dazu wurde in der klösterlichen Schankstelle (später ➜ Kaiserdom) ebenso Bier angesetzt wie im domkapitelschen Brauhaus, aus dem später die Brauerei Bayerlein hervorging.

Im Jahr 1718 beschwert sich der Wirt Heinrich Röckelein über den Betrieb einer ungenehmigten Braustätte im „Unteren Gasthaus" (➜ Kaiserdom). Vehement fordert er die „Einschlagung", also den Abriss des Brauhauses, was jedoch unterbleibt. Der Protest des Wirtes gegen den Konkurrenten deutet darauf hin, dass er zu dieser Zeit bereits Bier gebraut hat. Einige Jahre später erscheint das Anwesen unter dem Namen „Schlereth'sches Gasthaus", was einen Besitzer gleichen Namens vermuten lässt. 1765 gelangt das Anwesen in den Besitz der Familie Leicht. Der aus Wernsdorf stammende Büttner Johann Leicht übernimmt im Alter von 24 Jahren die Leitung des Wirtshauses und führt den Braubetrieb für die nächsten Jahrzehnte fort. Seine zahlreichen Nachkommen nehmen in den folgenden Generationen erheblichen Einfluss auf das Brauwesen in und um Bamberg. Im Jahr 1808 wird er Bürger von Bamberg und erwirbt mit der ➜ Karmeliterbräu zudem die frühere Klosterbrauerei auf dem Kaulberg. Auch über den Tod von Johann Leicht 1812 hinaus bleibt das Brauhaus in Gaustadt in Familienbesitz: Es geht ab 1821 an seinen Sohn Johann Baptist Leicht, der das Gasthaus mit seiner Frau Elisabeth betreibt. Das Ehepaar wiederum sucht später ebenfalls nach einer Braustätte in Bamberg und erwirbt für den Sohn das Gasthaus ➜ Wilde Rose in der Keßlerstraße.

Zur Mitte des 19. Jahrhunderts werden in der Gaustadter Brauerei rund 100 Scheffel Malz verbraucht, weshalb sie zu den kleinen Braustätten gezählt wird. Am 10. April 1858 veräußern Johann Baptist und Elisabeth Leicht das „Wirthsgut mit realer und radizierter Brauerei-, Gast- und Schankgerechtigkeit, Wohn- und Wirts-

Das Ehepaar Heinrich und Elisabetha Zang übernimmt die Brauerei im Jahr 1858

haus, Brauhaus, Scheuer, Stallungen, Backofen und Hofrecht" an Heinrich Zang aus Gleusdorf. In der Kaufsumme von 23.000 Gulden sind zudem 26 Tagewerk Acker, Wiese, Hopfengarten und ein Felsenkeller enthalten sowie das dazugehörige Inventar und Mobiliar, drei Kühe und ein Kalb. Bei Vertragsabschluss werden 3.800 Gulden fällig, weitere 7.700 Gulden innerhalb von drei Monaten. Der Rest muss als Darlehen abbezahlt werden.

Mit Fleiß und Tüchtigkeit bringt es der neue Eigentümer zu einigem Wohlstand. Schon nach wenigen Jahren kann Heinrich Zang das Darlehen tilgen und ist fortan schuldenfrei. Mit seiner Frau Elisabetha erwirbt er weitere Grundstücke und vermehrt den Besitzstand auf 60 Tagewerk Land, zwölf Kühe und zwei Pferde. Auch in den Betrieb werden erhebliche Summen investiert, beispielsweise in den Ausbau des Felsenkellers. Vom etwas erhöht gelegenen Garten am westlichen Ortsrand bietet sich den Gästen ein herrlicher Blick über das weite Regnitz- und Maintal. Besonders beliebt ist die Brauerei bei den Bambergern, die am Wochenende Spaziergänge durch den Michaelsberger Wald nach Gaustadt unternehmen. Erheblich begünstigt wird der Gastbetrieb der Familie Zang außerdem vom allgemeinen wirtschaftlichen Aufschwung Gaustadts, den der Ort mit einem florierenden Textilgewerbe erlebt. Sein Lagerbier liefert Braumeister Heinrich Zang auch nach Bamberg, wo er im Gasthaus ➜ „Sternla" einen Ausschank unterhält: Im Mai 1882 erwirbt er die traditionsreiche Gaststätte in der Langen Straße für die Summe von 36.000 Mark.

Im Gasthaus der Brauerei Zang konstituiert sich am 1. Januar 1886 die Freiwillige Feuerwehr Gaustadt. Dabei wird Karl Zang, Sohn des Brauereibesitzers, zum Zeugwart ernannt. Er ist es auch, der nach dem Tod des Vaters 1890 die Gast- und Landwirtschaft fortführt. Nur sechs Jahre später stirbt Karl Zang an Wassersucht. Seine Mutter Elisabetha sowie die Schwestern Auguste und Georgine versuchen, den Betrieb aufrechtzuerhalten, doch schon bald können sie die Arbeit nicht mehr bewältigen. Sie beschließen, sich von dem Anwesen zu trennen.

Als Käufer erscheint mit dem Braumeister Adam Bayerlein der letzte Eigentümer der Braustätte. Von der Witwe Elisabetha Zang erwirbt er am 27. Januar 1898 das gesamte Anwesen für 97.000 Mark. Er leitet den Braubetrieb für die nächsten Jahre weiter und verpachtet das Gasthaus nach 1908 an Philipp Schramm aus Roßstadt. Während des Ersten Weltkriegs führt die schlechte Versorgungslage zum Stillstand des Braubetriebs.

Mit dem Verkauf der Braustätte 1920 an die ➜ Hofbräu AG Bamberg endet die Brautradition. Die Bamberger Großbrauerei lässt das Gasthaus zunächst bewirtschaften und veräußert es 1935 an ihren Pächter Andreas Metzner. Dieser verkauft es nur einen Tag später an den Gaustadter Brauereibesitzer Georg Wörner (➜ Kaiserdom). Bis 1945 betreibt die Pächterfamilie Metzner das „Obere Wirtshaus", anschließend wird es von der Tochter Margareta Ferch bis 1967 fortgeführt.

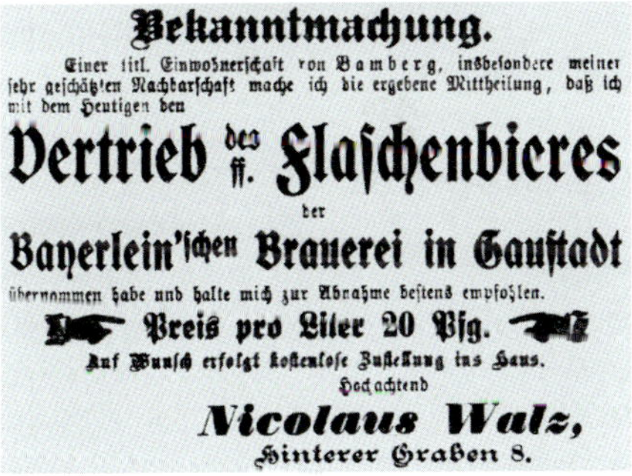

Bekanntmachung.

Einer titl. Einwohnerschaft von Bamberg, insbesondere meiner sehr geschätzten Nachbarschaft mache ich die ergebene Mittheilung, daß ich mit dem Heutigen den

Vertrieb des ff. Flaschenbieres

der

Bayerlein'schen Brauerei in Gaustadt

übernommen habe und halte mich zur Abnahme bestens empfohlen.

Preis pro Liter 20 Pfg.

Auf Wunsch erfolgt kostenlose Zustellung ins Haus.

Hochachtend

Nicolaus Walz,

Hinterer Graben 8.

In der Tageszeitung bewirbt Nicolaus Walz 1901 seinen Lieferservice für Flaschenbier aus der Brauerei Bayerlein

Braucrei Kaiserdom

Anschrift: Breitäckerstraße 9

Gründung: 1718

Felsenkeller: Als Felsenkeller dient der Brauerei das weit verzweigte Stollensystem unter dem alten Brauereigebäude an der Gaustadter Hauptstraße 15.

Die Privatbrauerei Kaiserdom an der Breitäckerstraße in Gaustadt

Unter den in Bamberg ansässigen Betrieben nimmt die Brauerei Kaiserdom eine Sonderstellung ein: Sie ist hinsichtlich der Ausstoßmenge nicht nur die weitaus größte Braustätte der Stadt, sondern auch das international aktivste Unternehmen. Der Betrieb mit Sitz im Stadtteil Gaustadt beliefert Kunden in über 65 Ländern auf allen Kontinenten und trägt den Ruf Bambergs als Bierstadt in die ganze Welt.

Doch die Anfänge des Unternehmens sind recht bescheiden. Ihren Ursprung hat die heutige Brauerei in dem Anwesen Gaustadter Hauptstraße 26, in dem zunächst eine klösterliche Bierwirtschaft betrieben wird. Als Schankstätte findet das „Untere Wirtshaus", wie es lange Zeit genannt wird, im Jahr 1542 erstmals Erwähnung. Die Brautätigkeit setzt jedoch erst 1718 ein: Wie dem Protokollbuch des Klosters Michaelsberg zu entnehmen ist, erhält der Wirt Georg Morg in diesem Jahr die Erlaubnis, eine Braustätte einzurichten. Dies wiederum erregt den Zorn des Wirts Heinrich Röckelein vom „Oberen Wirtshaus" (➜ Bayerlein); er beschwert sich, dass das Brauhaus ohne landesfürstliche Genehmigung errichtet worden sei. Sein Protest, wonach der Neubau wieder abgerissen werden müsse, bleibt jedoch ohne Folgen.

In den folgenden Jahrzehnten profitiert das Brauereigasthaus von seiner verkehrsgünstigen Lage am Handelsweg zwischen Bamberg und Schweinfurt. Nach der Familie Stretz zählt um 1750 der Büttner Melchior Steigner zu den Besitzern, der später die Braustätte ➜ Mondschein übernimmt. Als weitere Eigentümer sind Hans Jörg Kötzner und sein Sohn Sebastian überliefert sowie David Leicht, der Sohn des Wirtes aus dem „Oberen Wirtshaus".

Zu Beginn des 19. Jahrhunderts beginnt die Ära der Brauerfamilie Zink. Nikolaus Zink erwirbt das Anwesen für 3.000 Gulden, dann übernimmt Michael Zink die Geschicke im Brauhaus. Als 1837 im Bamberger Kapuzinerkloster die darin befindliche Brauerei aufgelöst wird, ersteigert er das Kühlschiff und die Malzdarre für den Betrag von 50 Gulden. Hinsichtlich des Bierausstoßes gehört seine Brauerei zu den kleineren Braustätten der Stadt. 1854 zieht sich Michael Zink aus dem Braubetrieb zurück und eröffnet in Gaustadt die Wirtschaft „Zum grünen Thal" (später „Volksgarten"). Dadurch rückt mit Lorenz Zink die nächste Generation an den Sudkessel – allerdings mit geringem Erfolg: Nach wenigen Jahren gerät er in Konkurs und muss das Wirtshaus mit Brau-, Gast- und Schenkgerechtigkeit, Felsenkeller, der kompletten Brauereieinrichtung sowie den Grundbesitz von über 33 Tagwerk zur Versteigerung freigeben.

Der Hopfenhändler Joseph Gütermann ersteigert das Anwesen für 11.000 Gulden und veräußert es an den Metzgerssohn Johann Baptist Häfner. Nach nur vier Jahren muss aber auch er Konkurs anmelden. Erfolgreicher ist sein dritter Sohn Josef: Er wandert in die USA aus und kauft in Lancaster (Pasadena) eine Brauerei, die später „Haefner Brewing Co" genannt wird und bis 1949 besteht. Die Brauerei

Postkarte aus Gaustadt
mit Ansicht der Müllerschen Brauerei,
gelaufen im Jahr 1899

in Gaustadt wiederum geht 1871 an den 21-jährigen Philipp Häfner, einen Neffen des Vorbesitzers. Der junge Brauer ehelicht die aus Bischberg stammende Apollonia Maislein, stirbt aber schon nach fünf Jahren. So verheiratet sich die Witwe Apollonia Häfner mit dem Brauer Anton Müller aus Frankenwinheim, der den Betrieb unter der Bezeichnung „Müller'sche Brauerei" fortführt. Kurz nach der Jahrhundertwende kommt der Brauer in Konflikt mit dem Gesetz, weil er beim Brauen der Bierhefe Muskatnuss beigefügt haben soll. Wirtschaftlich geht es mit der Brauerei hingegen ständig bergauf, und so erwirbt Anton Müller 1902 den Fischerhof (➜ Kronprinz Gaustadt) für 42.000 Mark, um dort eine Gaststätte zu errichten.

Wenige Jahre später geht die Brauerei an die nächste Generation über: Anton Müllers dritte Tochter Monika hatte in Eberstadt bei Darmstadt den Braumeister Georg Michael Wörner kennengelernt, der dem „Erbacher Brauhaus" im Odenwald entstammt. Nach ihrer Heirat kommen sie auf Drängen der Eltern Apollonia und Anton Müller im Juli 1910 nach Gaustadt, wo ihnen der elterliche Betrieb gegen Zahlung einer Abstandssumme von 20.000 Goldmark übergeben wird. Um diese Zeit erscheint die Brauerei erstmals unter der neuen Bezeichnung „Bürger-Bräu".

In den folgenden 43 Jahren stellt Georg Wörner die Weichen für einen leistungsfähigen Braubetrieb. Zunächst muss das Brauwasser noch dem Brunnen vor der Sebastiani-Kapelle entnommen und in großen Bütten zur Braustätte getragen werden. Das Eis zur Kühlung des Bieres zieht Georg Wörner im Winter aus einem zur Brauerei gehörenden Teich, der sich unterhalb des heutigen Sylvanersees befindet. In den 1920er-Jahren entschließt sich Georg Wörner zu einer umfassenden Modernisierung der Braustätte. Er erwirbt das südwestlich gegenüberliegende Grundstück (Hauptstraße 15) und errichtet einen Neubau, der im Dezember 1930 in Betrieb geht. Unterstützt von Georgs Söhnen Theodor und Ludwig verdreifacht sich der Ausstoß zwischen 1931 und 1938 auf etwa 6.000 Hektoliter. Zu den Ausschankstellen gehören zu dieser Zeit die Gasthäuser Weierich (➜ Taucher), ➜ Goldener Löwe, ➜ Wilder Mann, Torschuster (Obere Karolinenstraße), Schweinfurter Hof (Gaustadter Hauptstraße), Rosenstock (Mittelstraße), Deutsches Eck (Kunigundenruhstraße) sowie das Bürgerbräustübl (Wilhelmsplatz). Der Großteil des Bieres wird in Holz-Fässern verkauft, etwa ein Viertel in Flaschen gefüllt.

Den Zweiten Weltkrieg übersteht der Betrieb unbeschadet. Den entscheidenden Schritt zur Großbrauerei wagen Georg Wörners Söhne Theodor und Ludwig, die im Jahr 1953 die Betriebsleitung übernehmen. Nach dem Tod ihres Vaters 1957 dehnen sie das Vertriebsgebiet nach Nürnberg und Schweinfurt aus, sodass 1964 erstmals mehr als 20.000 Hektoliter Bier ausgestoßen werden. Die rasante wirtschaftliche Entwicklung der Bürgerbräu erfordert Neuinvestitionen wie die Installation einer leistungsfähigen Flaschenfüllanlage (1958) oder den Neubau einer Mälzerei (1966) mit einer Leistungsfähigkeit von damals 1.200 Tonnen Malz pro Jahr.

Veränderte Produktions- und Wettbewerbsbedingungen veranlassen die beiden Brüder, den Braubetrieb zu vergrößern. Die alten Brauereigebäude an der Gaustadter Hauptstraße sind für die ehrgeizigen Expansionspläne jedoch nicht geeignet. Am Knock, unweit entfernt von der Brauerei, besitzt die Familie Wörner bedeutende Acker- und Feldflächen, die der in Nachbarschaft liegenden Ziegelei AGROB zum Teil als Lehmabbaugebiet in den 1950er- und 1960er-Jahren überlassen wurden. Als Vergütung für den Lehmabbau werden entsprechende Mengen an Backsteinen vereinbart. Mit Beginn des Brauereineubaus im Jahr 1967 stehen

Monika Müller, Tochter des Gaustadter Brauereibesitzers Anton Müller, und ihr Mann Georg Wörner im Jahr 1935

Führt seit 2024 die Geschicke von Bambergs größter Braustätte: Felix Wörner, hier mit seiner Frau und den beiden Kindern

33.000 m^2 Grundfläche zur Verfügung, auf der der Lehmabbau bereits vollzogen ist. Mit der bis zu diesem Zeitpunkt angesammelten Menge an Backsteinen kann die erste Baustufe der neuen Brauerei nach modernsten technischen und technologischen Aspekten komplett errichtet werden. Sie geht im März 1969 mit dem ersten Sud in Betrieb. Innerhalb weniger Jahre verzehnfacht die Bürgerbräu ihren Ausstoß auf über 280.000 Hektoliter und entwickelt sich neben der ➜ Hofbräu AG Bamberg zu einem der größten Braubetriebe Nordbayerns. In der Folgezeit halten Theodor und Ludwig an ihrer Expansionsstrategie fest und installieren bereits im Jahr 1978 eine vollautomatische Dosenabfüllanlage, die 8.000 Dosen pro Stunde füllt.

Als Ludwig Wörner am 22. März 1978 tödlich verunglückt, übernimmt sein Sohn Georg dessen Anteile und die Unternehmensleitung neben seinem Onkel Theodor Wörner. Es ist Georg Wörner, der in Weihenstephan und München studiert und die Vermarktung der zahlreichen Bierspezialitäten forciert. Im Rahmen einer konsequenten Marketingstrategie wird die ehemalige „Bürgerbräu" im Jahr 1986 in „Kaiserdom-Privatbrauerei Wörner oHG" umbenannt. Diese beschäftigt Mitte der 1980er-Jahre über 120 Mitarbeiter, die jährlich weit über 200.000 Hektoliter Bier und 30.000 Hektoliter Limonaden herstellen. Neben den eigenen Marken produziert das Unternehmen auch für Fremdbetriebe wie für die Bamberger ➜ Löwenbräu.

Mit dem Ausscheiden von Theodor Wörner wird sein Neffe Georg Wörner am 1. Februar 1986 zum alleinigen Inhaber des Unternehmens. Er und seine Frau Margareta organisieren den weltweiten Vertrieb und stellen die Brauerei international auf. Lizenzproduktionen unter der Marke „Kaiserdom" und mit dem alkoholfreien Bier „Prostel" werden aufgenommen. Ab 1998 bauen sie das neue Geschäftsfeld „Contract-brewing" und „Contract-filling" auf, um im Auftrag von Fremdfirmen zu brauen bzw. abzufüllen. 2016 entsteht ein hochmoderner Gär- und Lagerkeller, 2019 investiert die „Kaiserdom" in ein neues Niedrigenergie-Sudhaus der Firma Krones, eine eigene Hefe-Reinzuchtanlage und in eine CO_2-Rückgewinnungsanlage.

Im Jahr 2024 folgt ein neues Energiezentrum mit einem Einsparpotenzial an primärer Energie von über 60 % und der Möglichkeit des dualen Betriebs sowohl mit Erdgas als auch mit Wasserstoff.

Mit Felix Dominikus Georg, dem Sohn von Georg und Margareta Wörner, steht seit 2024 die fünfte Generation der Familie Wörner in der betrieblichen Verantwortung.

Die einzige Dosenfüllanlage in Bamberg im Betrieb

Brauerei Aumüller

Anschrift: Buger Hauptstraße 4

Gründung: wohl 1753

Betriebsaufgabe: 1959

Heutige Nutzung: Das ehemalige Gasthaus, das heute unter Denkmalschutz steht, baut Familie Aumüller zu einem Wohnhaus um. Brauereigebäude, Metzgerei, Felsenkeller und Freischankfläche sind hingegen noch weitgehend im Originalzustand erhalten.

Felsenkeller: Der Felsenkeller befindet sich zwischen Wohn- und Brauhaus unterhalb des Hanges. Der Keller wird 1796 erstmals erwähnt und in den folgenden Jahren mehrfach erweitert. Während des Zweiten Weltkriegs sucht ein Teil der Buger Bevölkerung darin Schutz vor alliierten Luftangriffen.

Um 1910 trägt das Brauhaus in Bug den Namen des Besitzers Michael Zink

Spätestens mit dem Ende des Dreißigjährigen Kriegs dürfte sich im heutigen Anwesen Buger Hauptstraße 4 ein Gasthaus mit Bierschänke etabliert haben. Zu dieser Zeit gehört das Haus dem Bürger Johann Boser, der den Besitz 1669 seinem Sohn Christoph vermacht. Als dieser 1691 verstirbt, heiratet die Wilwe Katharina den Wirt Conrad Hoffmann. Unter seiner Führung wird das Anwesen erstmals als „Zapfenwirthschaft" beschrieben, zu dem auch ein Stadel und fünf Tagwerk Grundbesitz gehören. Die Bezeichnung weist darauf hin, dass Conrad Hoffmann selbst noch kein Bier ansetzt.
In den folgenden Jahrzehnten gerät das Gasthaus auf dem Erbweg an Johann Krapp und dann an Johann Frank. Ab 1747 ist Wilhelm Braun als Eigentümer der Wirtschaft überliefert. Vermutlich ist er es, der dem Gasthaus eine Braustätte hinzufügt, denn er wird als „Büttner, Weißbierbrauer und Wirt" beschrieben. Am 7. Mai 1753 erhält er das Recht, „braunes Bier zu brauen und zu schenken". Gleichzeitig verpflichtet er sich, für jedes Gebräu Bier einen Reichstaler als Lehenszins abzuführen. Der Ausstoß in diesem Jahr beläuft sich auf neuneinhalb Gebräu, das entspricht etwa 125 Hektolitern Bier. Als Wilhelm Braun im Jahr 1760 verstirbt, ist sein Sohn Lorenz erst acht Jahre alt. Bis dieser im Alter von 25 Jahren die Braustätte übernehmen kann, betreibt der mit der Witwe Eva Braun verheiratete Johann Georg Kapfer die Gastwirtschaft.
Ab dem Jahr 1790 steht Christian Leydecker, der die Witwe des Vorbesitzers Lorenz Braun heiratet, als Brauer im Sud-

Im Sommer war die Brauerei Aumüller ein beliebtes Ausflugsziel der Bamberger

haus. Der ehemals fürstliche Büttnermeister übernimmt das Haus mit Grasgarten sowie Schenk- und Braugerechtigkeit. Als im selben Jahr Wasserbaumaßnahmen zum Schutz des Regnitzufers notwendig werden, verköstigt er die Arbeiter mit Bier. Kurz darauf stellt der „Biecher Wiert", wie er sich selbst bezeichnet, eine Rechnung über drei Gulden und 26 1/2 Kreuzer für den Verzehr von einem Eimer Bier und 14 Kreuzer für 20 Maß Heinslein. Nach nur sechsjähriger Betriebszeit verstirbt Christian Leydecker. Als weitere Besitzer sind Peter Then (1796-1814) und Friedrich Krapp überliefert. Dieser gerät fünf Jahre später in Konkurs und ist gezwungen, seinen Besitz zu verkaufen. Aus den Versteigerungsbedingungen erhalten wir eine umfassende Beschreibung des Anwesens: Es umfasst ein gemauertes Wohnhaus mit Braurecht, ein Brauhaus, einen Felsenkeller, einen Garten und ein Hopfenfeld am „rothen Knock". Zur Gastwirtschaft gehören zudem 41 Tische, 34 Stühle, acht Bänke sowie 151 Krüge.

Käufer ist der Büttner Johann Peter Frank. Seine Witwe Anna Katharina verheiratet sich 1825 mit Johann Lorenz Leicht, der aus Gaustadt stammt und der bekannten Brauerfamilie Leicht angehört. Seine Brüder Johann Baptist und Heinrich betreiben zur selben Zeit die Brauereien ➜ Bayerlein und ➜ Fässla. Nach dem Tod von Johann Lorenz Leicht 1840 heiratet der Bierbrauermeister Georg Schmittlutz aus Höfen bei Baunach in den Betrieb ein. Mit einem Malzverbrauch von 160 Scheffeln Malz zählt das Brauhaus in Bug zu den kleineren Braustätten. Um 1850 lässt die Witwe Katharina Schmittlutz den heute noch erhaltenen Wirtschaftsgarten anlegen, der terrassenartig hinter dem Brauhaus am Hang ansteigt und einen schönen Ausblick auf das Regnitztal bietet.

1865 erwirbt der Brauer und Gastwirt Johann Thomas das Anwesen für 16.000

Gulden. Bereits im darauffolgenden Jahr erhält er in Bug unliebsame Konkurrenz, denn der Ökonom Johann Elling bittet den Gemeindeausschuss um eine Konzession für den Betrieb einer Bierschank- und Gastwirtschaft. Der Ausschuss unterstützt die Errichtung einer weiteren Gastwirtschaft im Ort unter anderem deswegen, da „der Brauer Thomas ein keineswegs zu empfehlendes Bier fabriziere und auch seine übrige Wirtschaft vieles zu wünschen übrig lasse". Mit dieser Argumentation findet die Errichtung der Wirtschaft die behördliche Zustimmung.

Auf dem Bierfilz ist das Anwesen der Familie Aumüller abgebildet (ca. 1930)

Ab 1884 ist Georg Büttel aus Buttenheim als Brauer und Gastwirt überliefert. Für die Summe von 20.000 Mark verkauft er den Braubetrieb 1894 an Michael Zink, der zuvor als Gastwirt in Bamberg (➜ Karmeliterbräu, ➜ Mondschein) tätig war. 1912 geht das Anwesen an seinen Sohn Andreas über. Mit Ausbruch des Kriegs wird der junge Brauereibesitzer zum 4. Reiterinfanterieregiment einberufen. Er fällt am 14. September 1914 im französischen Le Paire und vererbt das Unternehmen seiner Frau Barbara.

Während der Kriegsjahre ruht die Brauerei. Erst als sich die Witwe Barbara Zink 1919 mit Andreas Aumüller verheiratet, wird das Gasthaus neu belebt. Andreas Aumüller richtet die technischen Anlagen wieder her und setzt 1924 den ersten Sud an. Zur betriebenen Landwirtschaft fügt er später auch noch eine Metzgerei hinzu. In dieser Zeit muss der Felsenkeller mehrfach erweitert werden, damit Bier und Fleisch ausreichend gekühlt werden können. Das nötige Eis wird an der Buger Flöße aus der Regnitz gezogen. Ein defekter Kessel legt die Braustätte um 1940 vorübergehend still, sodass der Wirt das Bier von der Brauerei ➜ Wilde Rose bezieht. Erst nach Ende des Zweiten Weltkriegs gelingt es der Familie Aumüller, den Braukessel instandzusetzen und den Braubetrieb wieder aufzunehmen.

Die Brauereigaststätte ist ein beliebtes Ausflugsziel der Bamberger Bürgerschaft, die an Sonn- und Feiertagen gerne Spaziergänge durch den Hain nach Bug unternimmt. Neben dem schattigen Bierkeller schätzen die Gäste auch die Freifläche vor dem Brauhaus, auf der sie sich das Bier und die Hausmacherbrotzeiten aus eigener Schlachtung schmecken lassen. Dass der Braubetrieb stets nur ein Zusatzverdienst ist, belegt die Menge von lediglich 300 Hektolitern Bier, die Mitte der 1950er-Jahre ausgestoßen wird. Neben dem Haus- und Gassenausschank wird das Lagerbier auch in Flaschen abgefüllt und an den nahegelegenen Postsportverein geliefert.

Nach dem Tod von Andreas Aumüller im Oktober 1956 führt sein Sohn Rudolf das Gasthaus fort. Obwohl er gelernter Metzgermeister ist, setzt auch er Bier an und leitet die Brauerei für weitere drei Jahre. Dann beschließt er, den arbeitsintensiven Braubetrieb einzustellen und sich ganz auf den Wirtschaftsbetrieb mit der Metzgerei zu konzentrieren. In den folgenden Jahren bezieht Rudolf Aumüller das Bier von der Brauerei Wachter aus Trosdorf. 1972 gibt die Familie Aumüller die Gastwirtschaft auf, 1992 auch die dazugehörige Metzgerei.

Andreas Aumüller (1882-1956)

Brauerei Bughof

Anschrift: Galgenfuhr 4

Gründung: vor 1674

Betriebsaufgabe: 1852

Heutige Nutzung: Der einstige Standort am Ufer der Regnitz ist heute nicht mehr bebaut.

Felsenkeller: Zur Brauerei gehört mindestens seit 1719 der als „Wolfsschlucht" bezeichnete Felsenkeller unterhalb von Bug am Oberen Leinritt 70. Nach dem Ende der Brautätigkeit wird der Keller als Sommerwirtschaft weiter betrieben (später Jugendherberge, heute Erlebnispädagogisches Kompetenzzentrum).

Ansicht des Ökonomieguts Bughof von Süden. Links im Hintergrund das fürstliche Jagdschloss sowie die Altenburg

In der weiten Ebene gegenüber dem heutigen Stadtteil Bug, auf der östlichen Flussseite gelegen, befindet sich bis zur Mitte des 19. Jahrhunderts das große Wirtschafts- und Ökonomiegut Bughof. Neben ausgedehnten landwirtschaftlichen Flächen umfasst das Gut ein Wohnhaus, Scheunen, Stallungen und ein Brauhaus. Erst aufgrund von Arbeiten am Ludwigskanal, der hier in die Regnitz mündet, und sich daran anschließenden Maßnahmen zum Hochwasserschutz muss der Bughof weichen: Er wird 1852 abgerissen, weshalb von der ursprünglichen Bebauung nichts mehr zu erkennen ist. Die Gebäude der heutigen Siedlung Bughof entstanden erst nach Fertigstellung des Hochwasserdamms.

Der erste Hinweis auf eine Brautätigkeit findet sich im Jahr 1674, als der Büttner Friedrich Helget die Brau- und Wirtshausgerechtigkeit erwirbt. Es ist jedoch nicht ausgeschlossen, dass hier schon früher Bier angesetzt wurde. Einer Beschreibung aus dem Jahr 1719 zufolge gehört zu dem Anwesen ein neu erbautes Haus aus Stein mit Mansardendach sowie ein „seit unfürdenklichen Jahren" bestehendes Brauhaus, zwei Stadel, Darre, Kühlung, Kessel und Keller. Der „Buchhof", wie er damals genannt wird, besitzt die Brau- und Wirtschaftsgerechtigkeit für Bier und Wein sowie das Recht, Getreide und Bier auf einem Schelch über die Regnitz zu transportieren. An Abgaben leistet der damalige Eigentümer Johann Konrad Marx unter anderem Ungeld (Getränkesteuer) für Wein und Bier an die Hofkammer sowie Pacht für einen Felsenkeller an das Kollegiatstift St. Stefan.

Auch wenn im Sommer viele Bamberger das vor den Toren der Stadt gelegene Gasthaus besuchen, ist die abseitige Lage des Bughofs für den wirtschaftlichen Betrieb nicht gerade förderlich. Zum einen ist der zur Gärung und Lagerung benötigte Felsenkeller am Oberen Leinritt („Wolfsschlucht") nur mit einem Kahn erreichbar, zum anderen wird das Anwesen wiederholt von Überschwemmungen heimgesucht. Das furchtbare Hochwasser des Jahres 1784, dem in Bamberg unter anderem die Seesbrücke zum Opfer fällt, trifft den Bughof schwer: Die Flut trägt die fruchtbare Bodenkrume ab und hinterlässt nährstoffarmen Flusssand; außerdem dringt das Wasser in die Lagerkeller, zerstört die Gewölbe ebenso wie die Vorräte an Futter, Wein und Bier. Als der Eigentümer des Bughofes, Johann Konrad Marx jun., 1796 verstirbt, hinterlässt er seinen acht Kindern einen enormen Schuldenberg. Über den Hoffaktor

Der Felsenkeller „Zur Wolfsschlucht" im Jahr 1885 (Blick flussaufwärts)

Seligmann Samuel Hesslein gelangt das Anwesen 1817 an Josef Ernst Strüpf, den Begründer der Glasfabriken in Schleichach und Stockheim. Mit ihm fließt frisches Kapital in das Gut – er modernisiert die Gebäude und vergrößert das Areal auf 140 Tagwerk Felder und Wiesen, die mit 6.000 Obstbäumen bestanden sind.
Nach dem Tod von Josef Ernst Strüpf will seine Witwe das gesamte Anwesen verkaufen. Auf Andringen des Bankiers Eduard von Welling ändert sie ihren Plan und beauftragt stattdessen den Bankier mit der Durchführung einer Verlosung. Dazu werden 60.000 Lose zu je 1 Gulden und 45 Kreuzer verkauft. Am Silvestertag des Jahres 1827 steigt auf dem Balkon des Gasthauses „Bamberger Hof" am Grünen Markt die Ziehung. Gewinner ist Franz Schubert aus Meißen. Da dieser an dem Gut jedoch kein Interesse hat, verkauft er seinen Gewinn für 18.000 Gulden an den Bankier von Welling, der selbst übrigens 8.000 Lose gekauft hatte, um in den Besitz des Gutes zu kommen.
In den Folgejahren wird das umfassende Ökonomiegut zum Verkauf angeboten und dabei offensichtlich auch in mehrere Grundstücke aufgeteilt. 1837 erwirbt der Bierbrauer Paulus Winter für 6.500 Gulden den Teil des Bughofs, auf dem auch die Gastwirtschaft mit Brauhaus untergebracht ist. Mit regelmäßigen Zeitungsannoncen lädt Paulus Winter zum Tanz in sein Gasthaus ein. Ein Fußgängersteg über die Regnitz erleichtert den Sommerfrischlern aus Bamberg den Besuch des „Vergnügungsortes" Bughof. Zu dieser Zeit werden in der Gastwirtschaft etwa 285 Hektoliter Bier pro Jahr konsumiert, weshalb die Brauerei im Vergleich zu vielen in Bamberg zu den kleineren zählt.

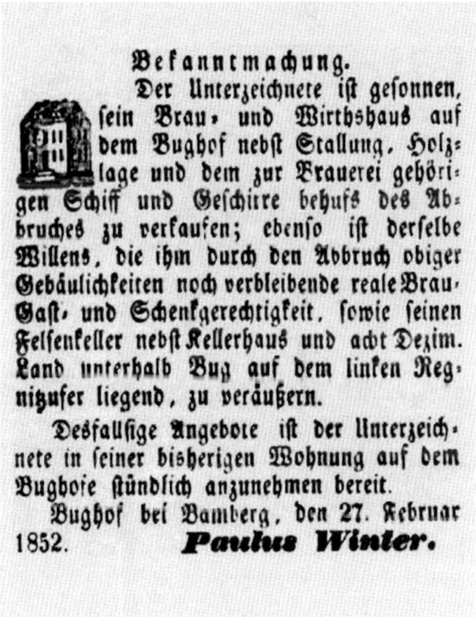

Bekanntmachung.

Der Unterzeichnete ist gesonnen, sein Brau- und Wirthshaus auf dem Bughof nebst Stallung, Holzlage und dem zur Brauerei gehöri- gen Schiff und Geschirre behufs des Abbruches zu verkaufen; ebenso ist derselbe Willens, die ihm durch den Abbruch obiger Gebäulichkeiten noch verbleibende reale Brau-, Gast- und Schenkgerechtigkeit, sowie seinen Felsenkeller nebst Kellerhaus und acht Dezim. Land unterhalb Bug auf dem linken Regnitzufer liegend, zu veräußern.

Desfallsige Angebote ist der Unterzeichnete in seiner bisherigen Wohnung auf dem Bughofe stündlich anzunehmen bereit.

Bughof bei Bamberg, den 27. Februar 1852. **Paulus Winter.**

Im Februar 1852 veräußert Paulus Winter die Brauereieinrichtung mit Braurecht und Felsenkeller

Als zum Bau des Ludwig-Kanals und der notwendigen Hochwasserschutzmaßnahmen der Bughof mit allen Gebäuden weichen muss, endet auch die Brautätigkeit. Im März 1852 gibt Paulus Winter öffentlich bekannt, sein „Brau- und Wirthshaus auf dem Bughof nebst Stallungen, Holzlage und dem zur Brauerei gehörigen Schiff und Geschirre" zu verkaufen. Des Weiteren bietet er auch seinen Felsenkeller mit Kellerhaus, Fässer, Brauereigeschirr sowie die vorhandenen Biervorräte zum Kauf an. Die ursprüngliche Planung des königlichen Kanalbauamts, an anderer Stelle ein neues Brauhaus zu errichten, wird allerdings nicht umgesetzt. Vielmehr betreibt Paulus Winter spätestens ab 1862 auf seinem Anwesen Bughof Nr. 4 ein Wirtshaus, das auch über seinen Tod hinaus bestehen bleibt. Die endgültige Schließung desselben erfolgt wohl 1887.

Die Betriebe der Bamberger Brauindustrie

Mälzerei Weyermann

Die Gründung der Mälzerei Weyermann in der Brennerstraße geht auf den Großhändler Johann Baptist Weyermann zurück. Er wird am 18. Dezember 1853 als viertes von sieben Kindern des Schiffers Michael Weyermann geboren und übernimmt im Alter von nur 20 Jahren die väterliche Getreidehandlung. Drei Jahre später heiratet er Anna Sabine Sippel, die Tochter des Stadtapothekers Friedrich Sippel. Auf dem Grundstück des Schwiegervaters an der Laurenzistraße beginnt er unter Zeltplanen mit dem Rösten von Getreide. Am 4. Oktober 1879 gründet Johann Baptist Weyermann in der Laurenzistraße 28 eine Malzrösterei mit dem Namen „Mich. Weyermann's Malzkaffee Fabrik".

Im August 1888 verlegt Johann Baptist Weyermann seinen Getreidehandel an die Memmelsdorfer Straße 68, wo er sein Comptoir betreibt. Außerdem lässt er ein Getreidemagazin mit einer Farbmalzbrennerei bauen, um die Herstellung von Spezialmalzen für Brauereibetriebe zu intensivieren. Für den Vertrieb des Malzes wird das Grundstück bereits 1888 mit einem eigenen Bahngleis erschlossen. Schnell erarbeitet sich die Firma einen ausgezeichneten Ruf in der Branche, deren Malzprodukte bei den großen Industrieausstellungen in Bordeaux (1896) und Brüssel (1897) mit den höchsten Auszeichnungen bedacht werden. Der stetig steigende Bedarf nach Spezialmalzen führt dazu, dass Johann Baptist Weyermann die Betriebsstätte sukzessive vergrößert und alle Produktionsschritte auf dem Werksgelände in der Brennerstraße vereint. Dazu erwirbt er 1898 weitere Grundstücke entlang der Bahnlinie.

1904 erfolgt der Neubau einer pneumatischen Mälzerei mit acht Keimtrommeln und vier Weichebottichen, sodass die bis dahin in der Laurenzistraße betriebene Malzherstellung aufgegeben wird. Wenige Jahre später sorgen eine neue Silohalle und die Inbetriebnahme einer modernen Dreihordendarre für eine höhere Leistungsfähigkeit bei Lagerung und Produktion. Für die Planung der Gebäude beauftragt Johann Baptist Weyermann

Johann Baptist Weyermann (1853-1919)

Unter einer Zeltplane wird 1879 mit der Herstellung von Getreidekaffee begonnen

den Architekten Gustav Haeberle, seinen Schwager, der die bauliche Erweiterung des gesamten Firmenareals bis zu seinem Tod im Jahr 1930 prägen wird.
Ein Meilenstein in der Unternehmensgeschichte ist das im Jahr 1902 bestätigte Kaiserliche Reichspatent mit der Nummer 135544 zur Herstellung eines geschmacksneutralen Röstmalzbieres, das unter der Handelsbezeichnung „Sinamar" (lat. für „ohne Bittere") verkauft wird. Dabei handelt es sich um einen stark verdickten Extrakt aus Farbmalz, der verwendet wird, um Biere und Lebensmittel zu färben. Aus steuerlichen Gründen lässt Johann Baptist Weyermann dieses Farbebier allerdings nicht in Bamberg herstellen, sondern pachtet zu diesem Zweck die „Brauerei Lamm" in Potsdam. Erst nach dem Zweiten Weltkrieg kehrt die Herstellung von „Sinamar" an den Standort Bamberg zurück.
Am Neujahrstag 1912 wird Johann Baptist Weyermann der Titel eines Kommerzienrates verliehen. Daraufhin stiftet er einen beträchtlichen Betrag an die Stadtkasse, wobei eine Hälfte für die Finanzierung einer Ferienkolonie bestimmt ist, die andere für die Behandlung von Armen im städtischen Krankenhaus. Noch im gleichen Jahr besucht Prinzregent Ludwig von Bayern, als er am 15. Juni den Staatshafen in Bamberg eröffnet, auch die Farbmalz- und Karamelmalz-Fabrik Michael Weyermann.
Nach den blühenden Geschäftsjahren stellt der Erste Weltkrieg malzverarbeitende Betriebe und Brauereien vor große Herausforderungen. Unterbrochene Lieferketten bei der Beschaffung von Getreide führen dazu, dass Braugerste über eine staatliche Regulierungsstelle zugeteilt wird. Die im Vergleich zu den Vorkriegsjahren stark reduzierte Liefermenge sowie Engpässe bei der Versorgung mit Kohle schränken den Produktionsprozess nachhaltig ein. In dieser schwierigen Phase verstirbt Johann Baptist Weyermann am 25. Oktober 1919 im Alter von 66 Jahren. Mit ihm verliert Bamberg nicht nur einen erfolgreichen Unternehmer, sondern auch einen Pionier der industriellen Gründerzeit und großzügigen Mäzen.
Seine Witwe Sabine führt mit ihren Söhnen Rudolf und Carl das Geschäft weiter. Die beiden Brüder nutzen die prosperierende wirtschaftliche Lage in den 1920er-Jahren und erreichen Ende des Jahrzehnts neue Höchststände bei der Malzproduktion. Für die weitere Expansion erwerben sie in Hannover eine weitere Farbmalzbierbrauerei. Außerhalb des Unternehmens engagiert sich vor allem Rudolf Weyermann stark für soziale und gemeinnützige Zwecke. Zwischen 1926 und 1929 spendet er einen sechsstelligen Betrag, der für die Säuglingsfürsorge, für das Erwerbslosenhilfswerk und zur Verschönerung der Altenburg eingesetzt wird. Zu Forschungszwecken finanziert er zudem der Studienanstalt in Weihenstephan eine Laborbrauerei mit Sudhaus, Braupfanne und Kühlschiff. Seine Großzügigkeit wird honoriert: Neben dem Titel des bayerischen Kommerzienrats (1924) wird ihm auch die Ehrendoktorwürde der Universi-

tät Erlangen verliehen (1929), außerdem ernennt ihn die Stadt Bamberg zu ihrem Ehrenbürger (1930).
Die Nachkriegsjahre ab 1945 sind gekennzeichnet durch die Reaktivierung früherer Handelsbeziehungen und den Aufbau neuer Kundenkontakte, da durch die Trennung Deutschlands ein Teil des früheren Absatzmarktes verloren gegangen ist. In dieser Zeit steht das Unternehmen unter der Leitung der Cousins Rolf und Heinz Weyermann, den Söhnen der vorherigen Geschäftsführer. Eines ihrer ersten Großprojekte ist die Erweiterung um einen Siloneubau entlang der Memmelsdorfer Straße (1953).
Seit 1985 liegt die Betriebsleitung in den Händen von Sabine Weyermann, einer Urenkelin des Firmengründers Johann Baptist, und ihrem Ehemann Thomas Kraus-Weyermann. Mit ihrer gemeinsamen Tochter Franziska, einer diplomierten Brauingenieurin, bringt sich mittlerweile die fünfte Generation als Assistentin der Geschäftsführung ein. Zusammen haben sie die Stellung der Malzfabrik Mich. Weyermann GmbH & Co. KG als Weltmarktführer im Bereich der Röst- und Caramelmalze durch zahlreiche strategische Investitionen im Sinne des Unternehmensgründers gefestigt: 2001 übernehmen sie die Mälzerei „Main Malz" in Haßfurt, die vor allem Basismalze herstellt. In Leesau (Lkr. Kulmbach) beginnt ab 2005 der Ausbau der Getreideerfassung, sodass dort rund 45.000 Tonnen Getreide getrocknet und gelagert werden können. Seit 2017 hat die Firma in Clingen (Kyffhäuserkreis) einen weiteren Produktionsstandort (zuvor „Thüringen Malz"). Auch der Standort Bamberg wächst kontinuierlich weiter, wobei vor allem die Errichtung des Logistikzentrums an der Brennerstraße (2006), der Ausbau von Werk 3 nördlich der Memmelsdorfer Straße (ab 2013) und die Eröffnung des neuen Logistik- und Verladezentrums an der Böttgerstraße (2018) zu nennen sind. Im früheren Vereinsheim des ETSV Bamberg befindet sich nun ein modernes Gästezentrum mit integriertem Fanshop, in dem es neben rot-gelben Weyermann-Fanartikeln auch Produkte aus der hauseigenen Braumanufaktur und Destillerie sowie exklusive Wohnaccessoires zu kaufen gibt.
An allen Standorten beschäftigt Weyermann gegenwärtig rund 260 Mitarbeiterinnen und Mitarbeiter. Sie liefern etwa 90 verschiedene Spezialmalze an Abnehmer in über 135 Länder auf allen Kontinenten. Darüber hinaus gilt Weyermann als Pionier der Craft-Beer-Szene und hat die internationale Craft-Beer-Revolution, insbesondere in den USA, bereits seit den 1990er-Jahren maßgeblich mitgestaltet und begleitet. Der in Branchenkreisen gute Ruf Bambergs als Hauptstadt des Bieres wird von den Malzsäcken der Firma Weyermann wesentlich getragen.

Die Werkseinfahrt an der Brennerstraße

Führen den Familienbetrieb im Sinne des Gründers fort: Thomas Kraus-Weyermann, Sabine Weyermann, Franziska Weyermann

Bamberger Mälzerei AG

Blick auf das alte Mälzereigebäude mit den gewaltigen Gerstensilos und dem modernen Hackschnitzel-Blockheizkraftwerk im Vordergrund

Die Bamberger Mälzerei AG in der Theresienstraße geht auf den jüdischen Großhändler Carl Isidor Dessauer zurück. Er wird am 1. Februar 1845 geboren und tritt mit 26 Jahren als Teilhaber in das Hopfenhandelsgeschäft der Familie ein. Nach dem Tod des Vaters übernimmt Emil, der älteste Sohn aus zweiter Ehe, den Hopfenhandel als alleiniger Inhaber, während der Halbbruder Carl Isidor aus der Handelsgesellschaft aussteigt. Er beschäftigt sich mit dem Handel von Gerste und plant den Bau einer leistungsfähigen Malzfabrik. Im Mai 1885 startet der Ankauf der sogenannten „Galgenfelder" im Bereich der Erlichstraße, ehe im Juli die Erdarbeiten beginnen.

Im März 1886 ist der Bau fertiggestellt, und die Mälzerei nimmt die Produktion auf – zeitgleich wird auch das betriebseigene Bahngleis in Betrieb genommen. Der wirtschaftliche Erfolg der neuen Mälzerei stellt sich schnell ein: Bei der großen Industrieausstellung in Brüssel 1888 wird der Stand der Brüder Carl Isidor und Emil Dessauer vom belgischen Königspaar besucht, außerdem erhalten sie eine goldene Medaille für ihre Produkte Hopfen und Malz überreicht. Im Folgejahr legt Carl Isidor Dessauer Pläne für eine Erweiterung der Produktionsgebäude vor, um die Kapazität mehr als zu verdoppeln.

Ein im Kohlenlager ausgebrochenes Feuer zerstört im Oktober 1891 eine Remise und mündet in eine Debatte über die Feuersicherheit. Dabei stellt Carl Isidor Dessauer an den Stadtmagistrat den Antrag, die städtische Wasserleitung bis zur Malzfabrik zu verlängern. Diesem Wunsch

Carl Isidor Dessauer (1845-1913)

wird nicht entsprochen – mit verheerenden Folgen: Drei Jahre später kommt es zu einem Großbrand, der die Fabrik nahezu gänzlich vernichtet. Ausgehend von der Malzdarre erfasst das Feuer den gesamten Gebäudekomplex sowie die eingelagerten Malzvorräte. Rund einen Monat nach der Katastrophe legt Dessauer Pläne für den Wiederaufbau vor. Drei abgeschlossene Versicherungspolicen für die Gebäude und die eingelagerten Gerstenvorräte lindern den finanziellen Schaden. Mit dem verbrannten Malz geht man übrigens ganz pragmatisch um: Es wird in der Tageszeitung als Hühnerfutter zum Verkauf angeboten.

Nach einer nur viermonatigen Bauzeit nimmt die neue Fabrik wieder ihren Betrieb auf. Zur Ausstattung gehören fünf große Doppeldarren mit zehn Wendeapparaten, vier große durchlüftete Tennen, zwei Dampfkessel mit einer Heizfläche von 100 m^2 sowie acht Weichen. 40 Mälzer finden in der Dessauer'schen Fabrik Arbeit, für Unverheiratete stehen Schlaf- und Essensräume bereit. Das gefertigte Malz wird per Bahn innerhalb Deutschlands sowie nach Frankreich, Belgien und die Niederlande vertrieben. Am 24. März 1897 wird das Unternehmen in eine Aktiengesellschaft mit dem Namen „Bamberger Mälzerei-Aktiengesellschaft vorm. Carl I. Dessauer" umgewandelt. Gemeinsam mit dem Firmengründer übernimmt Malzmeister Hermann Kant den Vorsitz, den ersten Aufsichtsrat bilden Rechtsanwalt Dr. Josef Werner sowie die beiden Schwiegersöhne Dessauers, Louis Strauß und Emil Frauenfeld. Das Grundkapital ist auf 1.000.000 Mark festgesetzt, die Aktien verbleiben in den Händen der Familie.

Anlässlich des Neujahrsfestes 1901 verleiht Prinzregent Luitpold dem Unternehmer Carl Isidor Dessauer den Titel eines königlichen Kommerzienrates. Noch im selben Jahr unternimmt Kronprinz Rupprecht, Thronfolger des letzten bayerischen Königs, eine rund einstündige Fabrikbesichtigung. Ein weiterer wichtiger Einschnitt in der Unternehmensgeschichte ist der Übertrag der bislang im Familienbesitz gehandelten Aktien an die Börse. Dies geschieht im Juni 1903 durch die Bayerische Hypotheken- und Wechselbank sowie das Bamberger Bankhaus A. E. Wassermann. Zu dieser Zeit umfasst die jährliche Produktion rund 100.000 Zentner Malz.

Nach dem Tod von Firmengründer Carl Isidor Dessauer (1913) und der wirtschaftlich schweren Phase der Nachkriegszeit stellt sich das Unternehmen neu auf: Einer zweijährigen Übergangszeit folgt am 23. Juli 1923 im Rahmen einer außerordentlichen Generalversammlung der Beschluss, das Unternehmen mit der „Malzfabrik Stuttgart AG" zu fusionieren. Der bisherige Name und der Firmensitz in Bamberg werden beibehalten, auch wegen der

Die wohl früheste Ansicht der Mälzerei mit den Gebäuden der ersten Bauphase

günstigen Lage des Standorts. Über die Verbindung mit dem Stuttgarter Unternehmen kommt weitere Kompetenz in den Aufsichtsrat, namentlich durch den Fabrikdirektor Karl Grötzner, den ehemaligen Brauereidirektor Franz Ebner oder den Generalkonsul Dr. jur. Georg von Doertenbach.

Die neue Aktiengesellschaft erhöht ihr Kapital auf 12 Mio. Mark und expandiert in den folgenden Jahren sukzessive. So investiert die Geschäftsführung in den Ausbau des Bamberger Betriebs, errichtet ein Werkstattgebäude, modernisiert den Maschinenpark und erweitert die Lagerkapazitäten durch ein belüftetes Getreidesilo mit einem Fassungsvermögen von 60.000 Zentnern. Darüberhinaus erfolgen zahlreiche Zukäufe und Beteiligungen: Nach der Übernahme der Bamberger „Kloster-Malzkaffee-Fabriken AG" (1924) tritt die Bamberger Mälzerei AG gemeinsam mit der Stadt Erlangen als Eigentümerin der neugegründeten „Exportbrauerei Franz Erich GmbH" in Erscheinung (1931). Weitere Beteiligungen folgen 1935 in Augsburg (Gesellschafts-

brauerei) und 1937 in Schkeuditz (Leipziger Malzfabrik).
Nach dem Ende des Kriegs ist zunächst nicht an einen geregelten Arbeitsablauf zu denken. Häufige Betriebsunterbrechungen wegen des Mangels an Kohle und die Abgabe größerer Mengen von Braugerste für vordringliche Ernährungszwecke auf Erlass der alliierten Besatzungsmacht beeinträchtigen die Betriebsauslastung. Erst nach 1949 kann die Produktion wieder schrittweise gesteigert werden und sie erreicht mit weiteren Investitionen in die Betriebsausstattung eine jährliche Malzproduktion von 40.000 Tonnen.
Heute ist die Bamberger Mälzerei, die seit 1962 als Gesellschaft mit beschränkter Haftung firmiert, eine international aufgestellte Unternehmensgruppe mit weltweiten Kundenbeziehungen. Vor allem die aktive Kleinbrauerszene in den USA hat um die Jahrtausendwende dazu geführt, sich einem globalen Markt zuzuwenden. Dazu tragen seit 2017 die zur Gruppe gehörenden Mälzereien an den Standorten Worms (ehemals Schill Malz) und Mülheim (Rhein-Ruhr-Malz) bei. Zusammen mit der 1974 in Neuburg an der Donau gegründeten Tochterfirma Donau Malz verfügt das Unternehmen über vier große Standorte mit rund 115 Beschäftigten. Zusammen erzeugen sie jährlich 220.000 Tonnen Malz, die an über 1.000 Brauereien geliefert werden.
Trotz der gestiegenen Produktionsmenge liegt der Fokus weiter auf der Verwendung regionaler Ausgangsprodukte, wobei sich das Einzugsgebiet der Gerste über Bamberg und Nordbayern hinaus in die angrenzenden Bundesländer Thüringen und Sachsen erstreckt. Hohe Investitionen in eine innovative Wärmeerzeugung belegen den Anspruch der Geschäftsführung auf einen nachhaltigen Energieeinsatz und eine ressourcenschonende Produktion.

Die Bamberger Mälzerei um 1930 (Blick von Osten)

Kaspar Schulz

Das moderne Verwaltungsgebäude der Firma Kaspar Schulz

Namensgeber Kaspar Schulz (1856-1915)

Seit knapp 350 Jahren steht der Name Kaspar Schulz für Handwerkskunst, Innovationsfreude und eine tiefe Verbundenheit zur Bierkultur. Das familiengeführte Unternehmen mit Sitz in Bamberg ist heute nicht nur der älteste noch bestehende Industriebetrieb der Stadt, sondern gilt weltweit als die älteste Brauereimaschinenfabrik überhaupt.

Ihren Anfang nimmt die Unternehmensgeschichte im Jahr 1677 mit Christian Schulz, einem Kupferschmied aus dem schlesischen Greiffenberg, der sich durch die Verheiratung mit der Witwe seines verstorbenen Meisters in Bamberg sesshaft macht. In seiner Werkstatt am Unteren Kaulberg fertigt er zunächst Haushaltsgegenstände aus Kupfer sowie aber auch kupferne Braupfannen, die er an die zahlreichen Bierbrauer der Stadt liefert. Damit ist der Grundstein gelegt für eine außergewöhnliche Firmengeschichte, die bis heute in der zehnten Generation fortgeschrieben wird – aktuell unter der Leitung von Johannes Schulz-Hess.

Im Laufe der Jahrhunderte entwickelt sich das Unternehmen stetig weiter. Im 18. Jahrhundert treten Nachfahren von Christian Schulz nicht nur als Kupferschmiede, sondern auch als Kunsthandwerker auf, die bedeutende kirchliche Bauprojekte im Bistum Bamberg begleiten. Besonders hervorzuheben ist die markante, kupferne Dacheindeckung der Türme des Bamberger Doms in den Jahren 1765 bis 1767 nach Plänen von Johann Jakob Michael Küchel. Dabei kommt es zu einem tragischen Zwischenfall: Tobias Schulz, der Enkel des Firmengründers, stürzt am letzten Arbeitstag des Jahres vom Südostturm – sein Leichnam wird später im Kreuzgang des Doms beigesetzt.

Ein bemerkenswertes Zeugnis der frühen Brauereitechnik aus dem Hause Schulz ist eine Anlage aus dem Jahr 1844, die ursprünglich für das Kommunbrauhaus in Schlüsselfeld gebaut wird. Sie ist bis heute in Betrieb und befindet sich im Fränkischen Freilandmuseum in Bad Windsheim, wo noch immer regelmäßig gebraut wird. Die eigentliche Entwicklung vom Handwerksbetrieb zum Industrieunternehmen beginnt unter Johann Kaspar Schulz im Jahr 1879, als der Betrieb offiziell ins Gewerbebuch eingetragen wird. Zwar bleibt das traditionelle Repertoire

Ein neuer Braukessel für die Bürgerbräu: Ing. Adalbert Schulz (1888-1985), Dritter von links, im Kreise seiner Mitarbeiter

eines Kupferschmieds erhalten, doch verlagert sich der Schwerpunkt zunehmend auf die Herstellung, Installation und Wartung von Brautechnik wie Sudpfannen und Kühlschiffen. Aufgrund der wachsenden Nachfrage zieht das Unternehmen 1887 in größere Räumlichkeiten in der Frauenstraße in Bamberg um. Mit diesem Schritt geht auch die Wandlung von der handwerklichen Kupferschmiedewerkstatt zum industriellen Fertigungsbetrieb einher.

Im 20. Jahrhundert wird die Produktionspalette weiter ausgebaut. In den 1920er-Jahren kommen Apparate für Destillation, Mälzereitechnik und Desinfektion ins Produktportfolio, die auch international nachgefragt werden. Nach dem Zweiten Weltkrieg beginnt der schrittweise Umzug an den heutigen Standort am Stadtrand von Bamberg: In mehreren Bauabschnitten werden die Fertigungsstätten modernisiert und sukzessive erweitert. Bereits 1947 nimmt das Unternehmen die Produktion von Aluminiumtanks auf, 1965 folgen Edelstahlbehälter. 1976 wird die erste vollautomatische Steuerung für Sudhäuser entwickelt.

Ab 1985 erweitert Kaspar Schulz sein Portfolio um die Fertigung von Gasthaus- und Erlebnisbrauereien und leistete damit einen wichtigen Beitrag zur Rückbesinnung auf handwerkliche Bierqualität und Sortenvielfalt. In diesem Bereich ist das Unternehmen bis heute international führend. Auch in jüngerer Zeit setzt Kaspar Schulz Maßstäbe rund um die Brautechnologie. Mit der Einführung moderner Mälzungssysteme für regionale Produzenten und dem Bau kupferner Pot-Stills für die Whisky-Herstellung schließt das Unternehmen die gesamte Wertschöpfungskette – vom Halm bis ins Glas – und begleitet so den Weg von regionaler Rohstoffverarbeitung und handwerklicher Genusskultur. Mit ressourcenschonenden Betriebskonzepten und der jüngsten Entwicklung einer eigenen Entalkoholisierungstechnologie zeigt sich, dass der Betrieb technische Innovation mit nachhaltigem Denken verbindet und dabei Branchentrends mitgestaltet.

Heute stehen Anlagen von Kaspar Schulz in über 80 Ländern auf allen Kontinenten. Von der Planung über die Fertigung und Montage bis hin zur Inbetriebnahme und Wartung kommt alles aus einer Hand. 2015 eröffnete das Unternehmen ein neues Kapitel seiner Geschichte mit einer großzügigen Erweiterung der Produktionsflächen – und setzte dabei bewusst auf den Standort Bamberg sowie auf das Qualitätsversprechen „Made in Germany".

Die modernen Produktionshallen an der Coburger Straße

Mälzerei Rübsam

Blick in die Ludwigstraße Richtung Norden: Am linken Bildrand ist das Gebäude der Mälzerei Rübsam zu erkennen (etwa 1889)

Lange bevor Carl Isidor Dessauer und Johann Baptist Weyermann ihre großen Mälzereien entlang der Eisenbahn errichten, wird in einer Fabrik an der Ludwigstraße schon Malz in industriellem Maßstab hergestellt. Gründer der ersten Bamberger Malzfabrik ist der jüdische Großhändler Marx Gütermann. Er ist zunächst im Handel mit Textilien tätig und betreibt ein florierendes Geschäft in Redwitz. Nach den Unruhen während der Märzrevolution fasst er 1850 den Beschluss, mit seiner Frau und den acht gemeinsamen Kindern nach Bamberg überzusiedeln. Beim städtischen Magistrat beantragt er eine Großhandelslizenz und steigt in den lukrativen Hopfenhandel ein. An der Promenade besitzt er eine Hopfenhalle und errichtet 1862 gegenüber der königlichen Güterhalle – in etwa da, wo heute das Landratsamt steht – ein dreistöckiges Lagerhaus mit drei Darren.
In diesem Gebäude beginnt er zwei Jahre später mit der Herstellung von Malz. Als Marx Gütermann seinen Hopfenhandel an den größeren Markt nach Nürnberg verlegt, übernimmt sein Sohn Sigmund die Mälzerei. Im Mai 1886 verkauft dieser den Betrieb an Karl Isidor Dessauer (➜ Bamberger Mälzerei), der die kleine Fabrikstätte schon im darauffolgenden Jahr an eine Investorengruppe um den Bamberger Brauereibesitzer Ludwig Rübsam (➜ Bärenbräu) weiterveräußert.
Ludwig Rübsam vergrößert den Betrieb stetig, sodass schon bald zehn Darren im Betrieb sind. 1889 besitzt seine Mälzerei eine Kapazität von 20.000 Zentnern Malz, mehr als die Hälfte des gefertigten Malzes wird nach Italien, Schweden, Dänemark, Norwegen, Holland, Rumänien, Belgien, Amerika und in die Schweiz geliefert. Den größten Teil der Produktion bildet das von Dr. Heinrich Schneider aus Worms patentierte Farbmalz, für das Ludwig Rübsam der alleinige Hersteller ist. Die gut laufenden Geschäfte veranlassen ihn dazu, eine weitere Malzfabrik in Hanau zu projektieren, die aber wohl nie umgesetzt wird.
Im Jahr 1908 übergibt Ludwig Rübsam das Geschäft seinem ältesten Sohn Carl Heinrich. Laut einer Branchennotiz produzieren die 17 Beschäftigten „Karamelmalz, Farbmalz und karamelisiertes Farb-

malz in feinsten Qualitäten", später wird das Sortiment um Malzkaffee erweitert. Die Auswirkungen des Ersten Weltkriegs stellen den erfolgreichen Mälzereibetrieb vor große Herausforderungen. Der Mangel an Rohstoffen und wegbrechende Exportmärkte bringen die Produktion nahezu zum Erliegen. Der Versuch, illegal an Gerste zu kommen, fliegt auf und hat den Entzug der staatlich geregelten Malzlieferung zur Folge. Am 7. Februar 1917 nimmt sich Carl Heinrich Rübsam das Leben. So geht die Fabrik an seine Witwe Linchen Rübsam über, die das Unternehmen an die Firma „Kathreiner's Malzkaffee Fabriken GmbH" veräußert. Nur wenige Jahre später sieht sich das oberbayerische Mutterunternehmen gezwungen, den Bamberger Filialbetrieb mit seinen 23 Angestellten zu schließen. Die Deutsche Reichsbahn übernimmt das Gebäude, dann werden 1936 Wohnungen integriert, bevor das Haus ab 1946 von der chemisch-pharmazeutischen Fabrik Dr. Pfleger genutzt wird.

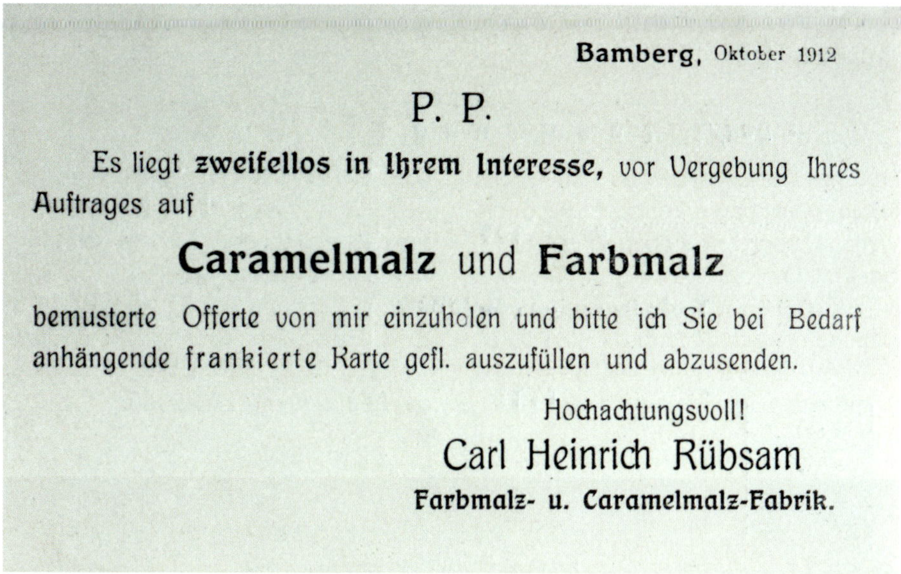

Bamberg, Oktober 1912

P. P.

Es liegt **zweifellos in Ihrem Interesse,** vor Vergebung Ihres Auftrages auf

Caramelmalz und **Farbmalz**

bemusterte Offerte von mir einzuholen und bitte ich Sie bei Bedarf anhängende frankierte Karte gefl. auszufüllen und abzusenden.

Hochachtungsvoll!

Carl Heinrich Rübsam

Farbmalz- u. Caramelmalz-Fabrik.

Mittels vorgedruckter Postkarten bot Carl Heinrich Rübsam eine Musterprobe seiner Malzprodukte an

Brauerei- und Mälzereibesitzer Ludwig Rübsam (1847-1918)

Das frühere Mälzereigebäude wird nach dem Zweiten Weltkrieg von der Firma Dr. Pfleger genutzt und später abgerissen

Dank

Hinter den 224 Seiten dieses Buches stehen viele helfende Hände und wache Köpfe, ohne deren Engagement dieses Werk nicht hätte entstehen können. Mein Dank gilt deshalb allen, die zum Gelingen beigetragen haben – auch jenen, die hier nicht namentlich genannt werden, deren Beitrag jedoch spürbar zwischen diesen Seiten lebt.

Besonders hervorheben möchte ich Dr. Volker Rösner, dessen fachkundige Hinweise und anregender Austausch mir zahlreiche wichtige Details erschlossen haben. Ebenso danke ich Christian Schmitt für seine beständige Unterstützung, Martin Purrer für seine schöpferische Kreativität und Johanna Grasser für das gewissenhafte Korrektorat.

Der Sammlergemeinschaft historischer Brauereiartikel verdanke ich den Zugang zu zahlreichen seltenen Exponaten – insbesondere Günter Ruhland, Florian Merz und Robert Geiger. Für historische Fotoreproduktionen danke ich zudem Gerald Raab und Jürgen Schraudner.

Mein Dank gilt auch den öffentlichen Einrichtungen und Bibliotheken (u. a. Stadtarchiv Bamberg, Staatsbibliothek Bamberg, Universitätsbibliothek in Weihenstephan), deren Arbeit für unser kulturelles Gedächtnis unverzichtbar ist. Die hier archivierten und zugänglich gemachten Dokumente waren eine wesentliche Grundlage für dieses Buch. In diesem Zusammenhang sei auch das Brauereimuseum auf dem Michaelsberg mit seinen Archivalien erwähnt.

Ein herzliches Vergelt's Gott möchte ich zudem den Mitarbeiterinnen und Mitarbeitern des Heinrichs-Verlags aussprechen, die die Realisierung dieses Projekts möglich gemacht haben.

Abschließend gilt mein innigster Dank meiner Frau Anja, die meine Leidenschaft für das „Bierwissen" über viele Jahre hinweg mit Geduld getragen und mich dabei stets ermutigt und bestärkt hat.

Der Autor

Während meiner Arbeiten zur ersten Auflage des Buches „Bamberg, die wahre Hauptstadt des Bieres“ erlag ich der Faszination der Bier- und Brauereigeschichte Bambergs. Und diese Leidenschaft hat mich bis heute nicht mehr losgelassen. Zur Erweiterung meines Bildarchivs bin ich deshalb stets auf der Suche nach historischen Dokumenten: Wenn Sie beispielsweise alte Fotos mit Brauereibezug aus Bamberg haben und mir diese leihweise zur Verfügung stellen können, wäre ich Ihnen sehr dankbar.

Außerdem sammle ich mit großer Leidenschaft alte Brauereiartikel aus Bamberg und Umgebung – Krüge, Bierdeckel, Etiketten, Gläser, Emaille-Schilder und vieles mehr. Ganz besonders haben es mir historische Bierkrüge und auch alte Bierflaschen angetan, bei denen der Name der Brauerei spürbar auf das Glas aufgebracht ist.

Wenn Sie alte Brauereiartikel haben, dann melden Sie sich doch bitte bei mir: Fehlende Stücke suche ich im Kauf oder Tausch. Außerdem gebe ich Ihnen gerne eine Einschätzung über den Sammlerwert Ihrer Brauereiartikel.

Sie erreichen mich über die Adresse **mail@bamberger-brauereien.de** oder über die Internetseite zu diesem Buch unter **www.bamberger-brauereien.de**.

Ich freue mich auf Ihre Zuschrift.

Dr. Christian Fiedler

Verwendete Literatur

ARNETH, KONRAD (1972): Gaustadt. Ein fränkisches Klosterdorf. Hallstadt.
ARNETH, KONRAD (1972): Bug ob Bamberg. Vom Bauernhof zur Dorfgemeinde. Bug.
AMENT, WILHELM (1929): Bamberg. Die fränkische Kaiser- und Bischofstadt. Bamberg.
BAUER, LUDOLF (1922): Das Franziskaner-Seminar Antonianum in Bamberg. Bamberg.
BRAUN, RAINER (1978): Das Benediktinerkloster Michelsberg 1015-1525; Bd. 1. Kulmbach.
DECKERT, ADALBERT (1972): 700 Jahre Karmeliten in Bamberg. Bamberg.
DECKERT, ADALBERT (1991): Chronikalische Andenken an die frühere Präsenz der Karmeliten zu St. Theodor in Bamberg. Bamberg.
DECKERT, ADALBERT (2002): Bamberga Carmelitana – Bamberg und sein Karmel. Bamberg.
DIE BAMBERGER INDUSTRIE (1950): Ein Adressbuch und Führer durch die Industrie des Stadt- und Landkreises Bamberg und ihre Erzeugnisse / hrsg. v. Helmut Wienkötter. Bamberg.
DIE KUNSTDENKMÄLER VON BAYERN / im Auftr. d. Bayer. Staatsministeriums für Wiss. u. Kunst hrsg. Vom Bayer. Landesamt für Denkmalpflege, div. Bde. München.
DIPPOLD, GÜNTER (2015): Kraftspender und Renommiergetränk - zur Geschichte des Bierkonsums vom ausgehenden Mittelalter bis zum 19. Jahrhundert, besonders in Franken = FRANCONIA. Beihefte zum Jahrbuch für fränkische Landesforschung 7, S. 47-64. Stegaurach.
FESTSCHRIFT ZUM 25JÄHRIGEN JUBILÄUM DES GASTWIRTSVEREINS BAMBERG U. UMG. : 1885 – 1910; verbunden mit dem 21. Bayer. Gastwirtstag des Verbandes Bayer. Gastwirte am 6., 7., 8., 9., und 10. Juni 1910 in Bamberg. Bamberg.
FICHTL, FRANZ ET AL. (1998): Bambergs Wirtschaft judenfrei. Die Verdrängung der jüdischen Geschäftsleute in den Jahren 1933 bis 1939. Bamberg.
FRÄNKEL, HEINZ F. (1999): Die im Feuer- und Brand-Versicherungs-Verzeichnis von 1776 für die Stadt Bamberg aufgeführten Häuser. Auszug aus der im Stadtarchiv Bamberg vorliegenden „Ausschlag-Tabell und Specification" für die am 1. April 1776 begonnene „Feuer- und Brand-Assecurations-Gesellschaft" für die „Hochfürstliche Residenzstadt Bamberg". Bamberg.
GSCHWIND, J. (1938): Die Geschichte des Bamberger Braugewerbes von 1730-1802. In: Tageszeitung für Brauerei. Berlin.
GUTTENBERG, ERICH (1963): Die Regesten der Bischöfe und des Domkapitels von Bamberg (= Veröffentl. der Gesellschaft für fränkische Geschichte 6. Reihe). Würzburg.
HELLER, JOSEF (1831): Taschenbuch von Bamberg. Bamberg.
JÄCK, JOACHIM HEINRICH (1811): Allgemeine Geschichte Bambergs. Bamberg.
JÄCK, JOACHIM HEINRICH (1813): Bamberg und dessen Umgebung. Ein Taschenbuch. Erlangen.
JÄCK, JOACHIM HEINRICH (1819): Bamberg wie es einst war und jetzt ist. Bamberg.
JÄCK, JOACHIM HEINRICH (1833): Bamberg'sche Jahrbücher von 1741 bis 1833. Bamberg.
KESTEL, CHRISTIAN (2005): 125 Jahre Weyermann Malz. Bamberg.
KESTEL, CHRISTIAN (2010): 333 Jahre Kaspar Schulz. Bamberg.
LEIST, FRIEDRICH (1873): Bamberg. Ein Führer durch die Stadt und ihre Umgebung. Bamberg.
LIBER ARCHIVALIS DES FRANZISKANERKLOSTERS BAMBERG : aus dem Archiv der Deutschen Franziskanerprovinz Paderborn.
LOCHNER, PETER (1910): Festschrift zur 50-jährigen Gedenkfeier der freiwilligen Feuerwehr Bamberg. Bamberg.
LOEBL, HERBERT (2000): Juden in Bamberg. Die Jahrzehnte vor dem Holocaust. Bamberg.
LOOSHORN, JOHANN (1907): Die Geschichte des Bisthums Bamberg; Bd. 7. Bamberg.
MARTINET, ADAM (1985): Das öffentliche Leben der Landgemeinden des ehemal. Fürstenthums Bamberg oder: Innere Geschichte des Dorfes Gaustatt. Reprint der Ausgabe von 1845. Bamberg.
MAZET, VINZENZ (1955): Der Franziskanerkonvent zu Bamberg. In: Bavaria Franciscana antiqua, Bd. 1, S. 450-472. Landshut.
MESSERSCHMITT, JOHANN ADAM (1836): Die bamberger Bierbrauerei. Bamberg.
MISTELE, KARL-HEINZ UND VOLKMAR EIDLOTH (1988): Vergangene jüdische Lebenswelten im Bamberger Raum. Ländliche Armutsinseln - städtisches Villenviertel. Bamberg.
ÖSTERREICHER, PAUL (1823): Beiträge zur Geschichte des Hopfenanbaus in dem ehemaligen Fürstbisthume Bamberg. Bamberg.
PASCHKE, HANS: Studien zur Bamberger Geschichte und Topographie; div. Bde. Bamberg.
PFAU, CHRISTIAN (1928): Rauchbier-Brauerei „Zum Polarbär". Bamberg.
PFAU, CHRISTIAN (1937): Chronik der Brauerei „Zum Ringlein". Bamberg.
PFAU, CHRISTIAN UND EDUARD DIENER: Alt-Franken. Zeitschrift für volkstümliche Heimatpflege; div. Bde. Bamberg.
PFEIFFER, MAXIMILIAN (1907): Beiträge zur Geschichte der Säkularisation in Bamberg. Bamberg.
RAGL, FRANZ XAVER (1935): Bamberg und die Geschichte seiner Brauereien. In: Der bayerische Bierbrauer, Nr. 27, S. 1-12. Landshut.
ROPPELT, JOHANN BAPTIST (1801): Historisch-geographische Beschreibung des kaiserlichen Hochstifts Bamberg nebst einer neuen geographischen Originalkarte dieses Landes. Nürnberg.
SCHMEUSSER, HENRICH: Erinnerung an die Beteiligung oberfränkischer Industrieller und Gewerbetreibender bei der Zweiten Bayerischen Landes-Industrie-, Gewerbe- und Kunst-Ausstellung in Nürnberg 1896. Bamberg.
SCHNEIDER, PETER UND WILHELM AMENT (1912): Bamberg, die fränkische Kaiser- und Bischofstadt. Bamberg.
SCHULTERS, JOHANNES (1989): Die Bierstadt Bamberg. In: Aus Liebe zur Brautradition und reinem, frischen Bier / hrsg. vom Fränkischen Brauereimuseum, S. 31-34. Bamberg.
SCHULTHEISS, WERNER (1950): Bamberg und der Hopfen. In: Fränkische Blätter für Geschichtsforschung und Heimatpflege. Nr. 14, S. 56.
SCHUSTER, ANTON (1885): Geschichte der ersten 25 Jahre der freiwilligen Feuerwehr Bamberg. Bamberg.
SCHUSTER, ANTON (1918): Bamberg und Umgebung. Bamberg.
SCHUSTER, ANTON (1921): Bamberg als Bierstadt. In: Bamberg Stadt- und Landkalender, S. 81-90. Bamberg.
SEBASTIANIKAPELLE BAMBERG (1984) / hrsg. v. Verein Gärtner- und Häckermuseum Bamberg. Bamberg.

SEIFERT, JOHANN ALBERT JOSEPH (1992): Das Bamberger Bier. Reprint der Ausgabe von 1818. Bamberg.
STADTER, FRANZ: Die Bamberger Hofbräu (= unveröff. Zulassungsarbeit an der Hochschule Bamberg). Bamberg.
VON HORRICK, JOHANNES (1986): Der Obere Stephansberg und seine Keller (= unveröff. Abschlussarbeit an der Universität Bamberg). Bamberg.
VORMANN, HEIDI (2006): Voruntersuchungen zur Baugeschichte des Anwesens Brauerei der Gebrüder Maisel in 96050 Bamberg. Bamberg.
ZOBEL, VICTOR (1939): Die seelige Bierreise. Sieben Heiltranktage in Bamberg. Bamberg.

PERIODIKA
Allgemeine Hopfenzeitung, Alt-Bamberg, Bamberg unsere schöne Stadt, Bamberger Adressbuch, Bamberger Intelligenzblatt, Bamberger Jahrbuch, Bamberger Neueste Nachrichten, Bamberger Tagblatt, Bamberger Volksblatt, Bayerische Staatszeitung, Bayerisches Brauer-Journal, Coburger Zeitung, Der neue Wendelstein, Fränkischer Merkur, Fränkischer Tag, Hochfürstlich-bambergische wöchentliche Frag- und Anzeige-Nachrichten, Münchner neueste Nachrichten, Münchner Omnibus, Nürnberger Kurier, Würzburger Anzeiger, Würzburger Stadt- und Landbote, Zeitschrift für das gesamte Brauwesen

AKTEN AUS DEM STADTARCHIV BAMBERG
B1 (115, 221); BS 333; C2 (14360, 15385, 15387, 16110, 16272, 31103, 43456, 43473, 51692, 53134, 53821, 53821, 53824, 57877, 60916, 60917, XV241); C9 (62 B 27, 62 E 102, 62 G 219, 62 L 138), C13 (262, 274, 277, 278, 279, 283); C18 (1, 80); C34/42 (7, 11, 13, 15, 16, 19, 21, 29, 37, 52); D 1004 (67), D 4004; D 4004 (1); D 4015 (55); D 5020; KS + CC 192; Röttinger-Kartei

Bildnachweis

Christian Fiedler 4, 8, 15, 17, 19, 23, 25, 34, 35, 36, 38, 41, 44, 45, 46, 57, 62, 63, 74 (3), 75, 80 (3), 83, 85, 94, 95, 101 (3), 104 (2), 107, 110, 115, 118, 120, 124, 125 (2), 129 (2), 132, 136, 141, 145, 146, 149, 150 (2), 152, 159, 161, 164 (2), 167, 171, 173 (2), 176 (2), 177, 178, 180 (2), 181, 186, 188, 194, 199, 205, 215, 219; **Stadtarchiv Bamberg** 5 (D 2088 + 3251), 11 (D 2088 + 81569 - 30), 11 (D 2088 + 5473), 13, 28 (D 2007 + 662), 29 (BS 333 Siechenstraße 7 - H001 B001), 37 (D 2119 + 17 - 1 - 03), 43 (BS 333 Königstraße, Obere 43 - H1 B1), 46 (BS 33 Königstraße, Untere 28 – H1 B3), 48 (BS 483 Götz, Adam - H001 B001), 50 (BS 342 Königstraße, Untere), 56 (BS 333 Königstraße, Unt. 13 - H1 B1), 69 (BS 483 Lessing, Willy - H1 B1), 70 (D 1046 + 245), 71 (BS 333 Pödeldorfer Straße 75 - H1 B1), 74 (D 2020 + 368 - 1), 84 (D 3001 Alois Erhardt - 38), 88 (BS 2577-4 b - H013 B002), 89 (BS 333 Keßlerstraße 7 - H1 B1), 105 (A 22 + C I 48 - 1), 111, 123 (BS 333 Sandstraße, Obere 18 - H1 B1), 126 (BS 333 - H001 B003, Obere Sandstraße 24), 127 (BS 333 Jakobsberg 8 – H1 B1), 128 (D 2020 + 299 - 38), 139, (BS 342 Jakobsberg - H1 B2), 138 (BS 342 Lange Straße - H3 B1), 148 (333 Lange Straße 10 - H001 B001), 152 (331-2 a - H100 B10322), 155 (BS (B) + 342 Kranen, Am - H004 B002), 160 (BS 333 Jakobsplatz H1 B1), 163 (BS 532/5a - H2 B1), 167 (BS 333 Jakobsberg 20 – H1 B4), 177, 178 (BS 333 Stephansberg, Oberer 40 - H1 B3), 180 (D 1046 + 327), 188 (BS Judenstraße 11 - H1 B3), 204 (D 2020 + 751 - 15), 204 (D 2020 + 751 - 9), 209 (BS 331/2 - H42 B2); **Staatsbibliothek Bamberg/ Repro Gerald Raab** 21 und 42 (V Bg 326), 33 (V Bg 336), 32 (V Bg 338), 40 (V Bg 326), 41 (V Bg 533), 48 (MvO A V 14), 49 (V G 1269), 54 (MvO A V 55), 59 (V Bg 363), 61 (MvO A VI 573), 68, 77 (V Bg 167), 89, 93 (V Bg 437), 98 (V Bg 453), 102 (V Bd 1949.1), 117 (V G 924), 119 (V Bg 525), 128 (V Bg 516), 135 (V Bd 1955.2), 140, 142 (MvO D II 89), 145, 157 (V Bd 1934.1), 161 (V Bg 74), 169 (1937.1), 175 (V Bg 53), 193 (V G 923), 195 (V Bk 351), 198 (V Bg 610), 206 (HVG 22/34), 207 (V Bk 326), 214 (MvO D II 88), 218 (MvO A V 60); **Bamberger Neueste Nachrichten** (div. Jg.) 58, 79, 85, 107, 118, 140, 146, 151, 183, 193, 199; **Brauereimuseum Bamberg** 63, 78, 83, 100, 133, 144, 170, 174, 190, 192; **Brauerei Kaiserdom** 184, 185, 187, 196, 197 (2), 200, 202 (2); **Familie Merz** 6, 22, 23, 24, 25, 72; **Robert Geiger**, 79, 96, 103, 151, 194; **Bamberger Tagblatt** (div. Jg.) 31, 39, 56, 92, 155, 207; **Kaspar Schulz** 18, 216 (2), 217 (2); **Fotostudio Barthel** 30, 38, 60, 63, 115; **Günter Ruhland** 52, 145, 154, 163, 189; **Mülzerei Weyermann** 211 (2), 212 (2); **Matthias Trum** 112, 113, 114 (3); **Ginger Rubsam** 81, 140, 166, 219; **Claus Solcher** 50, 125, 139, 191; **Käthe Haag** 97, 98, 99 (2); **Hansi Mayer** 9, 37, 183, 189, **Familie Konrad** 20, 90, 91 (2); **Bamberger Mälzerei** 213, 214, 215; **Theo Backof** 175, 179 (2); **Uwe Gaasch** 72, 82, 130; **Manfred Kümmelmann** 116, 117, 118; **Stephan Obel** 25, 121, 202; **Stefan Keesmann** 64, 65 (2); **Günther Maex** 171, 172; **Familie Peßler** (Michaelsberg) 162, 165; **Alexander Dageförde** 158, 159; **Bernd Ölsner** 136, 137; **Familie Peßler** (Ringlein) 131 (2); **Familie Papsthart** 108, 109; **Familie Brockard** 95, 96; **Georg Wittauer** 103, 104; **Helene Spangel** 90 (2), 220; **Anita Parker-Schlamminger** 73, 75; **Ingmar Michel** 11, 63; **Sammlung Christian Schmitt** 26, 33; **gemeinfreie Aufnahmen** 27, 88; **Matthias Trum** 9, 12, **Bamberger Volksblatt** (div. Jg.) 30, 124; **Joachim Krauss** 201, 203; **Rainer Müller** 19, 69; **Fotostudio Hagen** 66 (2); **Ursula Müller** 67, 71; **Henning Schröder** 186 (2); **Familie Aumüller** 205; **André Franck** 210; **Herbert Krapp** 187; **Bamberger Jahrbuch 1936** 173; **Karlheinz Pfohlmann** 165; **Familie Stolbinger-Posth** 106; **Michael Keesmann** 149, **Fa. Heinrich Leicht** 132; **Klaus Hartmann** 133; **Familie Tengler** 7; **Florian Herrnleben** 99; **Nikolaus Guth** 191; **Fa. Dr. Pfleger** 219; **Bamberger Adressbuch 1876** 49; **Christian Reinlein** 45; **Familie Bauer-Bornemann** 24; **Fotostudio Rüger** 36; **Ambros Mahr** 122; **Münchener Abendzeitung** 35; **Staatsarchiv Bamberg** 10; **Bamberger Zeitung** 156, **Johann Albert Joseph Seifert** 16, **Erben nach Anton Langhammer/Sammlung Christian Schmitt** 14; **Alfons Kraft** 83; **Martin Fischer** 221; **Festschrift zum Jubiläum des Gastwirtsvereins** 189; **Fränkischer Merkur** 51; **Ingrid Eichhorn** 69; **Wolfram Lohße** 199

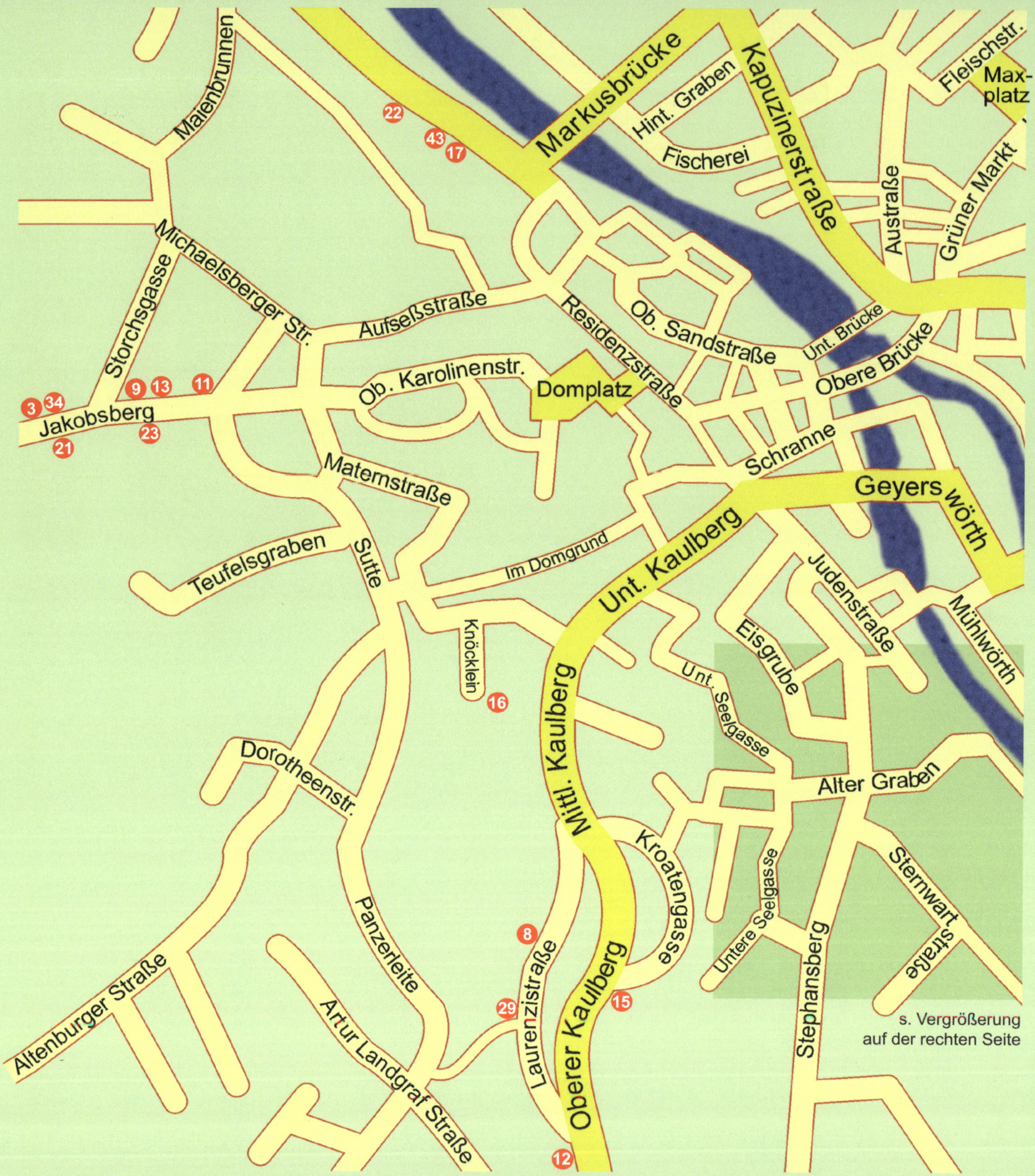

s. Vergrößerung auf der rechten Seite